FUNKTIONENTHEORETISCHE VORLESUNGEN.

Von

Dr. HEINRICH BURKHARDT,
O. PROFESSOR AN DER UNIVERSITÄT ZÜRICH.

ERSTEN BANDES ERSTES HEFT.

ALGEBRAISCHE ANALYSIS.

LEIPZIG
VERLAG VON VEIT & COMP.
1903

ALGEBRAISCHE ANALYSIS.

Von

Dr. HEINRICH BURKHARDT,

O. PROFESSOR AN DER UNIVERSITÄT ZÜRICH.

MIT FIGUREN IM TEXT.

LEIPZIG

VERLAG VON VEIT & COMP.

1903

Vorwort.

Gedruckte und mündliche Kritiken meiner im Jahre 1897 veröffentlichten „Einführung in die Theorie der analytischen Funktionen einer komplexen Veränderlichen“ waren darüber einig, daß der III. Abschnitt, in dem ich einige Definitionen und Sätze aus der Theorie reeller Veränderlicher und ihrer Funktionen ohne Beweise zusammengestellt hatte, in seiner damaligen Gestalt seinem Zwecke nicht entsprach. Daher benutzte ich, als mich die Verlagsbuchhandlung von der Notwendigkeit einer neuen Auflage in Kenntnis setzte, gerne die Gelegenheit, jenen Abschnitt durch eine ausführlichere und mit Beweisen versehene Darstellung zu ersetzen. Damit ließ sich zugleich ein anderer Zweck verbinden. An der hiesigen Universität ist die regelmäßige Abhaltung einer Vorlesung über algebraische Analysis nicht nur herkömmlich, sondern sogar gesetzlich vorgeschrieben; ich habe lange gewünscht, meinen Zuhörern ein Buch in die Hand geben zu können, das den Gegenstand einer solchen Vorlesung in deutscher Sprache, aber in mäßigem Umfang und mit Hinweglassung alles für den Anfang zu schwierigen behandelte. Die französische Litteratur besitzt ein solches Buch in dem des Herrn J. Tannery; und man wird in der That seinem Bedauern zustimmen können, daß die einfachen Methoden, durch die Euler die analytischen Darstellungen der elementaren Transcendenten abgeleitet hat, aus dem Unterricht (dem deutschen wie dem französischen) so ganz verschwunden sind. Es liegt das jedenfalls daran, daß ihrer ursprünglichen Form die Strenge, ihrer Umarbeitung nach dieser Seite hin durch Cauchy die Einfachheit mangelt. Aber wenn man sich nur nicht davor scheut, gewisse erst der modernen Entwicklung angehörige Begriffe, wie namentlich den der gleichmäßigen Konvergenz, schon in die Elemente einzuführen, so läßt sich, wie eben das Beispiel von Tannery zeigt, sehr wohl eine Darstellung erreichen, die nach beiden Hinsichten billigen Ansprüchen gerecht wird. Beides, die allgemeine Theorie der Irrationalzahlen und Grenzprozesse und die speziellen analytischen Darstellungen der elementaren Transcendenten, in einem Buche zu vereinigen, ist schon deswegen zweckmäßig, weil das letztere ohne das erstere nicht in befriedigender Weise geschehen kann, das letztere ohne das erstere aber zu abstrakt und steril erscheinen würde.

Abweichend von Tannery beginne ich mit der arithmetischen Theorie der rationalen Zahlen, deren Gebrauch ich in erster Linie als ein Rechnen mit Operationen fasse. Eine solche im Mittelschulunterricht vorzutragen, würde pädagogisch unzweckmäßig sein; thut man es also nicht an der Hochschule, so bleibt eine Lücke. Doch habe ich immer Zuhörer, bezw. Leser vor Augen, denen nur eine rein arithmetische Behandlung des Gegenstandes, nicht dieser selbst neu ist; ich halte es daher keineswegs für nötig, in diesen Abschnitten von allen Sätzen ausgeführte Beweise zu geben oder auch nur sie alle anzuführen, vielmehr begnüge ich mich mit einer Erörterung der prinzipiell wichtigen Punkte und verweise für die bloße rechnerische Durchführung auf den vorausgegangenen Elementarunterricht. Überhaupt glaubte ich die Durchführung der Zwischenrechnungen in dem ganzen Hefte knapp halten zu dürfen, um die Hauptschritte des Gedankengangs um so schärfer hervortreten zu lassen; erstere führt erfahrungsgemäß ein nur halbwegs gut vorbereiteter und nur einigermaßen sich für sein Studium interessierender Zuhörer leicht selbst aus, während selbst Begabteren es öfters schwer wird, über den einzelnen Schritten der Rechnung Zweck und Ziel einer Deduktion nicht aus den Augen zu verlieren. Aber Untersuchungen über die Bildung der Begriffe der ganzen Zahlen und der Operationen mit ihnen halte ich für Sache nicht der Mathematik, sondern der Philosophie (womit ich sie keineswegs herabsetzen will). Auch auf die Frage nach der Reduktion der arithmetischen Axiome auf die geringst mögliche Zahl gehe ich nicht ein. Überhaupt scheint es mir für die Zwecke der Vorlesung und des Lehrbuchs nicht empfehlenswert, ein Axiomensystem an die Spitze zu stellen und so das Zahlenkontinuum mit einem Schlage einzuführen; vielmehr benutze ich eine synthetische Darstellung, bei der die einzelnen Zahlengattungen nacheinander, unter steter Rücksichtnahme auf die Bedürfnisse der Geometrie eingeführt werden. Das ist nicht so zu verstehen, als ob ich es in einer systematischen Darstellung für zulässig hielte, bei Begründung der Analysis an die geometrische Anschauung zu appellieren; es soll ja eben erst gezeigt werden, daß man die Analysis so einrichten kann, daß sie den Bedürfnissen der Geometrie genügt. Aber der Meinung bin ich allerdings, daß die Einführung neuer Zahlengattungen in die Analysis zwar ihre formal-logische Berechtigung in der Freiheit des wissenschaftlichen Denkens findet, ihre wissenschaftlich-ökonomische aber (im Sinne von Mach) erst in den Bedürfnissen der Geometrie.

Von Sätzen über rationale ganze Funktionen bringe ich in Abschnitt IV so viel, als zum Verständnis des negativen Teils des Fundamentalsatzes der Algebra erforderlich ist, der u. a. bei der Reihen- und Produktdarstellung der trigonometrischen Funktionen gebraucht wird.

Doch schloß sich eine Darstellung der Elemente der Differenzenrechnung und ihrer Verwendung zur Interpolation ungezwungen an.

Ein Zwischenabschnitt V bringt die Auflösung der Systeme von 2, 3 und 4 linearen Gleichungen, ohne Determinanten, aber mit vollständiger Diskussion der verschiedenen Fälle, die über dem Formalismus der ersteren nur zu leicht außer acht gelassen wird.

Für die Definition der Irrationalzahlen benutze ich den Dedekindschen Schnitt, der mit den Auffassungen der antiken Geometer im wesentlichen übereinkommt; doch bringe ich alsbald auch den bei G. Cantor und den bei Weierstrass als Definition an die Spitze gestellten Satz und benutze dann später je nach Bedürfnis bald den einen, bald den andern. Das bringt einige Ungleichmäßigkeit in die Darstellung, aber so viele andere Vorteile, daß man jene gerne in den Kauf nehmen wird. Übrigens hebe ich — wie schon an anderer Stelle (Zürch. Viert. 46, 1901, p. 179) — das verschiedene Verhalten jener Sätze gegenüber den Forderungen des numerischen Rechnens hervor; wie ich mich denn überhaupt bemühe, wo es möglich ist, die Bedeutung der Sätze auch nach dieser Richtung hin klar zu legen.

Zu Abschnitt VII, Potenzen, Wurzeln, Logarithmen, habe ich hier nichts zu bemerken; zu Abschnitt VIII, unendliche Reihen, etwa, daß ich Sorge trage, diesen Begriff als einen zwar wichtigen, aber doch nur als einen speziellen Fall des allgemeinen Begriffs des Grenzübergangs erscheinen zu lassen. Von den Konvergenzkriterien nehme ich nur das Cauchy'sche und das Raabe'sche auf; daß ich an der Stätte von Raabe's Wirksamkeit das letztere den ungefähr gleich weittragenden von Gauss und Duhamel vorziehe, wird man billigen. Feinere Kriterien sind für die Elemente entbehrlich und also pädagogisch schädlich, weil wichtigeren Dingen Platz wegnehmend. Hier wie in ähnlichen Fällen weise ich auf negative Sätze (daß es kein allumfassendes Kriterium geben kann) ohne Beweis hin.

Die arithmetische Auffassung der Stetigkeit ist das Schwierigste im ganzen Buche. Ich habe mich schließlich dafür entschieden, den Weierstrass'schen Satz von der Notwendigkeit eines Häufungspunktes einer unendlichen Punktmenge und damit auch den Begriff der gleichmäßigen Stetigkeit in einem Intervall ganz wegzulassen, um jede nicht unumgängliche Schwierigkeit zu vermeiden. Das bedingt die Beschränkung des Satzes § 65 auf monotone Funktionen, außerdem eine kleine Modifikation in Satz und Beweis von der Stetigkeit des Quotienten zweier stetigen Funktionen; was aber beides für die Elemente nichts schadet.

In die beiden letzten Abschnitte nehme ich auf, was sich von den analytischen Darstellungen der elementaren Transcendenten ungezwungen auf elementarem Wege gewinnen läßt. Das läßt sich, nachdem in IX. der Begriff der gleichmäßigen Konvergenz entwickelt ist, ziemlich kurz abthun; in der That bestehen die Beweise dieser Entwicklungen, wie sie von Cauchy gegeben und in den auf Strenge Anspruch machenden älteren deutschen Lehrbüchern der algebraischen Analysis reproduziert sind, darin, daß in jedem einzelnen Falle die erforderlichen Grenzübergänge durch den Nachweis der Gleichmäßigkeit der Konvergenz gerechtfertigt werden. Was mehr Umstände macht oder die Umgehung des Integralbegriffs durch den Begriff des Mittelwerts erfordert, wie z. B. die Reihenentwicklung der cyclometrischen Funktionen, lasse ich beiseite, indem ich das Problem des Minimums des Arbeitsaufwands nicht auf den einzelnen Satz, sondern auf die Gesamtheit der zu überliefernden Erkenntnisse beziehe. Von Dingen, die sich in den herkömmlichen deutschen Darstellungen nicht finden, erwähne ich die Division durch eine Potenzreihe, sowie die (auf den Begriff der Majorante gestützte) Reihenumkehrung. Die arithmetische Begründung der Fundamentalsätze der Differential- und Integralrechnung nehme ich nicht mit auf; immerhin entwickle ich den Begriff der Ableitung einer Potenzreihe.

Soll man nun wirklich in einer funktionentheoretischen Vorlesung alle diese Dinge erst ausführlich traktieren, ehe man sich an die Untersuchung auch nur der einfachsten Abhängigkeitsverhältnisse im komplexen Gebiete herantraut? Meine Meinung ist das nicht; vielmehr glaube ich, daß es sehr wohl möglich ist, auch bei der Darstellung der Elemente der Theorie der Funktionen komplexen Arguments mit einer an die geometrische Anschauung appellierenden Darstellung zu beginnen und die Diskussion subtilerer Fragen erst da wo sie auftauchen einzuschieben. Aber für ein gedrucktes Lehrbuch scheint mir allerdings eine systematische Anordnung im Interesse der leichteren Orientierung jetzt zweckmäßig.

Zum Schlusse will ich zur Vermeidung von Mißverständnissen nicht unterlassen zu bemerken, daß ich das Studium eines Buches wie das vorliegende erst dann für zweckmäßig halte, wenn durch eine vorausgehende Beschäftigung mit den Elementen der Infinitesimalrechnung das Bedürfnis nach einer rein arithmetischen Begründung geweckt ist.

Zürich, den 2. Februar 1903.

H. Burkhardt.

Inhalt.

Einleitung.

Erster Abschnitt.

Das Rechnen mit positiven ganzen Zahlen.

Zweiter Abschnitt.

Die Null und die negativen Zahlen.

Dritter Abschnitt.

Rationale Brüche.

Vierter Abschnitt.

Rationale ganze Funktionen.

Fünfter Abschnitt.

Auflösung linearer Gleichungen.

Sechster Abschnitt.

Die irrationalen Zahlen und der Begriff des Grenzwertes.

Siebenter Abschnitt.

Potenzen, Wurzeln, Logarithmen.

Achter Abschnitt.

Unendliche Reihen.

Neunter Abschnitt.

Stetigkeit.

Zehnter Abschnitt.

Entwicklung der elementaren Funktionen in Potenzreihen.

Elfter Abschnitt.

Unendliche Produkte und Partialbruchreihen.

EINLEITUNG.

Aufgaben der algebraischen Analysis.

Die Größen, mit denen die Mathematik sich beschäftigt, sind von zweierlei Art: die einen sind unbeschränkt teilbar, die anderen nicht. Als Repräsentanten der Größen der letzteren Art dienen uns die *ganzen Zahlen*, als Repräsentanten der Größen der ersteren Art die *geometrischen Größen* (Strecken, Winkel, Flächenräume u. s. w.). Gemeinsam ist beiden Arten von Größen, daß sie *Verknüpfungen* (Addition, Subtraktion, ...; geometrische Konstruktionen) zulassen, vermöge deren aus gegebenen Größen nach bestimmten Regeln andere abgeleitet werden können; ferner daß diese Verknüpfungen ihrerseits bestimmten Gesetzen unterworfen sind, nach denen man dasselbe Resultat erhält, wenn man gewisse Verknüpfungen in bestimmter Reihenfolge nacheinander vornimmt, wie wenn man gewisse andere Verknüpfungen ebenfalls in bestimmter Reihenfolge ausführt. So ist z.B.

$$a(b + c) = ab + ac,$$

d. h. man erhält dasselbe Resultat, ob man zuerst b und c addiert und dann mit a multipliziert, oder ob man erst a mit b multipliziert, dann a mit c, schließlich die beiden Resultate addiert. Ebenso wird derselbe Punkt erhalten, ob man den Schnittpunkt zweier Höhen eines Dreiecks bestimmt, oder den Schnittpunkt der einen oder der andern von diesen mit der dritten.

Man findet ferner, daß es Verknüpfungen geometrischer Größen giebt, die mit den einfachsten Verknüpfungen ganzer Zahlen die wesentlichsten Eigenschaften gemein haben. Z. B. hat die Aneinanderreihung zweier Strecken derselben Geraden (so daß der Anfangspunkt der zweiten Strecke mit dem Endpunkt der ersten zusammenfällt) die Eigenschaften der Addition der Zahlen; ebenso hat die Bildung des Rechtecks aus zwei gegebenen Strecken als Seiten die Eigenschaften der Multiplikation der Zahlen. Es liegt daher nahe, das einfache und übersichtliche Zeichensystem, das wir zur Darstellung der ganzen Zahlen und der mit ihnen vorzunehmenden Verknüpfungen (+, —, ., :) besitzen, auch für die geometrischen Größen und ihre entsprechenden Verknüpfungen zu verwenden. Aber man erkennt bald, daß jenes Zeichensystem zu diesem Zwecke nicht ausreicht, eben wegen der unbegrenzten Teilbarkeit der geometrischen Größen: es stellt sich daher als erforderlich heraus, neben den Zeichen der ganzen Zahlen noch andere Zeichen einzuführen und diese denselben Rechnungsoperationen wie die ganzen Zahlen zu unterwerfen. Man drückt das so aus, daß man sagt: man *erweitert das Zahlensystem*, indem man neben den ganzen Zahlen noch andere Zahlengattungen: negative, gebrochene, irrationale, schließlich auch imaginäre Zahlen einführt. Das Recht zu einem solchen Verfahren könnte man daraus herleiten, daß die Geometrie die Möglichkeit solcher Größen und die Übereinstimmung der Gesetze ihrer Verknüpfungen mit den entsprechenden Gesetzen der Arithmetik lehrt. Indessen stellen sich der folgerechten Durchführung eines solchen Gedankenganges doch Schwierigkeiten entgegen, von denen hier nur die zwei wesentlichsten bezeichnet seien: Einmal müßten wir, wenn wir uns für die Einführung neuer Größenklassen in die Arithmetik auf die Geometrie berufen wollten, von jeder neueinzuführenden Größenklasse erst eine geometrische Konstruktion angeben; z. B. erst die Konstruktion von Quadratwurzeln mittels des Zirkels postulieren, dann die von Kubikwurzeln vermittelst irgend eines anderen Apparats u. s. w. Andererseits: die geometrischen Sätze beruhen auf den Axiomen und Postulaten; diese wieder entnehmen wir aus unserer Raumanschauung. Unsere Raumanschauung aber ist wesentlich ungenau; es bleibt immer die Frage, inwiefern wir den idealen Gebilden der Geometrie diejenigen Eigenschaften genau zuschreiben dürfen, die wir an den Objekten unserer Erfahrung als näherungsweise richtig erkennen.

Wie dem auch sei, jedenfalls ist eine solche Entwicklung, die die Geometrie an die Spitze stellen und die Gesetze der Analysis aus ihr ableiten würde, bis jetzt nicht konsequent und vollständig durchgeführt worden. Dagegen ist es in der That möglich, die Erweiterungen des Zahlensystems, um die es sich handelt, rein arithmetisch zu definieren und die Regeln des Rechnens mit ihnen ebenfalls arithmetisch zu begründen. Thut man das, so muß man nachher bei Behandlung der Geometrie als ein geometrisches Axiom — und zwar als ein fundamentales — den Satz ansehen, daß zu jeder geometrischen Größe eine Zahl des erweiterten Zahlensystems als ihre Maßzahl in Bezug auf irgend eine Einheit gehört, und umgekehrt zu jeder solchen Zahl unbegrenzt viele geometrische Größen, von denen sie Maßzahl ist.

Demnach bezeichnen wir als die eine Hauptaufgabe der algebraischen Analysis: die systematische Begründung des Rechnens mit denjenigen Zahlen, deren Einführung in die Analysis durch die Bedürfnisse der Geometrie gefordert wird. An diese Aufgabe schließt sich eine zweite, nämlich: Vorschriften zur Berechnung derjenigen Größen zu geben, die, wie die Logarithmen und die trigonometrischen Funktionen, in den Elementen der Mathematik zwar definiert werden, aber ohne daß diese Definition die Mittel zu einer solchen Berechnung selbst schon direkt in sich enthielte. Die Lösung dieser zweiten Aufgabe hängt enge mit der ersten zusammen. Denn einerseits würden wir bei Behandlung der letzteren mit jedem Schritt auf Schwierigkeiten stoßen, wenn wir nicht mit den Gesetzen des Rechnens mit solchen Zahlen vollständig ins klare gekommen sind; andererseits wird uns die zweite Aufgabe geeignete Beispiele für die allgemeinen Theorien liefern, die ohne solche Beispiele leicht abstrus und unfruchtbar erscheinen könnten.

ERSTER ABSCHNITT.

Das Rechnen mit positiven ganzen Zahlen.

§ 1. Die positiven ganzen Zahlen.

Wir betrachten die positiven ganzen, oder, wie man sie wohl auch nennt, die natürlichen Zahlen:

$$1, 2, 3, 4, \ldots$$

als gegeben, indem wir die Untersuchung darüber, wie wir zu ihrem Begriffe kommen, der Erkenntnistheorie und der Psychologie überlassen. Ebenso setzen wir den Gebrauch als bekannt voraus, eine unbestimmte Zahl durch einen Buchstaben zu bezeichnen; bis auf weiteres soll aber ein Buchstabe immer nur eine solche positive ganze Zahl bedeuten; und es soll überhaupt der Name „Zahl" zunächst nur von diesen Zahlen gebraucht werden. Auch erörtern wir nicht weiter, was es heißt, wenn von zwei Zahlen gesagt wird, sie seien einander gleich, oder die eine sei kleiner oder größer als die andere. Dagegen wollen wir die für diese Beziehungen gültigen Gesetze (Axiome der Gleichheit und Verschiedenheit) hier ausdrücklich formulieren, damit wir uns später bequem auf sie beziehen können:

I. *Wenn* $a = b$ *und* $b = c$ *ist, so ist* $a = c$.

II. *Wenn* $a > b$ *ist, so ist* $b < a$.

III. *Zwischen irgend zwei Zahlen* a *und* b *besteht immer eine und nur eine der drei Beziehungen:*

$$a < b, \quad a = b, \quad a > b.$$

(Wir werden die Zeichen $<$, $>$ stets in dem hiermit festgelegten Sinne, niemals, wie es sonst wohl hie und da geschieht, im Sinne von $\leqq$ bezw. $\geqq$ gebrauchen.)

IV. *Wenn* $a < b$ *und* $b < c$ *ist, so ist auch* $a < c$; *ebenso wenn* $a < b$ *und* $b = c$, *oder wenn* $a = b$ *und* $b < c$ *ist.*

Aus diesem Satz und II folgt:

V. *Wenn* $a > b$ *und* $b > c$ *ist, so ist auch* $a > c$; *ebenso wenn* $a > b$ *und* $b = c$, *oder wenn* $a = b$ *und* $b > c$ *ist.*

Für diese ganzen Zahlen existieren gewisse Verknüpfungen oder Rechnungsoperationen (Addition, Subtraktion u. s. w.), vermöge deren aus je zwei solchen Zahlen eine dritte abgeleitet wird; und es giebt Gesetze, nach denen zwei verschiedene Folgen von nacheinander vorgenommenen Verknüpfungen zu demselben Resultate führen. Diese Gesetze können wir aber noch in zwei große Klassen teilen: in *fundamentale* und *abgeleitete*. Beim Beweis der ersteren gehen wir aus von der realen Bedeutung der Operationen, dem wirklichen Abzählen gegebener Dinge; beim Beweis der letzteren rekurrieren wir auf diese reale Bedeutung nicht mehr, sondern stützen uns auf die vorher schon bewiesenen fundamentalen Gesetze, indem wir aus ihnen nach den logischen Gesetzen des Syllogismus Folgerungen ziehen. Soll z. B. der Satz $a + b = b + a$ bewiesen werden, so sagt man etwa: man legt a Dinge hin, daneben b Dinge; und nun ist es gleichgültig, in welcher Reihenfolge man die vorhandenen Dinge abzählt. In ähnlicher Weise wird der Satz $(a + b) + c = a + (b + c)$ bewiesen. Dagegen kann z. B. der in der Gleichung $a + (b + c) = c + (b + a)$ enthaltene Satz folgendermaßen mit Hülfe der beiden ebengenannten abgeleitet werden:

$$a + (b + c) = (b + c) + a = (c + b) + a = c + (b + a).$$

Man sieht, daß die Beweise der ersteren Art nur für positive ganze Zahlen gelten und sich auf andere Zahlengattungen nicht übertragen lassen. Die Beweise der letzteren Art dagegen sind ganz unabhängig von der Bedeutung der Zeichen und lassen sich auf alle diejenigen Fälle ohne weiteres übertragen, in denen die bei ihnen benutzten Sätze gelten.

Diese Unterscheidung der für das Rechnen mit ganzen Zahlen geltenden Sätze in fundamentale und abgeleitete hat für unsere weiteren Untersuchungen eine wichtige Konsequenz: Wenn wir nacheinander verschiedene neue Arten von „Zahlen“ einführen und für jede dieser Arten gewisse Operationen definieren, die wir dann ebenfalls mit den Namen Addition, Subtraktion u. s. w. bezeichnen, so wird es unsere Aufgabe sein, darzuthun, daß diese Operationen denselben Gesetzen gehorchen, wie die Operationen mit ganzen Zahlen, denen diese Namen ursprünglich zukommen. Wenn das mit jedem einzelnen Gesetze besonders geschehen müßte, wäre es eine sehr umständliche Sache; aber glücklicherweise reicht es aus, diesen Beweis nur für die fundamentalen Gesetze zu führen. Sobald bewiesen ist, daß diese bestehen bleiben, kann sofort geschlossen werden, daß das gleiche auch für die abgeleiteten Gesetze gilt; die im Gebiete der ganzen Zahlen für diese letzteren geführten Beweise bleiben Wort für Wort auch in dem erweiterten Gebiete anwendbar, da sie ja auf die Bedeutungen der Zahlen gar nicht mehr zurückgreifen, sondern nur auf den vorher schon bewiesenen Eigenschaften der Operationen beruhen.

§ 2. Die Addition.

Die erste fundamentale Operation der Arithmetik ist die Addition. Sie kann, eben weil sie die erste und einfachste ist, nicht durch ein Zurückgehen auf noch einfachere Operationen formal definiert werden; Ausdrucksweisen, wie z. B. die folgende: „Summe zweier Zahlen heißt diejenige dritte Zahl, die so viele Einheiten enthält, wie die beiden ersteren zusammengenommen“, ersetzen nur das Wort „addieren“ durch ein äquivalentes („zusammennehmen“).

Die fundamentalen Eigenschaften der Addition sind:

I. ihre *unbeschränkte Ausführbarkeit*, d. h. es giebt in jedem Falle eine Zahl, die als Summe von a und b bezeichnet werden kann;

II. ihre *Eindeutigkeit*, d. h. es gibt nur eine Zahl, die als Summe von a und b bezeichnet werden kann;

III. ihre *Associativität*, d. h. es ist:

$$(a + b) + c = a + (b + c);$$

IV. ihre *Commutativität*, d. h. es ist:

$$a + b = b + a;$$

V. ihre *Monotonie*, d. h. aus $a > b$ folgt $a + c > b + c$, was auch c sein mag.

Wenn wir diese Eigenschaften aus der Anschauung des Zusammenzählens gegebener Dinge ableiten und sie deshalb als fundamentale bezeichnen, so soll damit der Frage noch nicht vorgegriffen sein, ob es nicht möglich ist, sie auf noch einfachere Anschauungselemente zurückzuführen. In der That haben H. GRASSMANN[1] und H. POINCARÉ[2] gezeigt, daß man z. B. das Gesetz der Commutativität mit Hülfe des „Schlusses von n auf $n + 1$" aus dem Gesetze der Associativität ableiten kann.

Aus diesen fundamentalen Gesetzen ergeben sich dann in hier als bekannt vorauszusetzender Weise die übrigen Regeln des Addierens; namentlich der allgemeine Satz, daß man in einer Summe beliebig vieler Glieder die einzelnen Summanden in beliebiger Auswahl und Reihenfolge zu Teilsummen zusammenfassen darf.

§ 3. Die Subtraktion.

Die Differenz $a - b$ ist definiert als diejenige ganze Zahl c, die zu b addiert a wieder ergiebt; also durch die Gleichung:

$$b + (a - b) = a, \tag{1}$$

wofür wegen der Commutativität der Addition auch geschrieben werden darf:

$$(a - b) + b = a.$$

Die Subtraktion ist hiernach durch eine logische Definition auf die vorher bereits eingeführte Operation der Addition zurückgeführt. Zur Ableitung ihrer Eigenschaften ist es daher nicht nötig, auf die Anschauung zurückzugehen; diese müssen sich vielmehr auf logischem Wege aus den Regeln der Addition ableiten lassen. Sie sind also alle nicht als fundamentale, sondern als abgeleitete Gesetze zu betrachten. Wir wollen sie nicht alle aufzählen; nur auf folgende sei hingewiesen:

I. Die Subtraktion ist (im Gebiet der positiven ganzen Zahlen, mit dem wir gegenwärtig allein zu thun haben) *nicht unter allen Umständen ausführbar*; nämlich nur dann (dann aber auch immer), wenn $a > b$ ist.

---

[1] Lehrbuch der Arithmetik. Berlin 1861.

[2] Revue de métaphysique 2, 1894.

II. Wenn sie ausführbar ist, ist ihr Resultat *eindeutig bestimmt*; d. h. es giebt nicht zwei verschiedene Zahlen, die zu b addiert a geben. Das kann durch „indirekten Beweis" gezeigt werden, der überhaupt nicht entbehrt werden kann, wenn es sich um Operationen handelt, die nur als Umkehrungen anderer Operationen definiert sind. Wären nämlich die beiden Zahlen verschieden, so wäre eine von ihnen größer als die andere. Nennen wir jene c_1, diese c_2, so würde aus $c_1 > c_2$ nach § 2, V folgen $b + c_1 > b + c_2$. Dann könnten aber nach § 1, I., III. nicht beide gleich a sein; w. z. b. w.

III. Es ist:

$$(a + b) - b = a. \tag{2}$$

Denn $(a + b) - b$ ist nach Definition diejenige ganze Zahl c, die zu b addiert $a + b$ ergiebt. Aber aus $a + b = c + b$ folgt $a = c$ nach § 2, V; denn wäre $a > c$, so wäre auch $a + b > c + b$; und wäre $a < c$, so wäre auch $a + b < c + b$.

IV. Additionen und Subtraktionen sind untereinander *commutativ* und *associativ*; nur muß man beim Setzen oder Weglassen einer Klammer, vor der das Minuszeichen steht, in der Klammer die Vorzeichen ändern. M. a. W. es ist:

$$\begin{aligned} &(a + b) - c = a + (b - c) = (a - c) + b = a - (c - b) \\ &= (b + a) - c = b + (a - c) = (b - c) + a = b - (c - a) \end{aligned} \tag{3}$$

und

$$(a - b) - c = a - (b + c) = (a - c) - b = a - (c + b). \tag{4}$$

Z. B. wird die Gleichheit des ersten und letzten Gliedes von (3) folgendermaßen bewiesen: sei $(a + b) - c = d$, so ist d diejenige Zahl, für die $d + c = a + b$ ist. Ist andererseits $b - (c - a) = e$, so folgt:

$$e + c = b - (c - a) + c.$$

Wenn die Gleichheit des zweiten und dritten Gliedes von (3) vorher schon bewiesen ist, folgt daraus:

$$e + c = b + (c - (c - a)).$$

Aber $c - (c - a)$ ist nach der Definition der Subtraktion $= a$; also ist $e + c = b + a = a + b$. Vorhin war bewiesen, daß $d + c = a + b$ ist. Also folgt: $e + c = d + c$ und daher nach § 2, V: $e = d$, w. z. b. w.

In ähnlicher Weise sind die übrigen Gleichungen (3) und (4) zu beweisen. Voraussetzung dieser Beweise ist hier übrigens, daß alle vorkommenden Subtraktionen ausführbar sind.

V. Die Subtraktion ist *monoton* in dem Sinne, daß aus

$$b > c$$

folgt:

$$b - a > c - a,$$

dagegen:

$$a - b < a - c.$$

Eine Verbindung mehrerer Zahlen durch Additionen oder Subtraktionen nennt man ein *Aggregat.* Die Regeln für die Umformung eines solchen durch Setzen und Weglassen von Klammern, sowie durch andere Anordnung der Terme ergeben sich durch wiederholte Anwendung des Satzes IV; wir setzen sie hier als bekannt voraus.

§ 4. Die Multiplikation.

Die zweite fundamentale Operation der Algebra, die Multiplikation, wird auf die erste zurückgeführt durch die Definition:

Unter dem n-fachen von a versteht man eine Summe von n Summanden, deren jeder gleich a ist:

1) $$\overset{1}{a} + \overset{2}{a} + \overset{3}{a} + \ldots + \overset{n-1}{a} + \overset{n}{a} = n\,a.$$

Ihre fundamentalen Eigenschaften sind:

I. ihre *unbeschränkte Ausführbarkeit,* die aus der unbeschränkten Ausführbarkeit der Addition folgt;

II. ihre *Eindeutigkeit,* die sich ebenfalls aus der entsprechenden Eigenschaft der Addition ergiebt;

III. ihre *Commutativität:*

$$n\,a = a\,n,$$

die sich daraus ergiebt, daß man ein System von n Zeilen zu je a Einheiten auch als ein System von a Colonnen zu je n Einheiten ansehen kann;

IV. ihre *Associativität:*

$$a(b\,c) = (a\,b)\,c,$$

die in gleicher Weise sich aus einer parallelepipedischen Anordnung der Einheiten ergiebt, aber auch aus der Definition (1) abgeleitet werden kann;

V. ihre *Monotonie:*

aus $a > b$ folgt $a\,c > b\,c$,

die sich wieder aus der entsprechenden Eigenschaft der Addition ergiebt.

Wir bringen die Commutativität schon in der Benennung zum

Ausdruck, wenn wir von den beiden Faktoren n und a reden, statt von dem Multiplikator n und dem Multiplikandus a.

Die Eigenschaften (I) bis (V) sind der Addition und der Multiplikation gemeinsam. Daher können wir, wenn wir eine Verknüpfung geometrischer Größen finden, die diese Eigenschaften hat, sie an und für sich ebensowohl als eine Addition wie als eine Multiplikation ansehen. Zu einer Unterscheidung haben wir erst dann Veranlassung, wenn wir zwei solche Operationen nebeneinander betrachten. Es sind nämlich

VI. Addition und Multiplikation miteinander verbunden durch das *Distributionsgesetz*:

2) $$a(b + c) = ab + ac,$$

dessen Beweis sich ergiebt, indem man die Summe von $b + c$ Summanden a nach dem Schlußsatz von § 2 in zwei Teilsummen von bezw. b Summanden und a Summanden zerlegt.

Aus diesen fundamentalen Sätzen ergiebt sich dann wieder eine große Reihe abgeleiteter durch rein logische Operationen. Insbesondere erhält man durch Anwendung des indirekten Schlußverfahrens die Regel für die distributive Verbindung von Multiplikation und Subtraktion, sowie schließlich die allgemeine Regel für die Multiplikation zweier Aggregate, die man wohl in der Form zu geben pflegt:

plus mal plus giebt plus,
plus mal minus giebt minus,
minus mal plus giebt minus,
minus mal minus giebt plus.

Man beachte aber, daß hier von negativen Zahlen noch nicht die Rede ist.

§ 5. Die Division.

Der Quotient $a:b$ oder: $\frac{a}{b}$ (auch wohl a/b) ist definiert als diejenige ganze Zahl, die mit b multipliziert wieder a ergiebt:

1) $$b.(a:b) = a.$$

Die Division steht demnach zur Multiplikation in derselben Beziehung, wie die Subtraktion zur Addition. Da alle Gesetze der Addition auch für die Multiplikation gelten (vgl. § 4), so folgt, daß auch alle Sätze von § 3 bestehen bleiben, wenn wir überall das Zeichen + durch das Zeichen . und das Zeichen — durch das Zeichen : ersetzen. Ferner erhalten wir — wieder durch indirekten

Schluß — aus den Distributionsformeln für die Multiplikation die entsprechenden für die Division:

$$\frac{a \pm b}{c} = \frac{a}{c} \pm \frac{b}{c} \tag{2}$$

(Formeln, wie die eben angeschriebene, in denen doppelte Vorzeichen vorkommen, sind so zu verstehen, daß entweder überall das obere oder überall das untere Vorzeichen gelten soll).

Voraussetzung dieser Beweise ist freilich, daß alle vorkommenden Divisionen ausführbar sind. In dem Gebiete der natürlichen Zahlen, auf das wir uns bis jetzt beschränken, ist eine Division dann und nur dann ausführbar, wenn der Zähler ein ganzzahliges Vielfaches des Nenners ist.

§ 6. Gemeinsame Teiler zweier Zahlen.

Wenn die Division von a durch b ausführbar ist, so heißt a durch b teilbar, b ein *Teiler* von a. Dabei gelten die folgenden Sätze:

I. Jede Zahl ist durch sich selbst teilbar.

II. Jede Zahl ist durch 1 teilbar.

III. Ist a durch b und b durch c teilbar, so ist auch a durch c teilbar.

IV. Ist a durch b teilbar und ist c irgend eine dritte Zahl, so ist auch ac durch b teilbar.

V. Sind $a_1, a_2, \ldots, a_n$ durch b teilbar und sind $c_1, c_2, \ldots, c_n$ irgend welche andere Zahlen, so ist auch $a_1 c_1 \pm a_2 c_2 \pm \cdots \pm a_n c_n$ durch b teilbar.

Alle diese Sätze ergeben sich direkt aus den Fundamentalgesetzen der Multiplikation (§ 4).

Wenn irgend zwei Zahlen gegeben sind, so kann man sich die Aufgabe stellen, diejenigen Zahlen zu finden, die gleichzeitig in a und in b aufgehen. Diese Aufgabe kann folgendermaßen gelöst werden. Sei die Bezeichnung so getroffen, daß a nicht kleiner als b sei; dann wird die Division von a durch b einen Quotienten q_1 ergeben und einen Rest r_1, der kleiner als b ist. Wir können dann weiter mit r_1 in b dividieren; dann werden wir einen Quotienten q_2 erhalten und einen Rest r_2, der kleiner als r_1 ist. So können wir fortfahren, indem wir jedesmal den Divisor der vorhergehenden Division zum Dividenden und ihren Rest zum Divisor der nächsten nehmen. Auf diese Weise erhalten wir eine Reihe von Gleichungen:

$$\begin{aligned} a &= q_1 b + r_1 \\ b &= q_2 r_1 + r_2 \\ r_1 &= q_3 r_2 + r_3 \\ &\cdots\cdots\cdots \end{aligned}$$

Dieses System von Gleichungen muß aber einmal abbrechen. Denn von den Resten r_1, r_2, r_3, ... ist jeder kleiner als der vorhergehende; also muß man schließlich, wenn nicht schon vorher eine Division aufgeht, auf einen Rest 1 kommen, der dann in den vorhergehenden sicher aufgeht. Man erhält also in jedem Fall eine vorletzte Gleichung:

$$r_{n-2} = q_n r_{n-1} + r_n$$

und eine letzte:

$$r_{n-1} = q_{n+1} r_n .$$

Da sonach r_{n-1} durch r_n teilbar ist, so kann man nach (V) aus der vorletzten Gleichung schließen, daß auch r_{n-2} durch r_n teilbar ist. Dann folgt ebenso aus der drittletzten Gleichung, daß auch r_{n-3} durch r_n teilbar ist u. s. w. Schließlich folgt aus der dritten Gleichung, daß r_1, aus der zweiten, daß b, und aus der ersten, daß a durch r_n teilbar ist. Also ist r_n gemeinsamer Teiler von a und b. Andererseits folgt nach (V) aus der ersten Gleichung, daß jeder gemeinsame Teiler von a und b auch ein Teiler von r_1 sein muß; dann ebenso aus der zweiten, daß er auch ein Teiler von r_2 sein muß u. s. w.; schließlich aus der vorletzten, daß er auch ein Teiler von r_n sein muß. Man nennt deshalb r den *größten gemeinsamen Teiler von a und b.*

Ist der größte gemeinsame Teiler von a und b die Einheit, so heißen a und b zu einander *relativ prim oder teilerfremd.*

Entnimmt man aus r_{n-1} aus der drittletzten Gleichung

$$r_{n-3} = q_{n-1} r_{n-2} + r_{n-1}$$

und setzt es in die vorletzte ein, so erhält man:

$$r_n = (1 + q_{n-1} q_n) r_{n-2} - q_n r_{n-3}$$

aus dieser Gleichung und aus der viertletzten:

$$r_{n-4} = q_{n-2} r_{n-3} + r_{n-2}$$

erhält man:

$$r_n = (1 + q_{n-1} q_n) r_{n-4} - (q_{n-2} + q_n + q_{n-2} q_{n-1} q_n) r_{n-3} .$$

So fortfahrend erhält man jedesmal r_n dargestellt als „lineare Verbindung" zweier aufeinander folgender Reste und schließlich auch als lineare Verbindung der ursprünglich gegebenen Zahlen a und b selbst. Es gilt also der Satz:

VI. *Ist r_n der größte gemeinsame Teiler zweier Zahlen a, b, so kann* *man stets zwei andere Zahlen M, N so bestimmen, daß entweder die Gleichung besteht:*

$$Ma - Nb = r_n$$

oder die Gleichung:

$$Nb - Ma = r_n.$$

Sind a, b teilerfremd, so erhält man speziell den Satz:

VIa. *Sind a, b teilerfremd, so kann man zwei Zahlen M, N so bestimmen, daß:*

entweder $Ma - Nb = 1$ *oder* $Nb - Ma = 1$ *wird.*

Umgekehrt, wenn es möglich ist, zwei solche Zahlen zu bestimmen, müssen a und b teilerfremd sein. Denn jeder gemeinsame Teiler von a und b müßte nach Satz V auch in 1 aufgehen, wenn eine solche Gleichung bestehen sollte.

Aus diesem Satze kann nun geschlossen werden:

VII. *Wenn a zu b teilerfremd, ac aber durch b teilbar ist, muß c durch b teilbar sein.*

Denn n. V. kann man M und N so bestimmen, daß:

$$Ma - Nb = 1 \text{ oder } Nb - Ma = 1$$

wird, also:

$$Mac - Nbc = c \text{ oder } Nbc - Mac = c.$$

Hier ist jeder Bestandteil der linken Seite durch b teilbar: Mac nach Voraussetzung und Satz IV, Nbc, weil hier b explicite als Faktor auftritt. Also muß nach V auch c durch b teilbar sein, w. z. b. w.

Als Beispiel für die Rechnungen dieses Paragraphen diene die folgende:

$$\begin{aligned} 243 &= 1 \cdot 147 + 96 \\ 147 &= 1 \cdot 96 + 51 \\ 96 &= 1 \cdot 51 + 45 \\ 51 &= 1 \cdot 45 + 6 \\ 45 &= 7 \cdot 6 + 3 \\ 6 &= 2 \cdot 3 \end{aligned} \qquad \begin{aligned} 3 &= 45 - 7 \cdot 6 \\ &= 8 \cdot 45 - 7 \cdot 51 \\ &= 8 \cdot 96 - 15 \cdot 51 \\ &= 23 \cdot 96 - 15 \cdot 147 \\ &= 23 \cdot 243 - 38 \cdot 147 \end{aligned}$$

§ 7. Die Potenzierung.

Die Potenz a^m ist definiert als ein Produkt von m Faktoren, deren jeder gleich a ist. Sie steht also zur Multiplikation in derselben Beziehung, wie diese zur Addition. Da die Multiplikation, wie wir in § 4 gesehen haben, alle fundamentalen Eigenschaften der Addition besitzt, so folgt: alle diejenigen Eigenschaften der Multiplikation, die wir aus ihrer Beziehung zur Addition abgeleitet haben, übertragen sich auch auf die Potenzierung. Also die Potenzierung ist:

I. *Unbeschränkt ausführbar*;
II. *eindeutig bestimmt*;
III. *associativ* (d. h. es ist $(a^m)^n = a^{mn}$);
IV. *monoton*;
V. steht sie zur Multiplikation in den *distributiven* Beziehungen:

$$(ab)^m = a^m . b^m \text{ und } a^m a^n = a^{m+n}.$$

Dagegen ist sie *nicht commutativ.* In der That haben wir in § 4 die Commutativität der Multiplikation nicht auf formal logischem Wege aus den Eigenschaften der Addition und der Definition der Multiplikation abgeleitet, sondern bei ihrem Beweise die Anschauung zu Hülfe genommen; dieser Beweis läßt sich daher auf die Potenzierung nicht übertragen.

§ 8. Der binomische Satz.

Von den abgeleiteten Sätzen über Potenzen sei hier nur der *binomische Satz*, d. h. die Regel für die Umformung der m-ten Potenz eines Binoms $a + b$ in eine Summe von Produkten von Potenzen von a und b ausführlicher erläutert.

Durch direkte Ausführung der Multiplikation erhält man zunächst für die kleinsten Werte von m:

$$1)\quad \begin{cases} a + b = a + b, \\ (a+b)^2 = (a+b)(a+b) = a^2 + 2ab + b^2, \\ (a+b)^3 = (a+b)^2(a+b) = a^3 + 3a^2b + 3ab^2 + b^3, \\ (a+b)^4 = (a+b)^3(a+b) = a^4 + 4a^3b + 6a^2b^2 + 4ab^3 + b^4. \end{cases}$$

Daraus wird man dann durch Induktion folgern, es werde $(a+b)^m$ gleich sein $a^m + b^m +$ einer Summe von Produkten $a^{m-k}b^k$, von der Art, daß jedesmal die Summe der Exponenten gleich m ist; jedes dieser Produkte noch multipliziert mit einem von a und b unabhängigen Zahlenfaktor. Bezeichnen wir diesen Faktor, wie es üblich ist, mit:

$$\binom{m}{k}$$

(m über k), so können wir das vermutete Resultat zunächst in der Form ansetzen:

$$2)\quad \begin{aligned} (a+b)^m = a^m + \binom{m}{1} a^{m-1}b + \binom{m}{2} a^{m-2}b^2 + \ldots + \binom{m}{k} a^{m-k}b^k + \ldots \\ + \binom{m}{m-2} a^2 b^{m-2} + \binom{m}{m-1} ab^{m-1} + b^m. \end{aligned}$$

Um dieses Resultat zu bestätigen, wenden wir den sog. „Schluß von m auf $m + 1$" an. Multiplizieren wir nämlich beiderseits mit $a + b$, so erhalten wir:

$$(a+b)^{m+1} = a^{m+1} + \binom{m}{1}a^m b + \binom{m}{2}a^{m-1}b^2 + \ldots + \binom{m}{k}a^{m-k+1}b^k + \ldots$$
$$+ \binom{m}{m-1}a^2 b^{m-1} + a b^m$$
$$+ a^m b + \binom{m}{1}a^{m-1}b^2 + \ldots + \binom{m}{k-1}a^{m-k+1}b^k + \ldots$$
$$+ \binom{m}{m-2}a^2 b^{m-1} + \binom{m}{m-1}a b^m + b^{m+1},$$

oder wenn wir je zwei Glieder, die dieselben Potenzen von a und b enthalten, vereinigen:

$$3)\quad \left\{\begin{aligned} (a+b)^{m+1} = a^{m+1} &+ \left[\binom{m}{1} + 1\right]a^m b + \left[\binom{m}{2} + \binom{m}{1}\right]a^{m-1}b^2 + \ldots \\ &+ \left[\binom{m}{k} + \binom{m}{k-1}\right]a^{m+1-k}b^k + \ldots \\ &+ \left[\binom{m}{m-1} + \binom{m}{m-2}\right]a^2 b^{m-1} \\ &+ \left[\binom{m}{m-1} + 1\right]a b^m + b^{m+1}. \end{aligned}\right.$$

Dadurch ist einerseits gezeigt: wenn eine Gleichung von der Form (2) für irgend einen Wert m des Exponenten besteht, so besteht eine Gleichung von derselben Form auch noch für den um eine Einheit höheren Wert $m + 1$ des Exponenten. Nun besteht eine solche Gleichung nach (1) für $m = 1$, $m = 2$, $m = 3$, $m = 4$; also besteht sie auch für $m = 5$, also auch für $m = 6$, ... und überhaupt für jeden Wert von m, w. z. b. w.

Andererseits giebt uns die Gleichung (3) auch die Möglichkeit, die Koeffizienten $\binom{m}{k}$, die *Binomialkoeffizienten*, wie man sie nennt, in rekurrenter Weise zu berechnen. Sie zeigt nämlich, daß:

$$4)\qquad \binom{m+1}{1} = \binom{m}{1} + 1, \qquad \binom{m+1}{m} = \binom{m}{m-1} + 1$$

ist, und daß für $k = 2, 3, \ldots m - 1$ die Gleichung (Rekursionsformel) gilt:

$$5)\qquad \binom{m+1}{k} = \binom{m}{k} + \binom{m}{k-1}.$$

Wir können die aus diesen Gleichungen sich ergebende Rechnungsregel schematisch durch das „*Arithmetische Dreieck*" darstellen:

1
1 1
1 2 1
1 3 3 1
1 4 6 4 1
1 5 10 10 5 1
1 6 15 20 15 6 1
1 7 21 35 35 21 7 1
1 8 28 56 70 56 28 8 1
1 9 36 84 126 126 84 36 9 1
1 10 45 120 210 252 210 120 45 10 1
. . . .

in dem das erste und letzte Element jeder Zeile 1 ist, während jedes dazwischen liegende gleich der Summe der beiden darüber stehenden ist. Die Elemente der $(m+1)$-ten Zeile sind die zum Exponenten m gehörenden Binomialkoeffizienten. Die Tabelle zeigt, daß $\binom{m}{k} = \binom{m}{m-k}$ ist, was sich leicht aus Symmetriegründen erklärt.

Man kann die Binomialkoeffizienten auch noch auf einem ganz anderen Wege ermitteln, und zwar independent, d. h. jeden einzelnen gesondert, ohne daß man vorher alle vorhergehenden berechnet zu haben braucht. Man erhält nämlich jedesmal ein Produkt $a^{m-k}b^k$, wenn man aus k der Faktoren $(a+b)$ den Summanden b und aus den $m-k$ anderen den Summanden a herausgreift. Man erhält also soviele solche Produkte, als die Zahl beträgt, die angiebt, auf wieviele verschiedene Arten man k Dinge aus m Dingen herausgreifen kann. In der Kombinationslehre wird gezeigt, daß diese Zahl den Wert hat:

$$\frac{m!}{k!\,(m-k)!}$$

wenn, wie es üblich ist, mit $m!$ das Produkt aller ganzen Zahlen von 1 bis m bezeichnet wird. Wir wollen uns hier damit begnügen, die Richtigkeit dieses Wortes für den Binomialkoeffizienten $\binom{m}{k}$ durch den Schluß von m auf $m+1$ zu beweisen. Angenommen also, es sei bereits gezeigt, daß:

$$6) \qquad \binom{m}{k} = \frac{m!}{k!\,(m-k)!}, \quad \binom{m}{k-1} = \frac{m!}{(k-1)!\,(m-k+1)!}$$

so folgt aus (5):

$$\begin{aligned} \binom{m+1}{k} &= \frac{m!}{k!\,(m-k)!} + \frac{m!}{(k-1)!\,(m-k+1)!} \\ &= \frac{m!}{(k-1)!\,k(m-k)!} + \frac{m!}{(k-1)!\,(m-k)!\,(m-k+1)} \\ &= \frac{m!}{(k-1)!\,(m-k)!}\left(\frac{1}{k} + \frac{1}{m-k+1}\right) \\ &= \frac{m!}{(k-1)!\,(m-k)!} \cdot \frac{m+1}{k(m-k+1)} = \frac{(m+1)!}{k!\,(m+1-k)!}. \end{aligned}$$

Wenn also die erste Gleichung (7) für irgend einen Wert von m und alle kleineren Werte von k richtig ist, so ist sie auch für den um eine Einheit größeren Wert von m richtig. Nun gilt sie für $m = 2$, wie man sich durch direkte Ausrechnung überzeugt; also gilt sie allgemein, w. z. b. w.

(Für $k = 1$ oder $k = m - 1$ muß man statt der Gleichung (5) eine der Gleichungen (4) benutzen.)

ZWEITER ABSCHNITT.

Die Null und die negativen Zahlen.

§ 9. Das Rechnen mit Additionen und Subtraktionen.

Als Beispiel einer geometrischen Operation, die die fundamentalen Eigenschaften der Addition besitzt, haben wir schon in der Einleitung die Aneinanderlegung zweier Strecken derselben Geraden genannt. Ist AB eine solche, BC eine andere, und stimmt die Richtung von A nach B mit der von B nach C überein, so kann AC als Summe von AB und BC angesehen werden. Wird ferner eine der Strecke BC gleiche Strecke BC' von B aus in der entgegengesetzten Richtung aufgetragen, so ist dann AC' als Differenz von AB und BC zu betrachten. Dabei tritt aber sogleich ein sehr wesentlicher Unterschied gegenüber der Arithmetik der positiven ganzen Zahlen auf. In dieser war die Subtraktion nur ausführbar, wenn der Minuend größer als der Subtrahend war; hier steht der Abtragung von BC' in der verlangten Richtung kein Hindernis entgegen, auch wenn BC größer als AB ist. Man erhält dann nur als Resultat eine Strecke AC', deren Richtung nicht mit der von A nach B, sondern mit der von B nach A übereinstimmt. Daraus geht hervor, daß das Rechnen mit positiven ganzen Zahlen allein nicht ausreicht, um ein vollständiges und einfaches Bild der Relationen zwischen den Strecken einer Geraden zu geben. Wir müssen, um die letzteren zu erfassen, notwendig eine jede Strecke von der ihr gleichen, aber entgegengesetzt gerichteten unterscheiden und sie zu diesem Zwecke durch zwei verschiedene Zeichen darstellen, die aber zweckmäßiger Weise so zu wählen sein werden, daß sie sowohl an die Gleichheit der Länge, als an den Gegensatz des Sinnes erinnern. Man könnte sich z. B. zur Bezeichnung zweier solcher Strecken desselben Zeichens in verschiedenen Farben bedienen.

Wollen wir also die Arithmetik so einrichten, daß sie den Bedürfnissen der Geometrie genügt, so müssen wir notwendig auch in sie solche „paarweise entgegengesetzt gleiche" Größen einführen. Wir können aber auch innerhalb der Arithmetik selbst Größen dieser Art finden. Wir müssen uns nur dazu entschließen, in den *Zahlen nicht Repräsentanten von Dingen, sondern von Operationen* zu sehen; und zwar, wenn wir innerhalb des Rahmens der Arithmetik bleiben wollen, von *arithmetischen Operationen.* So können wir vor allem eine Zahl a ansehen als Vertreterin derjenigen arithmetischen Operation, die in der Addition von a (zu irgend einer anderen Zahl M) besteht. In der That thut man das schon im täglichen Leben, wenn man nicht eine Vermögensrechnung, sondern eine Einnahme- und -Ausgaberechnung führt. Wir mögen etwa zunächst zum Unterschied die Zahl a, wenn sie als Zeichen der Addition erscheint, in Klammern einschließen.

Ebenso wie wir bisher aus zwei oder mehreren Zahlen durch geeignete Verknüpfung neue Zahlen ableiteten, so können wir jetzt auch mehrere Operationen zu einer neuen Operation zusammenfassen. Insbesondere wollen wir als *Summe der Operationen (a) und (b) diejenige Operation bezeichnen, die dasselbe Resultat liefert, welches man erhält, wenn man erst die Operation (a) und dann die Operation (b) ausführt.* Man erkennt sofort, daß diese Operation nichts anderes ist, als die Addition von $a + b$, sodaß man schreiben kann:

1) $$(a) + (b) = (a + b).$$

(Genau genommen müßten wir hier auf der linken Seite auch dem Pluszeichen ein Unterscheidungsmerkmal beifügen, da es hier in neuer Bedeutung gebraucht wird.)

Von der so definierten *„Addition der Additionen"* gelten (ganz unabhängig von M) dieselben fundamentalen Gesetze, die in § 2 für die Addition der Zahlen angegeben sind. Der Beweis ist einfach mittels dieser letzteren zu führen; z. B. sagt die früher abgeleitete Gleichung:

$$M + a + b = M + b + a$$

jetzt aus, daß:

2) $$(a) + (b) = (b) + (a)$$

ist, d. h. daß die Addition der Additionen eine kommutative Operation ist. Gemäß den allgemeinen Prinzipien der Einleitung folgt dann sofort und bedarf keiner neuen Beweise, daß auch die abgeleiteten

Gesetze der Addition der Zahlen für diese Addition der Additionen Gültigkeit behalten.

Nunmehr können wir aber auch eine *Subtraktion der Additionen* definieren, und zwar *als Umkehrung der Addition.* Wir verstehen unter der Differenz $(a) - (b)$ diejenige Operation, die nach Ausführung von (b) noch ausgeführt werden muß, wenn man dasselbe Resultat erhalten will, wie wenn man gleich von vornherein (a) ausgeführt hätte.

Ist $a > b$, so ist diese Operation sofort anzugeben: es ist einfach die Addition von $a - b$. Denn wenn wir erst b addieren und dann noch $a - b$, so erhalten wir dasselbe, wie wenn wir gleich zu Anfang a addiert hätten.

Aber auch wenn $a < b$ ist, giebt es doch eine Operation, die nach (b) ausgeführt dasselbe Resultat liefert, wie wenn man gleich zu Anfang (a) ausgeführt hätte: nämlich die Subtraktion von $b - a$; diese haben wir also der Definition gemäß in diesem Fall unter $(a) - (b)$ zu verstehen.

Ist endlich $a = b$, so braucht man nach Ausführung der Operation (b) nichts weiter zu thun, um dasselbe Resultat zu erhalten, wie wenn man gleich zu Anfang (a) ausgeführt hätte. Wir können und wollen nun aber auch *das Nichtsthun als eine Operation auffassen und als solche mit dem Zeichen* (0) *bezeichnen.* Dann haben wir:

$$(a) - (a) = (0),$$

d. h. als Differenz zweier Additionen derselben Zahl a ist die mit (0) bezeichnete Operation anzusehen.

In diesem Gebiete ist also, anders als im Gebiete der positiven ganzen Zahlen, *die Subtraktion unter allen Umständen* (unbeschränkt) *ausführbar.*

Wir können die erhaltenen Resultate noch einfacher darstellen, wenn wir auch für die Operation der Subtraktion von a ein eigenes Zeichen, etwa $(\bar{a})$ einführen und übereinkommen: wenn $a = b$ ist, soll unter $(a - b)$ die Operation (0) verstanden werden; wenn $a < b$, die Subtraktion von $b - a$ oder in der eben eingeführten Bezeichnung die Operation $(\overline{b - a})$. Dann gilt die Gleichung:

3) $$(a) - (b) = (a - b)$$

in allen Fällen. Dabei sind die Operationen $(a - b)$ und $(b - a)$ einander entgegengesetzt in dem Sinne, daß jede die Wirkung der anderen gerade aufhebt. Wir haben also in diesen Operationen ein Größengebiet von der Beschaffenheit, daß zu jeder Größe eine entgegengesetzte vorhanden ist. Die Operation (0) ist zu sich selbst entgegengesetzt; jede andere Operation ist von der entgegengesetzten verschieden.

Wir ändern nunmehr unsere Bezeichnungsweise. Ein Buchstabe bedeutete bis jetzt stets eine positive ganze Zahl, und in Klammern gesetzt, als Zeichen einer Operation, die Addition dieser positiven ganzen Zahl. Wir wollen jetzt einen in Klammern gesetzten Buchstaben als ein Zeichen ansehen, das je nach Umständen eine Addition oder eine Subtraktion oder auch die Operation (0) bedeuten kann; wir wollen ferner stets unter $(\bar{a})$ die zu (a) entgegengesetzte Operation verstehen (sodaß also $(\bar{a})$— eine Subtraktion ist, wenn (a) eine Addition ist, und $(\bar{a})$ eine Addition, wenn (a) eine Subtraktion ist). Wir wollen endlich allgemein unter $(a) + (b)$ diejenige Operation verstehen, die dasselbe Resultat liefert, wie wenn man erst (a) und dann (b) ausgeführt hätte; und unter $(a) - (b)$ diejenige Operation, die man nach Ausführung von (b) noch ausführen müßte, um dasselbe Resultat zu erhalten, wenn man nur (a) ausgeführt hätte, d. h. also die Operation $(\bar{b}) + (a)$.

Die so definierte Addition der Operationen hat nun alle fundamentalen Eigenschaften der in § 2 untersuchten Addition der Zahlen:

I. Sie ist stets ausführbar und ihr Resultat ist stets wieder eine Operation des bereits in Betracht gezogenen Kreises von Operationen (entweder eine Addition oder eine Subtraktion oder die Operation (0)).

II. Sie ist eindeutig bestimmt.

III. Sie ist associativ.

IV. Sie ist commutativ.

Diese letzteren beiden Eigenschaften ergeben sich aus dem allgemeinen Satze (IV), in den wir bereits in § 3 eine Reihe von Sätzen über Additionen und Subtraktionen zusammengefaßt haben.

V. Wollen wir auch die fünfte Eigenschaft, die der Monotonie, auf die hier definierte Addition übertragen, so müssen wir uns erst darüber einigen, was in dem hier betrachteten Gebiete die Zeichen $>$, $<$ bedeuten sollen. Wir setzen fest:

Die Aussage $(a) > (b)$ soll bedeuten, daß $(a) - (b)$ eine Addition ist; die Aussage $(a) < (b)$, daß $(a) - (b)$ eine Subtraktion ist.

Daß auch in dem so erweiterten Gebiet für die Zeichen $>$, $=$, $<$ dieselben Gesetze gelten, wie sie in § 1 für die positiven ganzen Zahlen ausgesprochen sind, ist für das erste und das dritte jener Gesetze sofort zu sehen; für die anderen bedarf es eines besonderen Beweises, der folgendermaßen geführt werden kann:

$(a) - (b)$ und $(b) - (a)$ sind zu einander entgegengesetzte Operationen. Wenn die eine von ihnen eine Addition ist, ist die andere eine Subtraktion; wenn also $(a) > (b)$ ist, ist $(b) < (a)$, wie § 1, II.

Es ist ferner:

$$(a) - (c) = (a) - (b) + (b) - (c) = (a - b) + (b - c);$$

die Summe zweier Additionen ist aber wieder eine Addition. Wenn also $(b) > (a)$ und $(c) > (b)$ ist, so ist auch $(c) > (a)$, wie § 1, IV.

Daraus ergiebt sich dann § 1, V, wie dort.

Dieser Definition gemäß ist jede Addition größer als jede Subtraktion; und von zwei Subtraktionen ist diejenige die größere, die in der Subtraktion der kleineren Zahl besteht.

Da nun:

$$[(a) + (b)] - [(a) + (c)] = (b) - (c)$$

ist (nach 3 und 4), so folgt, daß zugleich mit $(b) > (c)$ auch $(a) + (b) > (a) + (c)$ ist, d. h. es bleibt bei unseren Festsetzungen auch die fünfte Eigenschaft der Addition der Zahlen für die Addition der Operationen bestehen. Daraus folgt sofort, daß auch alle abgeleiteten Gesetze der Addition in dem neuen Gebiete ebenso gelten, wie im Gebiete der ganzen Zahlen; denn da wir diese Gesetze aus den fundamentalen nur durch logische Operationen ohne Zurückgehen auf die reale Bedeutung der Operationen abgeleitet haben, so lassen sich die damals geführten Beweise ungeändert auf das hier vorliegende Gebiet übertragen.

Das gleiche gilt auch für die Gesetze der Subtraktion, nur mit einer allerdings sehr wesentlichen Ausnahme: die Subtraktion ist in dem hier betrachteten Gebiete unbeschränkt ausführbar.

§ 10. Einführung der negativen Zahl und der Null.

Nach den Ergebnissen des vorigen Paragraphen können wir das Rechnen mit Additionen und Subtraktionen auch als ein Rechnen mit Zahlen darstellen, für das alle Sätze der §§ 1—3 gelten. Wir bedürfen aber zu diesem Zwecke zweier Reihen von Zahlen, der einen für die Additionen, der anderen für die Subtraktionen; wir mögen sie etwa durch einen Index unterscheiden und:

$$1_a, 2_a, 3_a, 4_a, \ldots$$
$$1_r, 2_r, 3_r, 4_r, \ldots$$

schreiben. Außerdem bedürfen wir dann noch eines Zeichens für die Operation (0).

Wir können aber diese Schreibweise noch vereinfachen. Denn die Gesetze, denen die Verbindungen der $1_a, 2_a, 3_a, \ldots$ unter sich unterliegen, werden vollständig durch die Gesetze des Rechnens mit natürlichen Zahlen gegeben; wir haben also gar nicht nötig, neue Zeichen für sie einzuführen, sondern können die Zeichen 1, 2, 3, ... selbst auch in diesem Sinne benutzen. Für das Rechnen macht es gar keinen Unterschied, ob man mit Zahlen oder mit Additionen zu thun hat; und bei der Deutung der Resultate am Schluß der Rechnung wissen wir ohnedies aus der Natur der Aufgabe, ob das eine oder das andere der Fall ist.

Dann wird es aber zweckmäßig sein, auch für die Zahlen der zweiten Reihe statt des unteren Index ein anderes Unterscheidungszeichen zu benutzen. Es ist üblich, als solches Zeichen ein vorgesetztes Minuszeichen zu gebrauchen, also:

1) $$-1,\ -2,\ -3,\ -4,\ldots$$

zu schreiben. Das Minuszeichen hat also hier eine andere Bedeutung als in § 2, wo es ein Operationszeichen war; hier ist es als ein Bestandteil des Zahlzeichens aufzufassen. Die Verbindung zwischen beiden Bedeutungen des Minuszeichens liegt darin, daß die Gleichung besteht:

2) $$0 - a = -a,$$

in der das Zeichen links die in § 2, bezw. § 9, festgesetzte, rechts die soeben neu eingeführte Bedeutung hat.

Im Gegensatz dazu schreibt man auch wohl $+1, +2, +3, +4, \ldots$ statt 1, 2, 3, 4, ..., wo es um erhöhter Deutlichkeit willen zweckmäßig erscheint; das hat also eine nur rhetorische Bedeutung.

Auch die bisher um die 0 gesetzte Klammer werden wir im folgenden weglassen, wie schon in Gleichung (2) geschehen ist.

Nunmehr ist es zweckmäßig, unsere bisherige Ausdrucksweise zu ändern. Was wir bisher „eine Zahl" schlechtweg nannten, soll in Zukunft *„eine positive Zahl"* heißen; die neu eingeführten Zeichen $-1, -2, \ldots$ wollen wir *„negative Zahlen"* nennen. Die *Null* nennen wir auch eine Zahl, rechnen sie aber zu keiner der beiden Klassen; wollen wir sie mit einschließen, so sprechen wir von einer *„nicht negativen"*, bezw. *„nicht positiven"* Zahl.

Zahlen, die sämtlich positiv oder sämtlich negativ sind, heißen *gleichbezeichnet.*

Ein einzelner Buchstabe soll von jetzt an eine beliebige dieser Zahlen, sie sei positiv, null, oder negativ, bedeuten können.

Ist a eine negative Zahl, so verstehen wir unter $-a$ die zu ihr entgegengesetzte positive Zahl; das ist also eigentlich abermals eine neue Bedeutung des Minuszeichens. Unter dem *„absoluten Betrage"* von a — mit dem Zeichen $|a|$ — verstehen wir, wenn a eine nicht negative Zahl bedeutet, diese Zahl selbst, wenn aber a eine negative Zahl bedeutet, die positive Zahl $-a$. Statt „der absolute Betrag von a ist größer als der von b“ sagt man kurz: „a ist absolut größer als b“. Zum Unterschied davon gebraucht man wohl die Bezeichnung „*algebraisch größer, bezw. kleiner*“, wenn der in § 9 definierte Sinn der Worte „größer, kleiner“ gemeint ist.

Der absolute Betrag einer Summe ist nicht größer als die Summe der absoluten Beträge der einzelnen Summanden. Er ist nämlich dieser Summe gleich, wenn die einzelnen Summanden alle gleichbezeichnet sind; andernfalls ist er kleiner.

§ II. Geometrische Bedeutung der Null und der negativen Zahlen.

Wie schon in § 9 angekündigt, treten in der Geometrie Größen auf, die genau denselben Gesetzen gehorchen, wie die nunmehr eingeführten positiven und negativen Zahlen. So können wir z. B. von demselben Anfangspunkt A aus auf derselben unbegrenzten Geraden, aber nach entgegengesetzten Seiten hin, Strecken gleicher Länge abtragen und dann die eine mit $+a$, die andere mit $-a$ bezeichnen. An und für sich ist es gleichgültig, wie wir hier die Wahl treffen; um aber einen bestimmten Fall vor Augen zu haben, wollen wir übereinkommen, daß auf einer horizontalen Geraden von links nach rechts abgetragene Strecken als positiv, von rechts nach links abgetragene Strecken als negativ angesehen werden sollen.

Die Gleichheit solcher mit Vorzeichen genommener Strecken definieren wir so, daß zwei solche Strecken dann und nur dann als gleich angesehen werden sollen, wenn sie nicht nur gleiche Länge, sondern auch gleiche Richtung haben. Die Addition zweier Strecken, die schon in solche Lage gebracht sind, daß der Anfangspunkt der zweiten mit dem Endpunkt der ersten zusammenfällt, wird definiert durch die Gleichung:

$$AB + BC = AC,$$

wie auch die Punkte A, B, C zu einander liegen mögen; die Subtraktion als Umkehrung der so definierten Addition.

Die so definierten Operationen genügen nun allen Sätzen von § 10 und § 11. Die Eindeutigkeit dieser Addition der Strecken ergiebt sich aus der Definition, ebenso die Associativität; die unbeschränkte Ausführbarkeit, die Commutativität und die Monotonie derselben hat man als geometrische Axiome anzusehen. Macht man es sich zum Prinzip, in geometrischen Beweisen keinen Satz zu benutzen, den man nicht entweder ausdrücklich als Axiom ausgesprochen oder vorher schon bewiesen hat, so muß man auch die eben genannten Sätze unter die Axiome aufnehmen.

Ebenso wie die Strecken einer Geraden kann man auch die Winkel eines Scheitels und einer Ebene durch Vorzeichen unterscheiden. Man muß zu diesem Zwecke von den beiden Schenkeln des Winkels den einen als Anfangs-, den anderen als Endschenkel bezeichnen; die Drehung, die erforderlich ist, um den Anfangsschenkel durch den Winkelraum hindurch in den Endschenkel überzuführen, geschieht dann, von einer bestimmten Seite der Ebene aus gesehen, entweder „*im Sinn*" oder „*gegen den Sinn*" des Zeigers einer Uhr. Wir wollen übereinkommen, daß wir den Drehungssinn „*gegen den Uhrzeiger*" als positiv ansehen wollen.

Definiert man dann die Gleichheit und die Addition zweier Winkel desselben Scheitels und derselben Ebene, ganz wie oben bei den Strecken, durch Auf-, bezw. Aneinanderlegen, so gelten auch hier die Sätze der §§ 9, 10. Nur bezüglich des Monotoniegesetzes ist ein Vorbehalt zu machen: dasselbe gilt nur, wenn man auch Winkel von mehr als 360 Grad zuläßt und zwei Winkel, die sich um ein ganzes Vielfaches von 360 Grad unterscheiden, auch wirklich als voneinander verschieden betrachtet.

§ 12. Multiplikation negativer Zahlen.

Wenn nun, nachdem die Addition und Subtraktion negativer Zahlen erledigt ist, die Frage gestellt wird: was ist das Produkt zweier solcher Zahlen? so ist darauf zunächst zu antworten: daß eine solche Frage an und für sich gar keinen bestimmten Sinn hat. Soll sie einen Sinn bekommen, so muß man sie so formulieren: kann man eine Operation mit negativen Zahlen angeben, die dieselben Eigenschaften hat, wie diejenige Operation mit positiven Zahlen, die man Multiplikation nennt? Man sieht, daß die so gestellte Frage nicht ohne nähere Untersuchung bejaht oder verneint werden kann: man kann nicht von vornherein wissen, ob nicht bei negativen Zahlen Eigenschaften sich widersprechen, die bei positiven Zahlen miteinander verträglich sind.

Man wird also die Frage folgendermaßen angreifen müssen: man wählt unter den Gesetzen der Multiplikation positiver Zahlen zunächst willkürlich eines aus und fragt: giebt es eine Operation mit negativen Zahlen, die diesem Gesetze gehorcht? Findet man eine und nur eine solche Operation, so steht dem nichts im Wege, daß man sie als eine Produktbildung bezeichnet. Denn die Wortverbindung: „Produkt negativer Zahlen" hat bis jetzt noch gar keine bestimmte Bedeutung und ist folglich noch frei zu unserer Disposition;

wir können dahin *übereinkommen*, daß wir ihr diesen oder jenen Sinn beilegen. *Zweckmäßig* wird ein solches Übereinkommen freilich nur dann sein, wenn die beiden an und für sich ganz verschiedenen Operationen nicht nur die eine zunächst willkürlich ausgewählte Eigenschaft, sondern auch noch alle übrigen (oder doch die meisten übrigen) Eigenschaften gemein haben. Ob das der Fall ist, wird nicht a priori behauptet werden können, sondern muß im einzelnen untersucht werden.

(Sollte es sich herausstellen, daß es nicht nur eine, sondern mehrere Operationen mit negativen Zahlen gäbe, welche die zuerst ausgewählte Eigenschaft der Multiplikation positiver Zahlen haben, so würde man weiter untersuchen müssen, welche von diesen Operationen die meisten von den übrigen Eigenschaften der Multiplikation positiver Zahlen in sich vereinigt; diese würde man dann als Multiplikation negativer Zahlen bezeichnen können.)

Um das nun auszuführen, werden wir, da wir ja die Addition negativer Zahlen schon definiert haben, zweckmäßigerweise dasjenige Gesetz voranstellen, das die Multiplikation mit der Addition verknüpft, d. h. das Distributionsgesetz (§§ 6, 4):

1) $$a(b+c) = ab + ac.$$

Ist c eine negative Zahl, aber a, b und $b+c$ positiv, so sind $a(b+c)$ und ab bereits definiert; soll die Gleichung (1) auch in diesem Fall gelten, so müssen wir unter ac den Wert von

$$a(b+c) - ab$$

verstehen. Es ist aber, wenn c eine negative Zahl und gleich $-d$ (d positiv) ist:

$$a(b+c) - ab = a(b-d) - ab = ab - ad - ab = -ad;$$

wir werden also durch diese Überlegung dazu geführt, daß wir *das Produkt aus einer positiven Zahl a und einer negativen Zahl $c = -d$ durch die Gleichung definieren:*

2) $$a.(-d) = -(ad).$$

Ist das geschehen, so können wir dieselbe Rechnung noch einmal anstellen, indem wir jetzt auch a negativ, etwa gleich $-e$, nehmen; wir finden:

$$(-e)(-d) = (-e)(b-d) - (-e)b = -(e(b-d)) - (-eb)$$
$$= -(eb - ed) + eb = ed.$$

Wir werden also dazu geführt, daß wir ***das Produkt zweier negativer Zahlen durch die Gleichung definieren:***

3) $$(-e)(-d) = +ed.$$

Wir können diese Multiplikationsregeln wieder in derselben Weise kurz aussprechen, wie am Schluß von § 4, müssen aber dabei beachten, daß die Zeichen + und − jetzt eine andere Bedeutung haben als damals.

Daß für die so definierte Multiplikation auch die übrigen Gesetze der Multiplikation der positiven Zahlen gelten, ist nicht selbstverständlich, sondern muß bewiesen werden. Es genügt aber, diesen Beweis für die fundamentalen Gesetze zu führen; die abgeleiteten ergeben sich dann durch formale Schlüsse genau wie früher.

I. Die *unbeschränkte Ausführbarkeit* und

II. die *Eindeutigkeit* ergeben sich daraus, daß durch die Gleichungen (2) und (3) sowohl die absoluten Beträge (§ 10 a. E.) als die Vorzeichen der Produkte auf eine in jedem Falle ausführbare und eindeutig bestimmte Weise festgelegt sind. Aus der Definition ergeben sich nämlich die beiden Sätze:

Der absolute Betrag eines Produkts ist gleich dem Produkt der absoluten Beträge der einzelnen Faktoren.

Das Vorzeichen eines Produkts ist positiv, wenn die Anzahl der negativen Faktoren gerade, negativ, wenn sie ungerade ist.

III. Die *Commutativität* ergiebt sich aus der Definition selbst, in der von der Reihenfolge der Faktoren keine Rede ist.

IV. Die *Associativität* ergiebt sich wieder am bequemsten, wenn man die absoluten Beträge und die Vorzeichen gesondert ins Auge faßt.

Aus den beiden genannten Sätzen ergiebt sich nämlich, daß in jedem Falle der absolute Betrag von $(ab)c$ gleich dem von $a(bc)$ und das Vorzeichen von $(ab)c$ gleich dem von $a(bc)$ ist. Also ist überhaupt $(ab)c = a(bc)$, w. z. b. w.:

V. Was das Gesetz der *Monotonie* betrifft, so folgt aus dem ersten der genannten beiden Sätze, daß es für die absoluten Beträge bestehen bleibt. Will man aber vom algebraisch Größer- oder Kleinersein reden, so muß man sagen:

Aus $a > b$ *folgt* $ac > bc$, *wenn* c *positiv ist, dagegen* $ac < bc$, *wenn* c *negativ ist.*

VI. Was das Gesetz der *Distribution* angeht, so haben wir die Definition der Multiplikation negativer Zahlen ja eben so eingerichtet, daß es in bestimmten Fällen erfüllt ist. Daß es dann auch allgemein gilt, sieht man am einfachsten dadurch ein, daß man in jedem der möglichen Fälle die Operationen mit negativen Zahlen mit Hülfe der bereits abgeleiteten Sätze auf Operationen mit positiven Zahlen zurückführt.

Die Definitionen und Sätze dieses Paragraphen bedürfen noch einer Ergänzung in Bezug auf die Multiplikation mit *Null*. Durch Überlegungen ganz derselben Art, wie wir sie oben durchgeführt haben, gelangt man zu der Definition:

$$a \cdot 0 = 0,$$

mag nun a positiv, Null oder negativ sein. Man beweist ganz auf dieselbe Weise, daß auch für die so definierte Multiplikation mit Null die fundamentalen Gesetze der Multiplikation positiver Zahlen gelten; mit einer allerdings sehr wichtigen und folgenreichen Ausnahme, die das Monotoniegesetz betrifft:

Aus $a > b$ *folgt nicht* $a \cdot 0 > b \cdot 0$, *sondern* $a \cdot 0 = b \cdot 0$.

Man pflegt häufig zu sagen: „Mathematische Sätze gelten ausnahmslos" und dieser an und für sich ziemlich vagen Redensart dann die konkrete Bedeutung unterzuschieben: wenn man bewiesen hat, daß ein mathematischer Satz für alle Werte einer in ihm auftretenden Zahl a gilt, einen oder einzelne Werte dieser Zahl ausgenommen, für die der *Beweis* versagt, so kann man doch schließen, daß der *Satz* auch für die zuerst ausgenommenen Werte richtig bleibt. In der That ist das häufig richtig; daß es aber nicht immer richtig ist, zeigt schon das eine Beispiel des Monotoniegesetzes der Multiplikation.

§ 13. Division mit negativen Zahlen und mit Null.

Die Division mit negativen Zahlen wird als Umkehrung der Multiplikation definiert. Da für diese, wie wir im vorigen Paragraphen gesehen haben, alle Gesetze der Multiplikation positiver Zahlen bestehen bleiben, und da wir die Gesetze der Division positiver Zahlen in § 5 auf formal-logischem Wege aus den Gesetzen der Multiplikation abgeleitet haben, so können wir die damals geführten Beweise auf den hier vorliegenden Fall ungeändert übertragen. Wir können daher sofort schließen, daß auch alle Gesetze der Division positiver Zahlen in dem jetzt erweiterten Zahlengebiet Gültigkeit behalten.

Eine eigentümliche Ausnahmestellung nimmt hierbei die Null ein. Zwar die durch $0/a$ geforderte Division ist, wenn a von 0 verschieden ist, in jedem Falle ausführbar (in 0 geht jede Zahl auf), und ihr Resultat ist eindeutig bestimmt, nämlich gleich 0. Denn $a.0 = 0$ und $a.b$ ist nicht $= 0$, wenn a und b beide von 0 verschieden sind. Aber die durch $a/0$ geforderte Division ist, wenn a von 0 verschieden ist, in keinem Falle ausführbar (0 geht in keiner Zahl auf); denn es giebt in dem jetzt vorliegenden Zahlengebiete keine Zahl, die, mit 0 multipliziert, a ergäbe. Endlich die durch $0/0$ geforderte Division ist ganz unbestimmt: jede Zahl giebt mit 0 multipliziert 0.

In der That haben wir die eindeutige Bestimmtheit der Division in § 5 aus dem Monotoniegesetz der Multiplikation geschlossen, das nicht mehr gilt, wenn ein Faktor 0 ist.

§ 14. Geometrische Bedeutung der Multiplikation und Division negativer Zahlen.

Die in § 12 eingeführte Multiplikation negativer Zahlen würde ein unfruchtbares Spiel der Phantasie bleiben, wenn es nicht gelänge, ein Anwendungsgebiet aufzuweisen, in dem man mit Operationen zu thun hat, die gerade diesen Gesetzen gehorchen. Nach einem solchen Anwendungsgebiet werden wir uns vor allem in der Geometrie umsehen.

Zu diesem Zwecke stellen wir zunächst der bereits in § 11 eingeführten Unterscheidung der Strecken derselben Geraden nach ihren Vorzeichen eine analoge Unterscheidung für die Flächeninhalte von Figuren derselben Ebene zur Seite. Wir rechnen nämlich den Flächeninhalt eines Dreiecks ABC (oder überhaupt eines beliebigen Polygons) als positiv oder als negativ, je nachdem die Fläche des Dreiecks (Polygons) zur Linken oder zur Rechten bleibt, wenn man seinen Umfang in der angegebenen Reihenfolge der Ecken durchläuft; oder anders ausgedrückt, je nachdem die angegebene Reihenfolge der Ecken eine Durchlaufung des Umfangs „gegen den Sinn“ oder „im Sinn“ des Uhrzeigers darstellt..

(Man beachte dabei, daß diese Unterscheidung voraussetzt, daß wir die Ebene von einer bestimmten Seite her betrachten.)

Ist das Dreieck ABC positiv, so sind auch BCA und CAB positiv, dagegegen ACB, CBA und BAC negativ.

Werden die Vorzeichen der Flächeninhalte in dieser Weise festgesetzt, so ist die Gleichung:

$$\text{Dreieck } ABC + \text{Dreieck } CBD = \text{Viereck } ABDC$$

stets richtig — auch dem Vorzeichen nach —, wie auch die Punkte

A, B, C, D zu einander liegen mögen. Liegen nämlich (Fig. 1) A und D auf verschiedenen Seiten von BC, so haben die Dreiecke dasselbe Vorzeichen, und das Viereck ist absolut genommen, gleich ihrer Summe, und hat dasselbe Vorzeichen, wie die Dreiecke. Liegen aber A und D auf derselben Seite von BC, so haben die Dreiecke ABC und CBD entgegengesetzte Vorzeichen und das Viereck ist absolut genommen gleich ihrer Differenz. Liegt dabei (Fig. 2) A innerhalb CBD, so hat das Viereck dasselbe Vorzeichen wie CBD; liegt aber D innerhalb ABC, so hat das Viereck dasselbe Vorzeichen wie ABC; mit anderen Worten, das Viereck hat in beiden Fällen dasselbe Vorzeichen, wie das absolut größere der beiden Dreiecke. Ist endlich (Fig. 3) das Viereck $ABDC$ ein über-

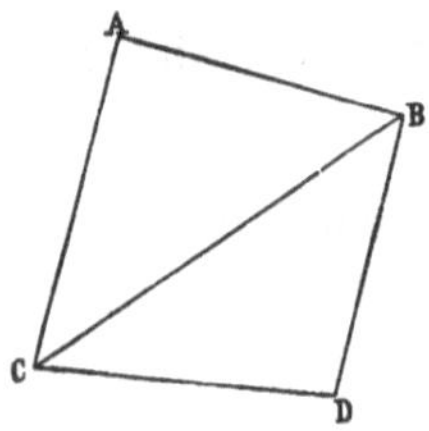

Fig. 1.

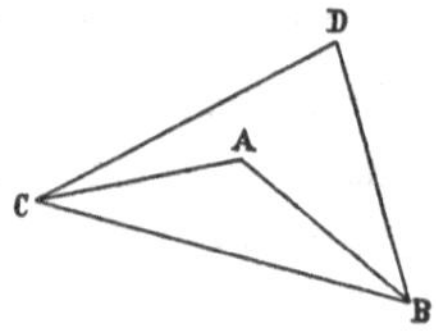

Fig. 2.

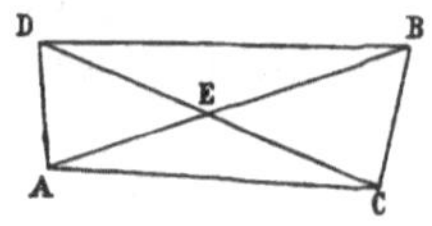

Fig. 3.

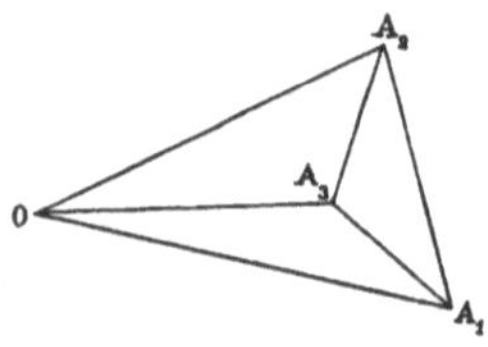
Fig. 4.

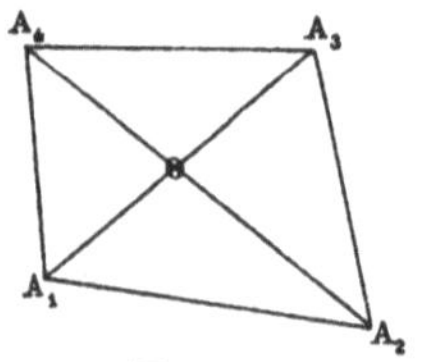
Fig. 5.

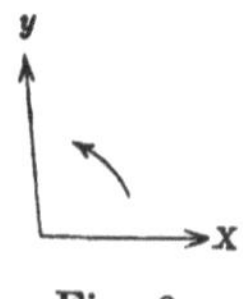

Fig. 6.

schlagenes, so ist es als Differenz der Dreiecke $BDE - ACE$, m. a. W. als Summe der Dreiecke $BDE + ECA$ zu rechnen; dann gilt der Satz auch für diesen Fall.

Durch mehrfache Anwendung dieses Satzes findet man: *Der Flächeninhalt eines beliebigen Polygons* $A_1 A_2 A_3 \dots A_{n-1} A_n$ *ist stets gleich der Summe der Dreiecke* $O A_1 A_2 + O A_2 A_3 + \dots + O A_{n-1} A_n + O A_n A_1$, wo auch der Punkt O in der Ebene des Polygons liegen mag (Fig. 4, 5).

Nach diesen Vorbereitungen können wir das Produkt zweier mit Vorzeichen genommener Strecken folgendermaßen definieren: Wir nehmen zunächst zwei zu einander senkrechte Gerade, deren Schnittpunkt O heißen möge, als „x-Axe" und „y-Axe" an (Fig. 6). Auf jeder dieser beiden Axen wählen wir einen Richtungssinn als den positiven, und zwar sei diese Wahl so getroffen, daß eine positive Drehung um 90 Grad die positive Richtung der x-Axe in die positive Richtung der y-Axe überführt. Tragen wir dann zwei Strecken OA und OB nach Größe und Richtung bezw. auf der x- und y-Axe ab, so ist der doppelte Flächeninhalt des Dreiecks OAB (in dieser Reihenfolge der Ecken) nach Größe und Vorzeichen gleich dem in § 12 definierten Produkt der Längen der beiden Strecken. Er fällt nämlich positiv aus, wenn die beiden Strecken dasselbe Vorzeichen, negativ, wenn sie entgegengesetzte Vorzeichen haben.

Die Division zweier mit Vorzeichen genommener Zahlen ist dann durch die Umkehrung dieser Construktion geometrisch darzustellen.

Wollen wir auch Produkte dreier mit Vorzeichen genommener Zahlen geometrisch darstellen, so müssen wir erst das Vorzeichen eines Tetraedervolumens definieren. Wir setzen fest: „*Ein Tetraeder $OABC$ soll positiv oder negativ gerechnet werden, je nachdem das Dreieck ABC von O aus gesehen positiv oder negativ erscheint.*“ Für die so definierten Tetraedervolumina gelten dann ganz analoge Sätze, wie vorhin für die Dreiecksflächen.

Wir nehmen nun drei paarweise zu einander senkrechte Gerade als x-, y- und z-Axe an und legen auf jeder von ihnen einen positiven Richtungssinn fest; und zwar sei die Wahl so getroffen, daß, von der positiven z-Axe aus gesehen, eine positive Drehung um 90 Grad die positive Richtung der x-Axe in die positive Richtung der y-Axe überführt. Die drei zu multiplizierenden Strecken tragen wir dann nach Größe und Richtung bezw. als OA, OB, OC auf der x-, der y- und z-Axe auf. Dann ist das 6-fache Volumen des Tetraeders $ABCO$ (in dieser Reihenfolge der Ecken) nach Größe und Vorzeichen gleich dem in § 12 definierten Produkt der Längen der drei Strecken. Es fällt nämlich positiv aus, wenn alle drei Strecken positiv sind; und es ändert sein Vorzeichen jedesmal, wenn man das Vorzeichen einer der drei Strecken ändert. Man kann sich auch direkt geometrisch, unabhängig von der arithmetischen Untersuchung von § 12, davon überzeugen, daß die hier geometrisch definierte Multiplikation den Gesetzen von § 4 gehorcht.

DRITTER ABSCHNITT.

Rationale Brüche.

§ 15. Einführung der Brüche; ihre Multiplikation.

Ebenso, wie wir in § 9 die Operationen des Addierens und Subtrahierens selbst als Objekte der Untersuchung angesehen haben, können wir auch mit den Operationen des Multiplizierens und Dividierens verfahren. Zu diesem Zwecke benutzen wir vorübergehend (a) als Zeichen für die Multiplikation mit a, $(\overline{a})$ ebenso als Zeichen für die Division mit a; a selbst soll dabei wie bisher eine positive oder negative ganze Zahl, auch 0, bedeuten können. Das Objekt, auf das diese Operationen anzuwenden sind, soll eine ganz willkürlich angenommene ganze Zahl M sein; wir werden finden, daß die Gesetze, denen diese Operationen unterliegen, von der Auswahl dieser Zahl M ganz unabhängig sind. Übrigens denken wir sie uns so gewählt, daß alle im Laufe einer Rechnung geforderten Divisionen aufgehen; was in jedem einzelnen Falle möglich ist.

Führen wir nunmehr zwei solche Operationen nacheinander aus; zunächst zwei Multiplikationen, erst (a), dann (b). Wir erhalten dasselbe Resultat, wie wenn wir gleich zu Anfang mit $a\,b$ multipliziert, d. h. also die Operation $(a\,b)$ ausgeführt hätten. Die Operation $(a\,b)$ ist demnach äquivalent mit der Aneinanderreihung der beiden Operationen (a) und (b). Indem wir diese Zusammenfassung zweier Operationen zu einer einzigen diesmal als eine Multiplikation ansehen, schreiben wir:

1) $$(a)\,.\,(b) = (a\,b)\,.$$

In demselben Sinne ist:

2) $$(\overline{a})\,.\,(\overline{b}) = (\overline{a\,b})\,;$$

ferner, wenn b in a aufgeht:

3) $$(a)\,.\,(\overline{b}) = (a:b);$$

endlich, wenn a in b aufgeht:

4) $$(a)\,.\,(\overline{b}) = (\overline{b:a})\,.$$

Wenn aber weder b in a, noch a in b aufgeht, so ist die Operation $(a)\,.\,(\overline{b})$ weder eine Multiplikation mit einer ganzen Zahl, noch eine Division mit einer solchen, sondern es ist eine Operation von einer neuen Art, für die wir bis jetzt noch kein Zeichen haben. Wir können und wollen ein solches einführen; wir wollen diese Operation mit:

$$\left(\frac{a}{b}\right) \text{ oder } (a/b) \text{ oder } (a:b)$$

bezeichnen.

Die Regeln für das Rechnen mit solchen Operationen ergeben sich aus ihrer Definition, sobald wir erst noch darüber einig geworden sind, wann wir zwei solche Operationen als einander gleich ansehen wollen. Wir werden $(a:b)$ und $(c:d)$ dann als gleich ansehen, wenn sie, auf irgend ein Objekt M angewendet, dasselbe Resultat geben, wenn also

5) $$(Ma):b = (Mc):d$$

ist. Das ist aber nach den Resultaten von § 4 und 5 nicht nur dann der Fall, wenn $a = c$ und $b = d$ ist, sondern auch stets, wenn

6) $$ad = bc$$

ist; oder anders ausgedrückt, wenn es 4 ganze Zahlen m, n, e, f von der Beschaffenheit giebt, daß:

7) $$\begin{aligned} a &= me \qquad & c &= ne \\ b &= mf \qquad & d &= nf \end{aligned}$$

ist. Voraussetzung ist dabei, daß die verlangten Divisionen durch b und d ausführbar sind; das können wir aber immer durch geeignete Wahl von M erreichen. Übrigens enthalten die Bedingungen (6) und (7) M nicht mehr; wenn die Gleichung (5) für irgend einen geeigneten Wert von M richtig ist, so ist sie auch für jeden anderen solchen Wert richtig.

Wir werden ferner die Zusammenfassung zweier solcher nacheinander ausgeführter Operationen auch diesmal als eine Multiplikation bezeichnen, d. h. wir werden

8) $$(a:b).(c:d) = (e:f)$$

setzen, wenn:

9) $$(((Ma):b).c):d = (Me):f$$

ist. Das ist aber für jedes M, für welches die hier vorgenommenen Divisionen mit ganzen Zahlen Bedeutung haben, der Fall, wenn:

10) $$e = ac, \qquad f = bd$$

genommen wird. Wir können also diese Multiplikation der hier vorliegenden Operationen auch durch die Gleichung definieren:

11) $$(a/b).(c/d) = ((ac)/(bd)).$$

Wir wollen zeigen, daß die so definierte Multiplikation allen Gesetzen der Multiplikation ganzer Zahlen gehorcht.

1. Ihre unbeschränkte Ausführbarkeit ergiebt sich aus der Definitionsgleichung (8), da die durch $(a\,c)$ und $(b\,d)$ geforderten Multiplikationen stets ausführbar sind und man sich M immer so gewählt denken kann, daß auch die geforderte Division durch $b\,d$ ausführbar wird.

2. Daß diese Multiplikation *eindeutig bestimmt* ist, versteht sich nicht so ganz von selbst, wie es auf den ersten Blick scheinen möchte. Denn es kommt darauf an zu zeigen, daß man dasselbe Resultat erhält, welche der zufolge (6) noch möglichen, unendlich vielen Formen man auch für jeden der beiden Faktoren benutzt. Die Definition der Multiplikation als Vereinigung zweier aufeinander folgender Operationen zu einer einzigen läßt zwar unmittelbar erkennen, daß das Resultat nur von diesen Operationen selbst abhängt, nicht von der Form, in der wir sie dargestellt haben. Wollen wir aber den Beweis an die Definition (8) anknüpfen, so müssen wir so schließen:

Nach der Definition (6) ist $(a/b) = (a_1/b_1)$, wenn $a\,b_1 = b\,a_1$ ist. Dann ist aber nach den Sätzen über die Multiplikation ganzer Zahlen (§ 4) auch:

12) $$a\,c\,.\,b_1\,d = a\,b_1\,.\,c\,d = b\,a_1\,.\,c\,d = b\,d\,.\,a_1\,c\,,$$

also $\big((a\,c)/(b\,d)\big) = \big((a_1\,c)/(b_1\,d)\big)$, w. z. b. w.:

3. Die *Commutativität* wird so bewiesen: Aus der Definition (8) folgt, daß auch

13) $$(c/d)\,.\,(a/b) = \big((c\,a)/(d\,b)\big)$$

ist. Aber nach § 4, bezw. § 12, ist $a\,c = c\,a$ und $d\,b = b\,d$; also folgt aus (8) und (10):

14) $$(a/b)\,.\,(c/d) = (c/d)\,.\,(a/b)\,.$$

4. Die *Associativität* kann in ganz analoger Weise bewiesen werden.

Da also diese fundamentalen Gesetze für die hier definierte Multiplikation wie für die Multiplikation der ganzen Zahlen gelten, so ergiebt sich durch eine nun schon wiederholt erläuterte Schlußweise, daß alle durch Gleichungen ausdrückbaren Sätze über die Multiplikation der Zahlen auch für diese Multiplikation der Operationen gelten.

Wollen wir auch die durch Ungleichungen ausgedrückten Sätze übertragen, so müssen wir, wie in § 12, diese Sätze auf die absoluten Beträge beziehen. Wir verstehen nämlich unter dem absoluten Betrag der Operation (a/b) die Operation $(|a|/|b|)$. Wir nennen ferner, wenn a, b, c, d positive Zahlen sind, die Operation $(a/b) > (c/d)$, wenn das Resultat der Anwendung von (a/b) auf irgend eine geeignete positive Zahl M größer ist als das Resultat der Anwendung von (c/d), wenn also $M(a/b) > M(c/d)$ ist. Diese Ungleichung besteht zufolge von § 4, V dann und nur dann, wenn auch die aus ihr durch Multiplikation mit bd und Division mit M hervorgehende Ungleichung $ad > bc$ besteht. Wenn sie also für irgend einen geeigneten Wert von M besteht, besteht sie für jeden solchen Wert; und die eben ausgesprochene Definition des Größerseins ist gleichwertig mit der folgenden:

Sind a, b, c, d positive Zahlen, so heißt (a/b) dann größer als (c/d), wenn:

15) $$ad > bc$$

ist.

Überhaupt heißt (a/b) dem absoluten Betrage nach größer als (c/d), wenn:

16) $$|ad| > |bc|$$

ist.

Dann gilt, wie in § 4, bezw. 12, für die Multiplikation der Zahlen, der Satz:

Ist (a/b) dem absoluten Betrage nach größer als (c/d), so ist auch $(a/b).(e/f) = ((ae)/(bf))$ dem absoluten Betrage nach größer als $(c/d).(e/f) = ((ce)/(df))$.

Denn aus $|ad| > |bc|$ folgt nach § 4: $|ae.df| > |bf.ce|$.

Somit ist gezeigt, daß für die Multiplikation der hier definierten Operationen (a/b) alle fundamentalen Eigenschaften der Multiplikation der Zahlen gelten. Wir werden daher zweckmäßigerweise unsere Ausdrucksweise abermals ändern. Was wir bisher eine Zahl nannten, wollen wir von jetzt an eine (positive oder negative) *ganze Zahl* nennen; die neu eingeführten Operationszeichen a/b (die Klammern lassen wir jetzt weg) bezeichnen wir fortan ebenfalls als Zahlen, und zwar, wo wir den Unterschied hervorzuheben wünschen, als *gebrochene Zahlen* oder als *Brüche*. Dabei unterscheiden wir *echte Brüche*, bei denen $|a| < |b|$ ist, und *unechte Brüche*, bei denen $|a| > |b|$ ist; ferner *positive* Brüche, bei denen Zähler und Nenner dasselbe Vorzeichen haben, und *negative*, bei denen diese Vorzeichen verschieden sind.

In Übereinstimmung mit dieser Änderung der Ausdrucksweise

ändern wir auch unsere bisherige Bezeichnungsweise dahin ab, daß ein einzelner Buchstabe in Zukunft auch einen Bruch soll bezeichnen können.

§ 16. Division der Brüche.

Die Division durch einen Bruch a/b *definieren wir als diejenige Operation, die die Multiplikation mit* a/b *wieder rückgängig macht; also durch die Gleichung:*

$$M(a/b):(a/b) = M.$$

Da die Multiplikation mit Brüchen, wie wir im vorigen Paragraphen gesehen haben, allen Gesetzen der Multiplikation ganzer Zahlen genügt, und da wir früher die Gesetze der Division ganzer Zahlen auf formal-logischem Wege aus den Gesetzen ihrer Multiplikation abgeleitet haben, so folgt, daß wir die früheren Beweise ungeändert auf den hier vorliegenden Fall übertragen können. Es gelten also alle Gesetze der Division ganzer Zahlen auch für die Division der Brüche; d. h. so weit nur Beziehungen zwischen Divisionen untereinander und mit Multiplikationen in Betracht kommen, denn andere Operationen mit Brüchen haben wir bis jetzt nicht definiert.

Ein wesentlicher Unterschied besteht allerdings: in dem jetzt zur Verfügung stehenden Gebiet ist die Division (bis auf eine sogleich zu besprechende Ausnahme) *unbeschränkt ausführbar.* Denn die Operation, welche die Multiplikation mit a/b (d. h. Multiplikation mit a und Division mit b) rückgängig macht, ist keine andere als die Multiplikation mit b/a (d. h. Multiplikation mit b und Division mit a). Wir können also jede Division mit einer Zahl a/b durch eine Multiplikation mit dem *„reciproken Wert“* b/a ersetzen.

Die vorhin angekündigte Ausnahme bezieht sich auf die Division durch 0. Es giebt auch in dem durch Aufnahme der Brüche erweiterten Zahlengebiet keine Zahl, die mit 0 multipliziert, eine von 0 verschiedene Zahl ergäbe.

§ 17. Addition und Subtraktion der Brüche.

Die Addition zweier Brüche definieren wir vielleicht am bequemsten so:

Unter der Summe zweier Brüche $a/b + c/d$ *verstehen wir denjenigen Bruch, mit dem man eine geeignet gewählte Zahl* M *multiplizieren muß, um dasselbe Resultat zu erhalten, wie wenn man erst* M *mit* a/b*, hierauf* M *mit* c/d *multipliziert und die Resultate addiert hätte:*

1) $$M(a/b + c/d) = Ma/b + Mc/d.$$

Indem man die beiden Brüche durch „Erweitern" auf die Formen $(ad)/(bd)$, $(bc)/(bd)$ bringt, findet man, daß diese Definition mit der folgenden äquivalent ist:

2) $$a/b + c/d = (ad + bc)/(bd),$$

die von der Auswahl von M auch formal nicht mehr abhängt.

Diese Addition ist, wie aus ihrer Definition hervorgeht, *unbeschränkt ausführbar.* Man zeigt ferner durch Rechnung, mit Hülfe der Gesetze des Rechnens mit ganzen Zahlen, daß sie auch *eindeutig bestimmt* ist, in dem Sinne, daß das Ergebnis nur durch einen äquivalenten Wert ersetzt wird, wenn man einen der Summanden durch einen nach § 15, (6) äquivalenten Wert ersetzt. Ebenfalls durch Rechnung wird gezeigt, daß diese Addition auch den Gesetzen der *Commutation* und der *Association* genügt, und daß sie zu der in § 15 gelehrten Multiplikation in *distributiver* Beziehung steht.

Die Subtraktion der Brüche definieren wir als Umkehrung der Addition; d. h. wir setzen:

3) $$a/b - c/d = e/f,$$

wenn:

4) $$c/d + e/f = a/b$$

ist. Aus dieser Gleichung folgt aber nach (2)

$$(cf + de)/(df) = a/b,$$

hieraus nach § 15, (6):

$$b(cf + de) = adf,$$

also nach § 12, (6):

$$bcf + bde = adf;$$

nach § 3, (1) und § 9:

$$bde = adf - bcf;$$

wieder nach § 12, (6):

$$bde = (ad - bc) \cdot f;$$

endlich nach § 15, (6):

$$e/f = (ad - bc)/(bd).$$

Wir können also die Subtraktion der Brüche auch durch die Gleichung definieren:

$$a/b - c/d = (ad - bc)/(bd).$$

Nunmehr können wir auch die Begriffe „*algebraisch größer, bezw. kleiner*" bequem auf Brüche übertragen, indem wir definieren: ein Bruch a/b heißt algebraisch größer oder kleiner als ein anderer c/d, je nachdem die Differenz $a/b - c/d$ positiv oder negativ ist. Dann ist wieder durch Rechnung zu zeigen, daß bei dieser neuen Bedeutung der Zeichen $>$, $<$ die Sätze von § 1 und das *Monotoniegesetz der Addition* unverändert bestehen bleiben. Sobald das gezeigt ist, ergiebt sich weiter, daß auch die Gesetze der Subtraktion der Brüche dieselben sind, wie die der Subtraktion ganzer Zahlen. Denn wir haben früher die Gesetze der Subtraktion dieser letzteren aus den Gesetzen der Addition abgeleitet, und wir haben das Fortbestehen der Gesetze der Addition der Zahlen für die Addition der Brüche bewiesen. Schließlich ergiebt sich dann noch, daß auch die *Monotoniegesetze* der Multiplikation und Division mit der in § 11 gegebenen Modifikation für die Brüche Gültigkeit behalten.

Sonach können wir die Resultate dieses ganzen Abschnittes in die eine Aussage zusammenfassen, daß *man mit Brüchen wie mit ganzen Zahlen rechnen darf.*

§ 18. Geometrische Darstellung der Brüche.

Das Rechnen mit Brüchen unterscheidet sich, wie wir gesehen haben, vom Rechnen mit ganzen Zahlen dadurch, daß in ihm die Division unbeschränkt ausführbar ist. Das Rechnen mit Brüchen wird demnach überall da Anwendung finden können, wo es sich um Beziehungen zwischen Größen handelt, die unbeschränkt teilbar sind. Wie schon in der Einleitung hervorgehoben, haben die geometrischen Größen diese Eigenschaft. Wie man eine Strecke AB in n gleiche Teile teilen, d. h. eine Strecke AC von der Beschaffenheit konstruieren kann, daß n ihr gleiche Strecken aneinander gelegt gerade AD ergeben, wird in der elementaren Geometrie gezeigt. Für die Winkel liegt die Sache insofern etwas anders, als die Teilung eines beliebigen Winkels in eine beliebige Anzahl gleicher Teile mit elementaren Hülfsmitteln (Lineal und Zirkel) nicht möglich ist; aber deswegen ist doch der n^{te} Teil eines gegebenen Winkels eine vollständig bestimmte Größe.

Wenn eine beliebige Strecke als Einheitsstrecke gewählt ist, können wir den Bruch m/n als Repräsentanten derjenigen Strecke ansehen, die aus der Einheitsstrecke durch Multiplikation mit m und Division durch n hervorgeht. Addieren oder subtrahieren wir dann zwei solche Strecken, wie in § 11, durch Aneinanderlegen, so gelten dieselben Gesetze wie in § 17; um das einzusehen, braucht man nur in den dort durchgeführten Schlüssen an Stelle der Zahl M die Einheitsstrecke zu setzen. Ferner kann man aus zwei solchen Strecken von den Längen m/n und p/q ein Rechteck konstruieren; und es wird in den Elementen der Geometrie gezeigt, daß der Flächeninhalt eines solchen Rechtecks, für das über der Einheitsstrecke errichtete Quadrat als Flächeneinheit, gemessen wird durch das nach der Definition von § 15 gebildete Produkt der Zahlen m/n und p/q. Endlich findet die Division ihre geometrische Deutung durch die Umkehrung der zuletzt genannten Aufgabe, d. h. durch die Bestimmung der zweiten Seite eines Rechtecks, von dem der Flächeninhalt und die eine Seite gegeben ist.

Bezüglich der Vorzeichen gelten die Festsetzungen von § 14 für gebrochene wie für ganzzahlige Seitenlängen.

VIERTER ABSCHNITT.

Rationale ganze Funktionen.

§ 19. Veränderliche Größen und Funktionen.

Eine Größe (Zahl) heißt *veränderlich* oder *variabel*, wenn ihr im Laufe einer Untersuchung immer andere und andere Werte beigelegt werden; *konstant*, wenn der ihr einmal beigelegte Wert während der ganzen Untersuchung beibehalten wird (was nicht hindert, ihn bei einer anderen Untersuchung zu ändern). Bei den Anwendungen der Mathematik ist durch die Natur des gerade vorliegenden Problems bestimmt, welche Größen als konstant, welche als veränderlich anzusehen sind; für die abstrakt mathematische Betrachtung kann man dagegen willkürlich festsetzen, welche Größen man als konstant, welche als veränderlich ansehen will. Man pflegt die Unterscheidung zwischen Konstanten und Veränderlichen sich dadurch vor Augen zu halten, daß man die Konstanten mit den ersten, die Veränderlichen mit den letzten Buchstaben des Alphabets bezeichnet.

Zwei (oder mehrere) Veränderliche heißen *voneinander unabhängig* veränderlich, wenn man jeder von ihnen noch beliebige Werte beilegen kann, ganz gleichgültig, welche Werte man etwa vorher schon den anderen (allen oder einigen von ihnen) beigelegt hat; sie heißen *miteinander verknüpft*, wenn das nicht der Fall ist, wenn also, sobald einigen von den Veränderlichen bestimmte Werte beigelegt werden, die übrigen dadurch bestimmt oder wenigstens beschränkt sind. Auch diese Unterscheidung kann bei abstrakt analytischen

Untersuchungen willkürlich festgesetzt werden; in den Anwendungen der Analysis dagegen ist sie durch die Natur des Problems, also durch die geometrischen Sätze, bezw. die Naturgesetze, gegeben.

Z. B. wenn zweien von den Winkeln eines veränderlichen ebenen Dreiecks bestimmte Werte beigelegt werden, ist der dritte dadurch bestimmt; wenn zweien von den Seitenlängen bestimmte Werte gegeben werden, ist die dritte auf solche Werte beschränkt, die größer als die Differenz und zugleich kleiner als die Summe der beiden ersten sind. Oder um ein physikalisches Beispiel zu nennen: der Druck p, das Volumen v und die absolute Temperatur T einer Gasmenge sind verbunden durch das Gesetz von Boyle und Gay-Lussac:

$$p v = R T.$$

Diese Gleichung ist auch geeignet, die Unterscheidung zwischen Konstanten und Veränderlichen zu erläutern: hat man nur mit einer und derselben Gasmenge zu thun, so ist R als eine Konstante anzusehen; ändert sich dagegen im Laufe der Untersuchung die Menge oder die Zusammensetzung des Gases, so ist auch R als eine veränderliche Größe zu behandeln.

Wir werden hier nur mit solchen Fällen zu thun haben, in denen, wie im ersten und dritten der genannten Beispiele, die Verknüpfung der Veränderlichen ihren Ausdruck in einer oder mehreren Gleichungen findet, denen sie unterworfen sind; sodaß nur solche Wertsysteme der Veränderlichen zulässig sind, die diese Gleichungen erfüllen. Hat man von mehreren durch Gleichungen miteinander verknüpften Größen sovielen als möglich willkürliche Werte beigelegt und will man dann wissen, welche Werte man den anderen noch beilegen kann, so hat man das Gleichungssystem nach den letzteren aufzulösen. Wenn eine solche Auflösung allgemein, d. h. ohne spezielle Voraussetzung über die Werte der ersteren gelungen ist, so sagt man: man hat die letzteren *explicite* als Funktionen der ersteren dargestellt, während sie vorher nur *implicite* als solche Funktionen definiert waren. Man nennt dann auch wohl die ersteren die *unabhängigen Variabeln* oder die *Argumente*, die letzteren die *abhängigen Variabeln*, muß aber dabei im Auge behalten, daß diese Unterscheidung auch in den Anwendungen der Analysis häufig nicht durch die Natur der Aufgabe selbst gegeben ist, sondern von uns durch die Art, wie wir die Aufgabe angreifen, hereingebracht wird.

Wir werden hier zumeist nur mit zwei Veränderlichen zu thun haben, die durch eine Gleichung verknüpft sind, so daß wir die eine als unabhängige Veränderliche oder als Argument, die andere als abhängige Veränderliche oder als Funktion der ersteren ansehen können; die erstere nennen wir gewöhnlich x, die letztere y. Um allgemein auszudrücken, daß y eine Funktion von x sein solle, schreiben wir: $y = f(x)$, wobei also das f nicht als Zeichen einer Zahl angesehen werden darf und die Klammer gesetzt wird, um Verwechselungen mit einem Produkt $f \cdot x$ zu vermeiden. An dieser Bezeichnung einer unbekannten oder nicht näher bezeichneten Funktion (eines unbekannten oder unbestimmten Abhängigkeitsgesetzes) durch einen Buchstaben ist das Wesentliche, daß derselbe Buchstabe, wenn er in derselben Untersuchung mehrmals vorkommt, überall dasselbe Abhängigkeitsgesetz bedeutet. So sagt z. B. die Nebeneinanderstellung der beiden Gleichungen:

$$y = f(x), \qquad z = f(x + 1)$$

aus: man erhält z, wenn man in dem Ausdruck von y durch x an Stelle von x überall $x + 1$ einsetzt.

Von Gleichungen zwischen variabeln Größen giebt es zwei ganz verschiedene Arten: solche, die für *alle* (bezw. alle zulässigen), und solche, die nur für *einzelne* Werte dieser Größen gelten. Die ersteren nennt man *Identitäten*; um anzudeuten, daß eine Gleichung identisch besteht, gebraucht man häufig das Zeichen $\equiv$ an Stelle des Gleichheitszeichens.

Die Funktionen werden eingeteilt nach den Rechnungsoperationen, die erforderlich sind, um y aus x abzuleiten. Hier werden wir uns nur mit solchen Funktionen von x beschäftigen, zu deren Bildung die bereits behandelten Rechnungsoperationen ausreichen.

§ 20. Rationale ganze Funktionen.

Wenn y aus x und irgend welchen konstanten Größen allein durch Additionen, Subtraktionen und Multiplikationen abgeleitet werden kann, heißt y eine rationale ganze Funktion von x.

(Eine Division durch eine konstante Größe kann stets als Multiplikation mit ihrem reciproken Wert, also auch mit einer konstanten Größe, angesehen werden; das Vorkommen von solchen Divisionen thut also dem Charakter einer Funktion als einer rationalen ganzen keinen Eintrag. Nur das x selbst darf nicht in einem Nenner vorkommen.)

Löst man in dem Ausdruck einer rationalen ganzen Funktion von x alle Klammern auf, faßt alle Glieder, die dieselbe Potenz von x zum Faktor haben, in je ein Glied zusammen und ordnet nach fallenden Exponenten von x, so gelangt man zu dem Satze:

Jede rationale ganze Funktion von x kann auf die Form gebracht werden:

$$g(x) \equiv a_0 x^n + a_1 x^{n-1} + a_2 x^{n-2} + \ldots + a_{n-2} x^2 + a_{n-1} x + a_n .$$

In ihr bedeuten die $a_0, a_1, \ldots, a_n$ Konstante; man nennt sie die *Koefficienten* der Funktion, a_n speziell ihr *absolutes Glied.* Ist a_0 nicht gleich 0, so heißt die Funktion $g(x)$ vom n-ten *Grade* (n-ter *Ordnung*, n-ter *Dimension*). Funktionen 1., 2., 3., 4. Grades werden auch wohl bezw. als *lineare*, *quadratische*, *kubische*, *biquadratische* bezeichnet. Auch nennt man wohl eine Konstante eine ganze Funktion 0-ten Grades.

Addition, Subtraktion und Multiplikation rationaler ganzer Funktionen liefern immer wieder nur rationale ganze Funktionen.

Zuweilen braucht man statt „rationale ganze Funktion" auch den kürzeren Namen „*Polynom*".

§ 21. Division einer rationalen ganzen Funktion durch eine andere.

Es seien zwei rationale ganze Funktionen m-ten, bezw. n-ten Grades gegeben:

1)
$$f(x) \equiv a_0 x^m + a_1 x^{m-1} + \ldots + a_m ,$$
$$g(x) \equiv b_0 x^n + b_1 x^{n-1} + \ldots + b_n ;$$

es sei $m \geqq n$, und es sei b_0 von 0 verschieden. Dann wird:

2)
$$f(x) - \frac{a_0}{b_0} x^{m-n} g(x) \equiv g_1(x)$$

eine ganze Funktion, deren Grad höchstens gleich $m - 1$ ist, indem sich die Glieder mit x^m wegheben (eventuell heben sich auch noch weitere Glieder weg; aber das ist für unseren Zweck gleichgültig). Ist in ihr c_0 der Koefficient von x^{m-1}, so wird:

3)
$$g_2(x) \equiv g_1(x) - \frac{c_0}{b_0} x^{m-n-1} g(x)$$

eine ganze Funktion, deren Grad höchstens gleich $m - 2$ ist. So kann man fortfahren, bis die Gleichung:

4)
$$g_{m-n}(x) - \frac{k_0}{b_0} g(x) \equiv g_{m-n+1}(x)$$

eine ganze Funktion $g_{m-n+1}(x)$ liefert, deren Grad niedriger als n ist. Addiert man alle so entstehenden Gleichungen, so erhält man eine Identität, d. h. eine für alle Werte von x richtige Gleichung von der Form:

5)
$$f(x) \equiv q(x) g(x) + r(x).$$

In ihr ist

6) $$q(x) = \frac{1}{b_0}[a_0 x^{m-n} + c_0 x^{m-n-1} + \ldots + k_0]$$

eine rationale ganze Funktion vom Grade $m - n$; $r(x)$ die vorhin mit g_{m-n+1} bezeichnete ganze Funktion, deren Grad niedriger als n ist. $q(x)$ heißt Quotient der Division von $f(x)$ durch $g(x)$, $r(x)$ Rest.

Die schematische Ausführung des Divisionsverfahrens ist aus dem folgenden Beispiel zu entnehmen:

$$\begin{array}{l} (x^4 + 1):(x^2 + 1) = x^2 - 1 \\ \underline{{}_{-}x^4 \pm x^2} \\ \quad - x^2 + 1 \\ \quad \underline{\mp x^2 \mp 1} \\ \qquad\quad 2, \end{array}$$

also:

$$x^4 + 1 = (x^2 - 1)(x^2 + 1) + 2$$

oder:

$$\frac{x^4 + 1}{x^2 + 1} = x^2 - 1 + \frac{2}{x^2 + 1}.$$

Ein besonders bemerkenswertes Resultat ergiebt sich, wenn man mit einer *linearen* Funktion der Form $x - a$ dividiert. Dann ergiebt nämlich die Rechnung, daß der Quotient eine ganze Funktion nicht nur von x, sondern auch von a wird; wir bezeichnen sie mit $f_1(x:a)$. Der Rest, der in diesem Fall eine Konstante sein muß, läßt sich leicht angeben. Es ist nämlich:

7) $$x^n - a^n = (x - a)(x^{n-1} + x^{n-2} a + x^{n-3} a^2 + \ldots + x a^{n-2} + a^{n-1}),$$

d. h. $x^n - a^n$ ist durch $x - a$ teilbar. Die Differenz $f(x) - f(a)$ kann aber dargestellt werden als eine Summe von Gliedern der Form $a_n(x^n - a^n)$; daraus ergiebt sich, daß auch $f(x) - f(a)$ durch $x - a$ teilbar ist. Der Quotient ist eine ganze Funktion sowohl von x, als von a. Schreibt man die so erhaltene Gleichung:

8) $$f(x) - f(a) = (x - a) f_1(x; a)$$

in der Form:

9) $$f(x) = (x - a) f_1(x; a) + f(a),$$

so zeigt sie, daß der Rest der Division von $f(x)$ durch die lineare Funktion $x - a$ gleich ist dem Werte, den man erhält, wenn man in $f(x)$ das Argument x durch den speziellen Wert a ersetzt.

Beispiel:

$$
\begin{array}{l}
(x^3 + x^2 + x + 1) : (x - a) = x^2 + (a + 1)x + a^2 + a + 1 \\
\underline{-x^3 \mp ax^2} \\
(a + 1)x^2 + x \\
\underline{-(a + 1)x^2 \mp (a^2 + a)x} \\
(a^2 + a + 1)x + 1 \\
\underline{(a^2 + a + 1)x \mp a^3 \mp a^2 \mp a} \\
a^3 + a^2 + a + 1 .
\end{array}
$$

§ 22. Teilbarkeit rationaler ganzer Funktionen.

Ergiebt sich $r(x) = 0$, so heißt $f(x)$ durch $g(x)$ teilbar; m. a. W: *eine rationale ganze Funktion* (fx) *heißt durch eine andere solche Funktion* $g(x)$ *teilbar, wenn sich eine dritte rationale ganze Funktion* $q(x)$ *so bestimmen läßt, daß identisch:*

$$f(x) \equiv g(x)\, q(x)$$

ist.

Für die Teilbarkeit der rationalen ganzen Funktion gelten dieselben Gesetze, wie wir sie in § 6 für die Teilbarkeit der ganzen Zahlen kennen gelernt haben; nämlich:

I. Jede Funktion ist durch sich selbst teilbar.

II. Jede Funktion ist durch jede Konstante teilbar. (Die sämtlichen Konstanten spielen also hier dieselbe Rolle, wie die Einheit bei der Untersuchung der Teilbarkeit der Zahlen.)

III. Ist $f(x)$ durch $g(x)$ teilbar und $g(x)$ durch $h(x)$, so ist auch $f(x)$ durch $h(x)$ teilbar.

IV. Ist $f(x)$ durch $g(x)$ teilbar und ist $h(x)$ irgend eine dritte rationale ganze Funktion, so ist auch das Produkt $f(x)\, h(x)$ durch $g(x)$ teilbar.

V. Sind $f_1(x), f_2(x), \ldots, f_n(x)$ durch $g(x)$ teilbar und sind $h_1(x), h_2(x), \ldots, h_n(x)$ beliebige rationale ganze Funktionen, so ist auch $h_1(x)\, f_1(x) + h_2(x) f_2(x) + \ldots + h_n(x) f_n(x)$ durch $g(x)$ teilbar.

Dazu kommt noch ein Satz, dem in der Theorie der ganzen Zahlen kein entsprechender gegenübersteht, nämlich:

VI. Ist $f(x)$ durch $x - a$ teilbar, so ist $f(a) = 0$; und umgekehrt.

§ 23. Größter gemeinsamer Teiler zweier rationaler ganzer Funktionen.

Ebenso wie wir in § 21 die Gleichung erhalten haben:

$$f(x) \equiv q(x)\,g(x) + r(x),$$

können wir durch fortgesetzte Divisionen die Kette der Gleichungen erhalten:

$$g(x) \equiv q_1(x)\,r(x) + r_1(x),$$
$$r(x) \equiv q_2(x)\,r_1(x) + r_2(x),$$
$$r_1(x) \equiv q_3(x)\,r_2(x) + r_3(x),$$
$$\cdots\cdots\cdots\cdots\cdots\cdots$$

Beispiel:

$$x^{26} - 1 \equiv x^{10}(x^{16} - 1) + x^{10} - 1$$
$$x^{16} - 1 \equiv x^6(x^{10} - 1) + x^6 - 1$$
$$x^{10} - 1 \equiv x^4(x^6 - 1) + x^4 - 1$$
$$x^6 - 1 \equiv x^2(x^4 - 1) + x^2 - 1$$
$$x^4 - 1 \equiv (x^2 + 1)(x^2 - 1).$$

Wie in diesem Beispiel muß in jedem Fall die Kette der Gleichungen schließlich abbrechen, die letzte Division aufgehen. Denn in der Folge der Reste $r, r_1, r_2, \ldots$ hat jeder einen mindestens um eine Einheit niedrigeren Grad als der vorhergehende. Der Grad einer rationalen ganzen Funktion kann aber nie negativ sein. Wenn also das Verfahren nicht schon vorher abbricht, muß schließlich eine Konstante als Rest auftreten, und die Division mit dieser geht in jedem Falle auf.

Sei die vorletzte Gleichung:

$$r_{n-2}(x) \equiv q_n(x)\,r_{n-1}(x) + r_n(x),$$

die letzte:

$$r_{n-1}(x) \equiv q_{n+1}(x)\,r_n(x),$$

also $r_{n+1} \equiv 0$. Dann folgt aus der letzten Gleichung, daß r_n in r_{n-1} aufgeht; hierauf nach § 22, V aus der vorletzten, daß r_n auch in r_{n-2} aufgeht, u. s. w.; schließlich aus der dritten, daß es in r, aus der zweiten, daß es in g, endlich aus der ersten, daß es in f aufgeht. *Also ist I. r_n gemeinsamer Theiler von $f(x)$ und $g(x)$.*

Sind umgekehrt $f(x)$ und $g(x)$ beide durch irgend eine rationale ganze Funktion $h(x)$ teilbar, so folgt wieder nach § 22, V aus der ersten Gleichung, daß auch $r(x)$ durch $h(x)$ teilbar ist. Dann folgt ebenso aus der zweiten, daß auch $r_1(x)$ durch $h(x)$ teilbar ist, u. s. w.;

schließlich aus der vorletzten, daß auch $r_n(x)$ durch $h(x)$ teilbar ist. Also:

II. Jeder gemeinsame Teiler von $f(x)$ und $g(x)$ ist zugleich ein Teiler von $r_n(x)$.

Man nennt deswegen $r_n(x)$ den *größten gemeinsamen Teiler* von $f(x)$ und $g(x)$.

Ist der größte gemeinsame Teiler von $f(x)$ und $g(x)$ eine Konstante, so heißen $f(x)$ und $g(x)$ zu einander *relativ prim* oder *teilerfremd.*

Eliminiert man aus der drittletzten Gleichung

$$r_{n-3}(x) \equiv q_{n-1}(x)\, r_{n-2}(x) + r_{n-1}(x)$$

und aus der vorletzten das r_{n-1}, so erhält man:

$$r_n(x) \equiv -q_n(x)\, r_{n-3}(x) + [q_n(x)\, q_{n-1}(x) + 1]\, r_{n-2}(x).$$

Aus dieser Gleichung und aus der viertletzten:

$$r_{n-4}(x) \equiv q_{n-2}(x)\, r_{n-3}(x) + r_{n-2}(x)$$

erhält man

$$\begin{aligned} r_n(x) \equiv{} & [q_n(x)\, q_{n-1}(x) + 1]\, r_{n-4}(x) \\ & - [q_n(x)\, q_{n-1}(x)\, q_{n-2}(x) + q_n(x) + q_{n-2}(x)]\, r_{n-3}(x). \end{aligned}$$

So fortfahrend erhält man jedesmal r_n dargestellt als lineare Verbindung zweier aufeinander folgender Reste und schließlich auch als lineare Verbindung der ursprünglich gegebenen Funktionen $f(x)$ und $g(x)$ selbst. Es gilt also der Satz:

III. Ist $r_n(x)$ der größte gemeinsame Teiler zweier rationaler ganzer Funktionen $f(x)$, $g(x)$, so kann man stets zwei andere rationale ganze Funktionen $M(x)$, $N(x)$ von der Art bestimmen, daß identisch die Gleichung besteht:

$$M(x) f(x) + N(x) g(x) \equiv r_n(x).$$

Für das oben angeführte Beispiel würde diese Rechnung lauten:

$$\begin{array}{l|l}
x^6 - 1 - x^2(x^4 - 1) \equiv x^2 - 1 & 1 \\
x^{10} - 1 - x^4(x^6 - 1) \equiv x^4 - 1 & -x^2 \\
\hline
-x^2(x^{10} - 1) + (x^6 + 1)(x^6 - 1) \equiv x^2 - 1 & 1 \\
x^{16} - 1 - x^6(x^{10} - 1) \equiv x^6 - 1 & x^6 + 1 \\
\hline
(x^6 + 1)(x^{16} - 1) - (x^{12} + x^6 + x^2)(x^{10} - 1) \equiv x^2 - 1 & 1 \\
x^{26} - 1 - x^{10}(x^{16} - 1) \equiv x^{10} - 1 & -x^{12} - x^6 - x^2 \\
\hline
\end{array}$$

$$(-x^{12} - x^6 - x^2)(x^{26} - 1) + (x^{22} + x^{16} + x^{12} + x^6 + 1)(x^{16} - 1) \\ \equiv x^2 - 1.$$

Es ist also in diesem Fall:

$$M(x) \equiv -x^{12} - x^6 - x^2$$

$$N(x) \equiv x^{22} + x^{16} + x^{12} + x^6 + 1 .$$

Sind $f(x)$, $g(x)$ teilerfremd, also r_n eine Konstante, so kann man mit dieser Konstanten dividieren und erhält dann den Satz:

IV. Sind $f(x)$ und $g(x)$ teilerfremd, so kann man zwei rationale ganze Funktionen $M(x)$ und $N(x)$ so bestimmen, daß identisch wird:

$$M(x) f(x) + N(x) g(x) \equiv 1 .$$

V. Umgekehrt, *wenn es möglich ist, zwei solche Funktionen zu bestimmen, müssen $f(x)$ und $g(x)$ teilerfremd sein.* Denn jeder gemeinsame Teiler von $f(x)$ und $g(x)$ müßte nach § 22, V auch in 1 aufgehen.

Aus diesem Satze kann nun geschlossen werden:

VI. Wenn $f(x)$ zu $g(x)$ teilerfremd, $f(x)h(x)$ aber durch $g(x)$ teilbar ist, muß $h(x)$ durch $g(x)$ teilbar sein.

Denn n. V. kann man $M(x)$ und $N(x)$ so bestimmen, daß:

$$M(x) f(x) + N(x) g(x) \equiv 1$$

wird, also:

$$M(x) f(x) h(x) + N(x) g(x) h(x) \equiv h(x) .$$

Hier ist jeder Summand der linken Seite durch $g(x)$ teilbar; der erste n. V., der zweite, weil $g(x)$ in ihm explicite als Faktor auftritt. Also muß nach § 22, V auch $h(x)$ durch $g(x)$ teilbar sein; w. z. b. w.

§ 24. Nullstellen rationaler ganzer Funktionen (Wurzeln algebraischer Gleichungen).

Ist $g_n(x)$ eine rationale ganze Funktion n^{ten} Grades von x und ist a ein spezieller Wert von x von der Art, daß man durch Einsetzen desselben an Stelle von x $g_n(a) = 0$ erhält, so heißt a eine *Nullstelle der Funktion* $g_n(x)$ oder eine *Wurzel der Gleichung* $g_n(x) = 0$. Nach dem letzten Satz von § 21 ist dann:

$$g(x) \equiv (x - a) g_{n-1}(x) .$$

Es kann nun sein, daß auch noch $g_{n-1}(a) = 0$ ist; dann ist:

$$g_{n-1}(x) \equiv (x - a) g_{n-2}(x) ;$$

also:

$$g_n(x) \equiv (x - a)^2 g_{n-2}(x) .$$

Kommt man, so fortfahrend, zu einer Identität der Form:

$$g_n(x) \equiv (x - a)^k g_{n-k}(x) ,$$

und ist $g_{n-k}(a)$ nicht mehr gleich 0, so sagt man, a sei eine (genau) *k-fache Nullstelle* von $g(x)$ (k-fache Wurzel von $g(x) = 0$).

Ist ferner b eine l-fache Nullstelle von $g_{n-k}(x)$, so erhält man ebenso:

$$g_{n-k}(x) \equiv (x-b)^l g_{n-k-l}(x),$$

also:

$$g_n(x) \equiv (x-a)^k (x-b)^l g_{n-k-l}(x).$$

So kann man mit der Ausscheidung der Nullstellen fortfahren, solange der übrig bleibende Faktor noch Nullstellen hat. In keinem Fall aber kann dieser Prozeß weiter fortgesetzt werden, als bis die Summe der Exponenten den Wert n erreicht; denn dann bleibt nur eine ganze Funktion 0ten Grades, d. h. eine Konstante übrig. Es sei also:

$$g_n(x) \equiv (x-a)^k (x-b)^l \ldots (x-p)^q h(x),$$

wo $k + l + \ldots + q \leqq n$ und $h(x)$ entweder eine Konstante oder eine rationale ganze Funktion ist, die keine Nullstellen mehr hat. Dann folgt, daß $g_n(x)$ keine andere Nullstelle mehr haben kann als $a, b, \ldots, p$; denn ein Produkt kann nach einem schon in § 13 hervorgehobenen Satz nicht 0 sein, wenn nicht mindestens einer seiner Faktoren 0 ist. Wir haben somit den Satz bewiesen:

I. Die Summe der Ordnungszahlen der Nullstellen einer rationalen ganzen Funktion n^{ten} Grades ist höchstens gleich n.

Verabredet man, daß jede k-fache Nullstelle für k einfache gezählt werden soll, so kann man diesen Satz auch kürzer so aussprechen:

Eine rationale ganze Funktion n^{ten} Grades hat höchstens n Nullstellen.

Oder:

Eine algebraische Gleichung n^{ten} Grades hat höchstens n Wurzeln.

Weiß man also von einer rationalen ganzen Funktion n^{ten} Grades, daß sie für mehr als n Werte ihres Argumentes x den Wert 0 erhält, so kann man schließen, daß sie identisch (für jeden Wert von x) 0 ist, daß also alle ihre Koeffizienten 0 sind. Z. B. die Funktion:

$$(x-a)(b-c) + (x-b)(c-a) + (x-c)(a-b)$$

wird 0 für $x = a$; denn dann wird der erste Summand 0, der zweite und dritte werden einander entgegengesetzt gleich. Ebenso wird sie auch 0 für $x = b$ und für $x = c$, also im ganzen für drei Werte von x. Daraus ist zu schließen, daß sie identisch 0 sein muß, da sie ja in Bezug auf x nur vom ersten Grade ist. In der That heben sich alle Glieder weg, wenn man die Klammern auflöst.

Aus diesem Satze folgt dann weiter:

II. Haben zwei rationale ganze Funktionen n-ten oder niedrigeren Grades von x, $f(x)$, $g(x)$ für $n+1$ Werte von x je dieselben Werte, so sind sie miteinander identisch.

Denn dann ist $f(x) - g(x) = 0$ für $n+1$ verschiedene Werte von x; also ist die Differenz $f(x) - g(x)$, die eine rationale ganze Funktion von höchstens dem n^{ten} Grade ist, identisch 0.

Eine rationale ganze Funktion n^{ten} Grades ist also vollständig bestimmt, wenn man die Werte kennt, die sie für $n+1$ verschiedene Werte des Arguments annimmt.

§ 25. Interpolation.

Der letzte Satz legt die Frage nahe:

Seien $n+1$ Werte $y_0, y_1, y_2, \ldots, y_n$ beliebig vorgeschrieben, die eine rationale ganze Funktion n^{ten} Grades für $n+1$ verschiedene Werte von $x: x_0, x_1, x_2, \ldots, x_n$ annehmen soll; giebt es dann stets eine rationale ganze Funktion n^{ten} Grades $g(x)$, die diese Eigenschaft hat? Und wenn es eine solche Funktion giebt, wie ist sie zu bilden?

Diese Fragen sind leicht zu beantworten, wenn von den gegebenen Funktionswerten einer $= 1$, alle übrigen $= 0$ sind. Sei z. B.:

$$y_0 = 1, y_1 = y_2 = \ldots = y_n = 0,$$

so ist:

$$\text{1)} \qquad \frac{(x - x_1)(x - x_2)\ldots(x - x_n)}{(x_0 - x_1)(x_0 - x_2)\ldots(x_0 - x_n)}$$

die gesuchte Funktion.

Aus dieser Lösung dieses speziellen Falles leitet man sofort die des allgemeinen Falles ab, die durch die Formel von LAGRANGE gegeben wird:

$$\text{2)} \qquad \begin{aligned} y = {} & \frac{(x - x_1)(x - x_2)\ldots(x - x_n)}{(x_0 - x_1)(x_0 - x_2)\ldots(x_0 - x_n)} y_0 + \frac{(x - x_0)(x - x_2)\ldots(x - x_n)}{(x_1 - x_0)(x_1 - x_2)\ldots(x_1 - x_n)} y_1 \\ & + \frac{(x - x_0)(x - x_1)(x - x_3)\ldots(x - x_n)}{(x_2 - x_0)(x_2 - x_1)(x_2 - x_3)\ldots(x_2 - x_n)} y_2 + \ldots \\ & + \frac{(x - x_0)(x - x_1)\ldots(x - x_{n-2})(x - x_n)}{(x_{n-1} - x_0)(x_{n-1} - x_1)\ldots(x_{n-1} - x_{n-2})(x_{n-1} - x_n)} y_{n-1} \\ & + \frac{(x - x_0)(x - x_1)\ldots(x - x_{n-2})(x - x_{n-1})}{(x_n - x_0)(x_n - x_1)\ldots(x_n - x_{n-2})(x_n - x_{n-1})} y_n . \end{aligned}$$

Durch diese Formel wird die Aufgabe in der That stets gelöst; nur ist die gefundene Funktion nicht notwendig wirklich vom n^{ten} Grad, da sich eventuell Glieder wegheben können. Wir können also nur behaupten:

Es giebt in der That immer eine rationale ganze Funktion n-ten oder niedrigeren Grades, welche die vorgeschriebenen Eigenschaften hat.

Beispiel:

$$n = 2, \quad x_0 = -1, \quad x_1 = 0, \quad x_2 = 1; \quad y_0 = 0, \quad y_1 = -1, \quad y_2 = 1.$$

$$y = -1 \frac{(x+1)(x-1)}{1 \cdot (-1)} + 1 \frac{(x+1)x}{(1+1) \cdot 1} = x^2 - 1 + \frac{1}{2}(x^2 + x)$$

$$= \frac{1}{2}(3x^2 + x - 2).$$

Die Lösung dieses Problems ist für die Anwendung der Mathematik auf die Naturwissenschaften von grundlegender Bedeutung. Hat man Veranlassung zu der Annahme, daß zwischen zwei physikalischen Größen x und y eine gesetzmäßige Beziehung besteht, hat man aber keinen theoretischen Grund, eine bestimmte Form dieses Gesetzes anzunehmen, so wird man versuchen, es aus den Beobachtungen abzuleiten. Zu diesem Zwecke wird man für eine Anzahl von Werten von x die zugehörigen Werte von y experimentell bestimmen; die Formel (2) wird dann jedenfalls insofern als ein vorläufiger Ausdruck des gesuchten Gesetzes gelten können, als sie die Beobachtungen richtig wiedergiebt. Ob sie auch für andere Werte von x, als die beobachteten, die richtigen Werte von y liefert, darüber läßt sich von vornherein nichts sagen. Sind die Werte von x, für die Beobachtungen angestellt sind, zweckmäßig gewählt und hinreichend zahlreich, so wird man annehmen dürfen, daß die Formel für solche Werte von x, die *zwischen* den beobachteten liegen, wenigstens näherungsweise richtige Werte von y liefert, dagegen nicht für Werte von x, die größer oder kleiner als die beobachteten sind. Man macht sich das am bequemsten geometrisch klar: betrachtet man x als Abscisse, y als Ordinate in einem rechtwinkligen Koordinatensystem, so ist die besprochene Aufgabe mit der folgenden identisch: durch $n + 1$ gegebene Punkte eine Kurve zu ziehen. Verlangt man von der Kurve einen regelmäßigen Verlauf in dem Sinne, daß sie keine anderen Windungen aufweisen soll, als solche, die ihr durch die Lage der vorgeschriebenen Punkte aufgenötigt sind, so wird ihr Verlauf zwischen den gegebenen Punkten innerhalb enger Grenzen bestimmt sein, da jede etwas größere Abweichung das Auftreten einer neuen Windung bedingen würde. Dagegen wird über den weiteren

Verlauf der Kurve aus den gegebenen Punkten nichts mit Sicherheit geschlossen werden können. Man pflegt das so auszudrücken: Es ist wohl gestattet zu interpolieren, aber nicht zu extrapolieren. Allerdings muß man hinzufügen, daß öfters große Entdeckungen gerade durch glückliche Extrapolationen gelungen sind.

(Zur Anwendung dieser Regeln auf den vorliegenden Fall würde freilich noch nachzuweisen nötig sein, daß die Formel (2) keine anderen Windungen liefert als solche, die durch die Lage der gegebenen Punkte bedingt sind. Auf die Untersuchung dieser Frage müssen wir hier verzichten.)

Eine Kontrolle der Brauchbarkeit der abgeleiteten Formel wird man erhalten, wenn man für noch weitere Werte von x die zugehörigen y beobachtet und die beobachteten Werte mit den aus der Formel sich ergebenden vergleicht. Findet sich Übereinstimmung, so wird man die Formel als brauchbar ansehen können; andernfalls wird man die neu hinzugekommenen Werte benutzen, um eine Formel mit einer größeren Anzahl von Gliedern zu berechnen. Dabei ist lästig, daß man bei Anwendung der Formel (2) in diesem Falle die ganze Rechnung noch einmal vornehmen muß. Man kann der Formel aber auch eine solche Gestalt geben, daß man bei nachträglicher Hinzunahme neuer Argumentwerte die bereits berechneten Glieder nicht zu ändern, sondern nur neue Glieder hinzuzufügen braucht. Man setzt zu diesem Zwecke $g(x)$ zunächst mit *„unbestimmten Koeffizienten"* in der Form an:

$$\begin{aligned} g(x) = {} & A_0 \\ & + A_1(x - x_0) \\ & + A_2(x - x_0)(x - x_1) \\ & + \dots \\ & + A_n(x - x_0)(x - x_1)\dots(x - x_{n-1}). \end{aligned} \tag{3}$$

Soll die so angesetzte Funktion den Bedingungen der Aufgabe genügen, so müssen die Koeffizienten A die Gleichungen erfüllen:

$$\begin{aligned} y_0 &= A_0, \\ y_1 &= A_0 + A_1(x_1 - x_0), \\ y_2 &= A_0 + A_1(x_2 - x_0) + A_2(x_2 - x_0)(x_2 - x_1), \\ &\dots\dots\dots\dots\dots\dots\dots\dots\dots\dots \\ y_n &= A_0 + A_1(x_n - x_0) + A_2(x_n - x_0)(x_n - x_1) + \dots \\ &\quad + A_n(x_n - x_0)(x_n - x_1)\dots(x_n - x_{n-1}). \end{aligned} \tag{4}$$

Da die erste dieser Gleichungen nur A_0, die zweite außerdem nur

A_1, die dritte außer diesen nur noch A_2 enthält u. s. w., so bietet ihre Auflösung keine Schwierigkeit; die erforderlichen Divisionen sind jedesmal ausführbar, da wir die x_k ausdrücklich als von einander verschieden vorausgesetzt haben.

In dem vorhin schon behandelten Beispiele würden die Gleichungen lauten:

$$5)\qquad \begin{aligned} 0 &= A_0\,, & A_0 &= 0\,,\\ -1 &= A_0 + A_1\,, & A_1 &= -1\,,\\ 1 &= A_0 + 2A_1 + 2A_2\,, & A_2 &= \tfrac{3}{2};\end{aligned}$$

also würde:

$$g(x) = -(x+1) + \tfrac{3}{2}x(x+1)\,,$$

übereinstimmend mit dem vorhin nach der Lagrangeschen Formel gefundenen Ausdruck.

§ 26. Elemente der Differenzenrechnung.

Das zuletzt gegebene Verfahren gestaltet sich dann besonders einfach, wenn die gegebenen Argumentwerte x in gleichen Abständen h aufeinander folgen, sodaß:

$$1)\qquad x_1 - x_0 = x_2 - x_1 = x_3 - x_2 = \ldots = x_n - x_{n-1} = h\,,$$

also allgemein:

$$2)\qquad x_k = x_0 + kh$$

ist. Die Gleichungen zur Bestimmung der A (§ 25, 4) lauten in diesem Falle:

$$3)\qquad \left\{\begin{aligned} y_0 &= A_0\,,\\ y_1 &= A_0 + hA_1\,,\\ y_2 &= A_0 + 2hA_1 + 1\cdot 2h^2A_2\,,\\ y_3 &= A_0 + 3hA_1 + 2\cdot 3h^2A_2 + 1\cdot 2\cdot 3\cdot h^3A_3\,,\\ &\cdots\cdots\cdots\cdots\cdots\cdots\\ y_{n-1} &= A_0 + (n-1)hA_1 + (n-1)(n-2)h^2A_2\\ &\quad + (n-1)(n-2)(n-3)h^3A_3 + \ldots + (n-1)!\,h^{n-1}A_{n-1},\\ y_n &= A_0 + nhA_1 + n(n-1)h^2A_2 + n(n-1)(n-2)h^3A_3 + \ldots\\ &\quad + n(n-1)\ldots 2\,h^{n-1}A_{n-1} + n!\,h^nA_n\,.\end{aligned}\right.$$

Die Auflösung dieser Gleichung läßt sich durch Einführung geeigneter Bezeichnungen übersichtlich darstellen. Wir führen zunächst die *Differenzen* der y in die Rechnung ein, indem wir:

$$4)\qquad y_{k+1} - y_k = \Delta y_k$$

setzen; dabei ist „Δy_k“ wie ein einziger Buchstabe anzusehen (nicht etwa als ein Produkt aus Δ und y_k). Wir erhalten dann aus dem ersten Gleichungssystem ein zweites:

$$
5) \quad \begin{cases}
\Delta y_0 = h A_1 \,, \\
\Delta y_1 = h A_1 + 1 \cdot 2 h^2 A_2 \,, \\
\Delta y_2 = h A_1 + 2 \cdot 2 h^2 A_2 + 1 \cdot 2 \cdot 3 h^3 A_3 \,, \\
\Delta y_3 = h A_1 + 3 \cdot 2 h^2 A_3 + 2 \cdot 3 \cdot 3 h^3 A_3 + 1 \cdot 2 \cdot 3 \cdot 4 h^4 A_4 \,, \\
\dots\dots\dots\dots\dots\dots\dots\dots \\
\Delta y_{n-2} = h A_1 + (n-2) \cdot 2 h^2 A_2 + (n-2)(n-3) \cdot 3 h^3 A_3 \\
\qquad + (n-2)(n-3)(n-4) \cdot 4 h^4 A_4 + \dots + (n-1)!\, h^{n-1} A_{n-1}, \\
\Delta y_{n-1} = h A_1 + (n-1) \cdot 2 h^2 A_2 + (n-1)(n-2) \cdot 3 h^3 A_3 \\
\qquad + (n-1)(n-2)(n-3) \cdot 4 h^4 A_4 + \dots + n!\, h^n A_n \,.
\end{cases}
$$

(Die Richtigkeit der letzten Gleichung ergiebt sich aus den beiden letzten Gleichungen des ersten Systems (3); die vorletzte würde ebenso aus der vorletzten und der (oben nicht mit angeschriebenen) drittletzten Gleichung des ersten Systems sich ergeben, kann aber auch aus der letzten abgeleitet werden, indem man in dieser n durch $n - 1$ ersetzt.)

Wir führen ferner auch die Differenzen der Δy oder, wie wir sagen, die *zweiten Differenzen der* y ein, indem wir:

$$y_{k+2} - 2 y_{k+1} + y_k = \Delta y_{k+1} - \Delta y_k = \Delta^2 y_k$$

setzen; wir erhalten dann:

$$
6) \quad \begin{cases}
\Delta^2 y_0 = 2 h^2 A_2 \,, \\
\Delta^2 y_1 = 2 h^2 A_2 + 1 \cdot 2 \cdot 3 h^3 A_3 \,, \\
\Delta^2 y_2 = 2 h^2 A_2 + 2 \cdot 2 \cdot 3 h^3 A_3 + 1 \cdot 2 \cdot 3 \cdot 4 h^4 A_4 \,, \\
\Delta^2 y_3 = 2 h^2 A_2 + 3 \cdot 2 \cdot 3 h^3 A_3 + 2 \cdot 3 \cdot 3 \cdot 4 h^4 A_4 + 5!\, h^5 A_5 \\
\dots\dots\dots\dots\dots\dots\dots\dots \\
\Delta^2 y_{n-2} = 2 h^2 A^2 + (n-2) \cdot 2 \cdot 3 h^3 A_3 + (n-2)(n-3) \cdot 3 \cdot 4 h^4 A_4 + \dots \\
\qquad + n!\, h^n A_n \,.
\end{cases}
$$

So können wir fortfahren; bezeichnen wir allgemein die Differenzen der r^{ten} Differenzen als $(r + 1)^{\text{te}}$ Differenzen und setzen:

$$7) \qquad \Delta^r y_{k+1} - \Delta^r y_k = \Delta^{r+1} y_k \,;$$

so erhalten wir eine Reihe weiterer ganz analog gebauter Gleichungssysteme. Wir wollen von jedem dieser Gleichungssysteme nur die erste Gleichung anschreiben:

$$
8)\qquad \begin{cases} \Delta^3 y_0 = 3\,!\, h^3 A_3 \\ \Delta^4 y_0 = 4\,!\, h^4 A_4 \\ \vdots \\ \Delta^n y_0 = n\,!\, h^n A_n . \end{cases}
$$

Damit haben wir einfache Ausdrücke für die A gewonnen; setzen wir sie in die Gleichung (3) von § 25 ein, so erhält diese die folgende, von NEWTON gegebene Gestalt:

$$
9)\qquad \begin{cases} g(x) = y_0 + \dfrac{x - x_0}{h}\, \Delta y_0 + \dfrac{(x - x_0)(x - x_0 - h)}{h^2} \cdot \dfrac{\Delta^2 y_0}{2\,!} \\ \quad + \dfrac{(x - x_0)(x - x_0 - h)(x - x_0 - 2h)}{h^3} \dfrac{\Delta^3 y_0}{3\,!} \\ \quad + \ldots + \dfrac{(x - x_0)(x - x_0 - h) \ldots (x - x_0 - (n-1)h)}{h^n} \dfrac{\Delta^n y_0}{n!} . \end{cases}
$$

Man macht von dieser Formel Gebrauch, um in Tabellen (wie z. B. den Logarithmentafeln oder den Tafeln der trigonometrischen Funktionen) zu interpolieren. Diese Anwendung beruht auf der (später noch näher zu begründenden) Voraussetzung, daß man die zu untersuchende Funktion für nicht allzuweit voneinander entfernte Argumente mit ausreichender Genauigkeit durch eine rationale ganze Funktion von nicht allzu hohem Grade ersetzen könne. Wie weit man dabei in der Bildung der Differenzen gehen muß, ergiebt die Rechnung selbst, indem man schließlich zu Differenzen gelangt, die nicht größer sind, als die wegen des Abbrechens der Dezimalbrüche doch unvermeidlichen Fehler. Sind nämlich die in der Tafel enthaltenen Funktionswerte auf eine halbe Einheit der letzten angegebenen Stelle genau, so kann der Fehler ungünstigenfalls bei den ersten Differenzen auf eine ganze Einheit, bei den zweiten auf zwei, bei den dritten auf vier, bei den vierten auf acht Einheiten u. s. w. steigen.

Sind schon die zweiten Differenzen 0 oder doch so klein, daß sie vernachlässigt werden können, so reduziert sich die NEWTONsche Formel auf ihre beiden ersten Glieder. Das giebt die Formel:

$$
10)\qquad y = y_0 + \frac{x - x_0}{h}\, \Delta y_0 ,
$$

die beim Interpolieren z. B. der Logarithmentafel gewöhnlich gebraucht wird; dabei ist x die Zahl, deren Logarithmus y gesucht wird, x_0 die nächstgelegene Zahl, deren Logarithmus y_0 in der

Tafel enthalten ist, Δy_0 ist die Tafeldifferenz, ihre Produkte mit $(x - x_0)/h$ sind die partes proportionales. Aber z. B. in einer fünfstelligen Tafel von log sin oder log tang, die von Minute zu Minute fortschreitet, darf bei sehr kleinen Winkeln (bis etwa 2 Grad) nicht so interpoliert werden, weil die zweiten Differenzen nicht so klein sind, daß sie vernachlässigt werden können. Man hat z. B:

x	y	Δy	$\Delta^2 y$	$\Delta^3 y$	$\Delta^4 y$
log sin 10′ =	7·46373				
		4139			
11′ =	50512		− 360		
		3779		57	
12′ =	54291		− 303		− 11
		3476		46	
13′ =	57767		− 257		− 12
		3219		34	
14′ =	60986		− 223		− 4
		2996		30	
15′ =	63982		− 193		− 7
		2803		23	
16′ =	66785		− 170		− 4
		2633		19	
17′ =	69418		− 151		
		2482			
18′ =	71900				

Soll also log sin 10′ 45″ berechnet werden, so hat man:

$$\frac{x - x_0}{h} = \frac{45}{60} = \frac{3}{4},$$

also:

$$y_0 = 7·46373$$

$$\frac{3}{4}\,\Delta y_0 = \quad 3104$$

$$\frac{\frac{3}{4}\left(-\frac{1}{4}\right)}{1 \cdot 2}\,\Delta^2 y_0 = \quad 34$$

$$\frac{\frac{3}{4}\left(-\frac{1}{4}\right)\left(-\frac{5}{4}\right)}{1 \cdot 2 \cdot 3}\,\Delta^3 y_0 = \quad 2$$

$$\log\sin 10'\,45'' = 7·49513$$

Die Fehler der einzelnen Summanden betragen dabei höchstens $^1/_2$, $^3/_4$, $^1/_6$, $^1/_7$, der Fehler des Resultates also sicher nicht 3 Einheiten der letzten Stelle. Dagegen würde man bei Interpolation mit Hülfe der einfachen Formel (10) ein um 36 Einheiten der letzten Stelle kleineres Resultat erhalten haben.

§ 27. Summierung arithmetischer Reihen.

Sind für eine Reihe von Zahlen

$$y_0, y_1, y_2, \ldots, y_n, y_{n+1}, \ldots$$

die k^{ten} Differenzen alle einander gleich, die $(k+1)^{\text{ten}}$ und alle höheren also 0, so heißt die Reihe *eine arithmetische Reihe k^{ter} Ordnung*. Eine solche Reihe ist vollständig bestimmt, wenn man

$(k+1)$ aufeinander folgende Glieder kennt; denn aus diesen kann man die Differenzen bis zur k^{ten} berechnen und mit Hülfe der Differenzen dann die Reihe vervollständigen.

Beispiel einer Reihe fünfter Ordnung:

1					
	5				
6		10			
	15		10		
21		20		5	
	35		15		1
56		35		6	
	70		21		1
126		56		7	
	126		28		1
252		84		8	
	210		36		1
462		120		9	
	330		45		
792		165			
	495				
1287					

.

Aus den Entwicklungen der beiden letzten Paragraphen geht hervor, daß die Zahlen einer arithmetischen Reihe k^{ter} Ordnung immer angesehen werden können als die Werte, die eine rationale ganze Funktion k^{ten} Grades für die Argumentwerte $x=0, 1, 2, 3 \ldots, k-1, k$ annimmt. Denn stellt man eine beliebige Anzahl n von Gliedern einer solchen Reihe durch die Formel § 26, (9) dar, so fallen aus ihr die höheren Differenzen alle heraus und die Formel reduziert sich also auf den k^{ten} Grad. Andererseits aber bilden auch die Werte, die eine ganze Funktion k^{ten} Grades für die ganzzahligen Werte des Arguments annimmt, eine arithmetische Reihe k^{ter} Ordnung. Denn ist $y=g(x)$ eine Funktion k^{ten} Grades, so ist $\Delta y = g(x+1) - g(x)$ eine Funktion vom höchstens $(k-1)^{\text{ten}}$ Grade, indem die Glieder k^{ter} Ordnung sich aus der Differenz wegheben; also ist $\Delta^2 y$ höchstens vom $(k-2)^{\text{ten}}$ Grade u. s. w. schließlich $\Delta^k y$ konstant. Kommt man also in die Lage, daß man von einer rationalen ganzen Funktion die Werte für eine größere Anzahl aufeinander folgender ganzzahliger Argumentwerte braucht, so verfährt man am bequemsten so, daß man nur $(k+1)$ dieser Werte direkt aus der Formel, die übrigen dann mit Hülfe der Differenzen berechnet.

Für das angeführte Beispiel erhält man:

$$1)\quad \begin{aligned} y_x &= 1 + 5x + 10\frac{x(x-1)}{1\cdot 2} + 10\frac{x(x-1)(x-2)}{1\cdot 2\cdot 3} + 5\frac{x(x-1)(x-2)(x-3)}{1\cdot 2\cdot 3\cdot 4} \\ &+ \frac{x(x-1)(x-2)(x-3)(x-4)}{1\cdot 2\cdot 3\cdot 4\cdot 5} = \frac{(x+1)(x+2)(x+3)(x+4)(x+5)}{1\cdot 2\cdot 3\cdot 4\cdot 5}\end{aligned}$$

Aus jeder arithmetischen Reihe k^{ter} Ordnung kann umgekehrt eine arithmetische Reihe $(k+1)^{\text{ter}}$ Ordnung abgeleitet werden, von der die gegebene die Differenzenreihe ist; man nennt sie eine

Summenreihe der gegebenen. Das erste Glied der neuen Reihe kann dabei willkürlich angenommen werden; nimmt man es gleich 0, so erhält man successive:

$$2)\qquad \begin{cases} z_1 = y_0 + z_0 = y_0\,, \\ z_2 = y_1 + z_1 = y_0 + y_1\,, \\ z_3 = y_2 + z_2 = y_0 + y_1 + y_2\,, \\ \vdots \qquad \dots\dots\dots\dots\dots\dots \\ z_n = y_{n-1} + z_{n-1} = y_0 + y_1 + \dots + y_{n-1}\,. \end{cases}$$

Wendet man dann auf die Reihe der z_k die NEWTONsche Formel an, so erhält man für die *Summe der n ersten Glieder einer arithmetischen Reihe* k^{ter} *Ordnung* die Formel:

$$y_0 + y_1 + y_2 + \dots + y_{n-1} = n y_0 + \frac{n(n-1)}{1 \cdot 2} \Delta y_0 + \frac{n(n-1)(n-2)}{1 \cdot 2 \cdot 3} \Delta^2 y_0 + \dots$$
$$+ \frac{n(n-1)\dots(n-k)}{1 \cdot 2 \dots (k+1)} \Delta^k y_0\,.$$

Beispiele:

1) $y_k = k + 1\,,\ \Delta y_k = 1\,,\ \Delta^2 y_k = 0\,,$ also:
$$1 + 2 + 3 + \dots + n = n + \tfrac{1}{2} n(n-1) = \tfrac{1}{2} n(n+1).$$

2) $y_k = 2k + 1\,,\ \Delta y_k = 2\,,\ \Delta^2 y_k = 0\,,$ also:
$$1 + 3 + 5 + \dots + (2n-1) = n + n(n-1) = n^2.$$

3) $y_k = 2k + 2\,,\ \Delta y_k = 2\,,\ \Delta^2 y_k = 0\,,$ also:
$$2 + 4 + 6 + \dots + 2n = 2n + n(n-1) = n(n+1).$$

4) $y_k = \frac{(k+1)(k+2)}{2},\ \Delta y_k = \frac{(k+2)(k+3)}{2} - \frac{(k+1)(k+2)}{2} = k+2,\ \Delta^2 y_k = 1,$

$\Delta^3 y_k = 0\,,$ also:
$$1 + 3 + 6 + \dots + \frac{n(n+1)}{2} = n + 2\frac{n(n-1)}{1 \cdot 2} + \frac{n(n-1)(n-2)}{1 \cdot 2 \cdot 3}$$
$$= \tfrac{1}{6}[6n + 6(n^2 - n) + n^3 - 3n^2 + 2n]$$
$$= \tfrac{1}{6}[n^3 + 3n^2 + 2n] = \frac{n(n+1)(n+2)}{1 \cdot 2 \cdot 3}.$$

5) $y_k = (k+1)^2,\ \Delta y_k = (k+2)^2 - (k+1)^2 = 2k + 3,\ \Delta^2 y_k = 2,$

$\Delta^3 y_k = 0\,,$ also:
$$1 + 4 + 9 + \dots + n^2 = n + 3\frac{n(n-1)}{1 \cdot 2} + 2\frac{n(n-1)(n-2)}{1 \cdot 2 \cdot 3}$$
$$= \tfrac{1}{6}[6n + 9(n^2 - n) + 2(n^3 - 3n^2 + 2n)]$$
$$= \tfrac{1}{6}[2n^3 + 3n^2 + n] = \frac{n(n+1)(2n+1)}{1 \cdot 2 \cdot 3}.$$

6) $y_k = (k+1)^3$, $\Delta y_k = (k+2)^3 - (k+1)^3 = 3k^2 + 9k + 7$,

$\Delta^2 y_k = [3(k+1)^2 + 9(k+1) + 7] - [3k^2 + 9k + 7] = 6k + 12$,

$\Delta^3 y_k = 6$, $\Delta^4 y_k = 0$, also:

$$1 + 8 + 27 + \ldots + n^3$$

$$= n + 7\frac{n(n-1)}{1\cdot 2} + 12\frac{n(n-1)(n-2)}{1\cdot 2\cdot 3} + 6\frac{n(n-1)(n-2)(n-3)}{1\cdot 2\cdot 3\cdot 4}$$

$$= \frac{n}{4}[4 + 14(n-1) + 8(n^2 - 3n + 2) + n^3 - 6n^2 + 11n - 6]$$

$$= \frac{n}{4}[n^3 + 2n^2 + n] = \left[\frac{n(n+1)}{1\cdot 2}\right]^2 = [1 + 2 + 3 + \ldots + n]^2.$$

(Man kann die letzte Formel auch erhalten, indem man beachtet, daß nach dem Ergebnis des zweiten Beispiels:

$$[n(n-1)+1] + [n(n-1)+3] + \ldots + [(n+1)n - 1]$$

$$= \left[\frac{(n+1)n}{2}\right]^2 - \left[\frac{n(n-1)}{2}\right]^2 = \tfrac{1}{4}[(n^2+n)^2 - (n^2-n)^2]$$

$$= \tfrac{1}{4}\cdot 2n^2\cdot 2n = n^3$$

ist, und dann in demselben Ergebnis n durch $\frac{1}{2}n(n+1)$ ersetzt.)

FÜNFTER ABSCHNITT.

Auflösung linearer Gleichungen.

§ 28. Auflösung von zwei linearen Gleichungen mit zwei Unbekannten.

Es seien zwei lineare Gleichungen mit zwei Unbekannten x, y vorgelegt:

$$1)\qquad \begin{aligned} f_1 &\equiv a_1 x + b_1 y + c_1 = 0, \\ f_2 &\equiv a_2 x + b_2 y + c_2 = 0. \end{aligned}$$

Wir können aus diesen beiden Gleichungen zwei andere ableiten, von denen die eine nur noch x, die andere nur noch y enthält; nämlich:

$$2)\qquad \begin{aligned} \varphi_1 &\equiv b_2 f_1 - b_1 f_2 \equiv (a_1 b_2 - a_2 b_1)x + (c_1 b_2 - c_2 b_1) = 0, \\ \varphi_2 &\equiv -a_2 f_1 + a_1 f_2 \equiv (a_1 b_2 - a_2 b_1)y + (a_1 c_2 - a_2 c_1) = 0. \end{aligned}$$

Jedes Wertepaar x, y, das die Gleichungen (1) befriedigt, befriedigt auch die Gleichungen (2); wir erhalten also sicher alle Lösungen der Gleichungen (1), wenn wir alle Lösungen der Gleichungen (2) bestimmen. Das Umgekehrte können wir aber nicht ohne weiteres behaupten. Denn wenn wir versuchen, durch dasselbe Mittel der Multiplikation mit Faktoren und Addition, durch welches wir von den Gleichungen (1) zu den Gleichungen (2) gelangt sind, von diesen zu jenen zurückzugelangen, so erhalten wir:

$$3)\qquad \begin{aligned} a_1\varphi_1 + b_1\varphi_2 &\equiv (a_1 b_2 - a_2 b_1) f_1\,, \\ a_2\varphi_1 + b_2\varphi_2 &\equiv (a_1 b_2 - a_2 b_1) f_2\,. \end{aligned}$$

Wir können also nur dann schließen, daß jede Lösung des Gleichungssystems (2) zugleich auch eine Lösung des Systems (1) sein muß, wenn:

$$4)\qquad a_1 b_2 - a_2 b_1 \neq 0$$

ist. Man nennt diesen Ausdruck $a_1 b_2 - a_2 b_1$ die ***Determinante*** des Gleichungssystems. Man wird nämlich dazu geführt, je nach dem Werte dieser Determinante die folgenden Fälle zu unterscheiden:

I. Ist $a_1 b_2 - a_2 b_1 \neq 0$, so werden die Gleichungen (2) befriedigt durch die Werte:

$$5)\qquad x = \frac{b_1 c_2 - b_2 c_1}{a_1 b_2 - a_2 b_1}\,, \qquad y = \frac{c_1 a_2 - c_2 a_1}{a_1 b_2 - a_2 b_1}\,,$$

und nur durch diese; und diese Werte genügen auch den Gleichungen (1). In diesem Falle hat also das vorgelegte Gleichungssystem ***eine und nur eine Lösung.***

II. Ist $a_1 b_2 - a_2 b_1 = 0$, so unterscheiden wir zwei Unterfälle:

II. A. $a_1 b_2 - a_2 b_1 = 0$, aber $b_1 c_2 - c_2 b_1$ und $c_1 a_2 - c_2 a_1$ nicht beide gleich Null.

Dann giebt es kein Wertepaar x, y, das die Gleichungen (2) befriedigte und also auch keines, das die Gleichungen (1) befriedigte. Die Gleichungen haben also in diesem Fall ***keine Lösungen***; sie widersprechen sich.

Ein Beispiel für diesen Fall geben die Gleichungen:

$$2x - 4y = 6\,, \qquad 3x - 6y = 8.$$

II. B. $a_1 b_2 - a_2 b_1 = 0$, $b_1 c_2 - b_2 c_1 = 0$, $c_1 a_2 - c_2 a_1 = 0$. Dann sind die Gleichungen (2) identisch, d. h. für jedes Wertepaar x, y erfüllt. Daraus folgt aber nun nicht, daß auch die Gleichungen (1) in diesem Falle stets für jedes Wertepaar x, y erfüllt sein müßten; vielmehr müssen wir, um das zu untersuchen, abermals eine Unterscheidung in Unterfälle eintreten lassen:

II. B. 1. Mindestens einer der vier Koefficienten a_1, b_1, a_2, b_2 sei von Null verschieden. Da es gleichgültig ist, welche von den beiden Gleichungen wir als die erste bezeichnen und ebenso, welche von den beiden Unbekannten wir x nennen, so genügt die Untersuchung des Falles, daß

$$a_1 \neq 0$$

ist. Setzen wir in diesem Falle

$$a_2 / a_1 = k, \text{ also } a_2 = k\, a_1,$$

so folgt aus den allgemeinen Voraussetzungen des Falles II. B., daß:

$$b_2 = a_2 b_1 / a_1 = k\, b_1, \qquad c_2 = a_2 c_1 / a_1 = k\, c_1$$

sein muß. Es ist also in diesem Falle $f_2 \equiv k f_1$, die beiden Gleichungen sind, wie man zu sagen pflegt, nicht wesentlich voneinander verschieden und jede Lösung (x, y) der ersten befriedigt auch die zweite. Um uns aber ein Wertepaar x, y zu verschaffen, für das $f = 0$ wird, können wir y ganz beliebig annehmen und müssen dann:

6) $$x = -\frac{b_1 y + c_1}{a_1}$$

setzen; von den zwei Unbekannten kann also in diesem Falle die eine ganz willkürlich angenommen werden, die andere ist dann dadurch bestimmt. Man sagt: das Gleichungssystem hat in diesem Falle *einfach unendlich viele Lösungen.*

Ist neben $a_1 \neq 0$ zugleich auch $b_1 \neq 0$, so kann man ebenso gut x willkürlich annehmen und y durch

$$y = -\frac{a_1 x + c_1}{b_1}$$

dazu bestimmen. Ist aber $b_1 = 0$, so kann man nicht so verfahren, sondern man bleibt auf das erste Verfahren angewiesen; man erhält $x = -c_1 / a_1$, welcher Wert auch für y genommen sein mag.

II. B. 2. Ist $a_1 = b_1 = a_2 = b_2 = 0$, so ist abermals ein Unterschied zu machen:

II. B. 2. a) Sind c_1 und c nicht beide gleich 0, so hat das vorgelegte Gleichungssystem *keine Lösung.*

II. B. 2. b) Sind aber auch c_1 und c_2, also alle 6 Koeffizienten gleich 0, so wird das vorgelegte Gleichungssystem durch ganz beliebige Werte von x und y erfüllt. Man sagt dann: das System hat *zweifach unendlich viele Lösungen.*

(Zur Untersuchung auch der zuletzt genannten Fälle, die an und für sich trivial erscheinen könnten, wird man genötigt, wenn die Koeffizienten der Gleichungen nicht direkt gegeben sind, sondern ihrerseits von anderen Größen abhängen. Diese letzteren können dann möglicherweise solche Werte erhalten, daß einer dieser Fälle eintritt.)

§ 29. Auflösung von zwei homogenen linearen Gleichungen mit drei Unbekannten.

Eine lineare Gleichung heißt *homogen*, wenn in ihr kein von den Unbekannten freies Glied vorkommt.

Eine lineare homogene Gleichung mit zwei Unbekannten:

1) $$a x + b y = 0$$

läßt unendlich viele Lösungen zu. Ist $b \neq 0$, so kann man x ganz willkürlich annehmen und dann y nach der Fomel:

2) $$y = - a x / b$$

dazu berechnen. Ist $a \neq 0$, so kann man mit Vertauschung der Rollen der beiden Variabeln ebenso verfahren. In beiden Fällen erhält man *einfach unendlich viele Lösungen*; sie lassen sich alle aus irgend einer von ihnen (z. B. aus $x = b$, $y = - a$) dadurch ableiten, daß man x und y mit einem und demselben Faktor multipliziert:

3) $$x = m b, \qquad y = - m a.$$

Ist $a = b = 0$, so ist die Gleichung (1) identisch erfüllt; sie hat *zweifach unendlich viele Lösungen*.

Es seien ferner *zwei lineare homogene Gleichungen mit drei Unbekannten* gegeben:

4) $$\begin{aligned} f_1 &\equiv a_1 x + b_1 y + c_1 z = 0, \\ f_2 &\equiv a_2 x + b_2 y + c_2 z = 0. \end{aligned}$$

Wie in § 28 müssen wir eine Reihe von Fällen unterscheiden, doch ist deren Anzahl diesmal geringer.

I. Es sei von den drei Determinanten:

5) $$A \equiv b_1 c_2 - b_2 c_1, \qquad B \equiv c_1 a_2 - c_2 a_1, \qquad C \equiv a_1 b_2 - a_2 b_1$$

mindestens eine nicht gleich 0. In diesem Falle dürfen wir unbeschadet der Allgemeinheit annehmen, die Bezeichnung der Gleichungen und der Unbekannten sei so gewählt, daß:

6) $$C \neq 0$$

sei. Bilden wir dann:

7) $$\begin{aligned} F_1 &\equiv - a_2 f_1 + a_1 f_2 \equiv C y - B z = 0, \\ F_2 &\equiv \quad b_2 f_1 - b_1 f_2 \equiv C x - A z = 0, \end{aligned}$$

so ist umgekehrt:

$$8)\qquad \begin{aligned} b_1 F_1 + a_1 F_2 &\equiv C f_1, \\ b_2 F_1 + a_2 F_2 &\equiv C f_2; \end{aligned}$$

das Gleichungssystem (7) ist also mit dem System (4) vollständig äquivalent. Man erhält aber unter der Voraussetzung (6) die allgemeinste Lösung des Systems (7), indem man z beliebig annimmt und dann x und y durch die Formeln:

$$9)\qquad x = Az/C, \qquad y = Bz/C$$

dazu bestimmt. In diesem Falle gestattet also das vorgelegte Gleichungssystem *einfach unendlich viele Lösungen.* Man erhält sie in symmetrischer Form, wenn man unter Einführung eines unbestimmt bleibenden Faktors m schreibt:

$$10)\qquad x = mA, \qquad y = mB, \qquad z = mC.$$

In dieser Form ist die Lösung unabhängig von der Voraussetzung, daß gerade C von 0 verschieden sei; sie gilt, wenn nur überhaupt eine der dreï Determinanten von Null verschieden ist.

Man schreibt auch wohl:

$$11)\qquad x : y : z = A : B : C,$$

obwohl diese Schreibweise eigentlich nur dann einen bestimmten Sinn hat, wenn B und C von 0 verschieden sind. Man muß sie so verstehen, daß, sobald eine oder zwei der Determinanten A, B, C Null sind, auch für die entsprechenden Unbekannten nur der Wert Null zulässig ist.

II. *Alle drei Determinanten A, B, C seien 0.* Dann sind die Gleichungen (7) identisch, d. h. für jedes Wertesystem der x, y, z erfüllt; daraus folgt aber nicht, daß das auch für die Gleichungen (4) gelten müsse. Vielmehr müssen wir unterscheiden:

II. A. *Nicht alle 6 Koeffizienten seien 0.* Wie in ähnlichen früheren Fällen können wir unbeschadet der Allgemeinheit annehmen, es sei:

$$12)\qquad a_1 \neq 0.$$

Setzen wir dann:

$$13)\qquad a_2 = m a_1,$$

so folgt aus den vorausgesetzten Gleichungen $B = 0$, $C = 0$, daß auch:

$$14)\qquad b_2 = m b_1, \qquad c_2 = m c_1,$$

ist. Man kann daher in diesem Falle y und z beliebig annehmen und x mit Hülfe der Formel

$$x = -\frac{b_1 y + c_1 z}{a_1}$$

dazu bestimmen. Das Gleichungssystem hat also in diesem Falle *zweifach unendlich viele Lösungen.*

II. B. Sind *alle 6 Koeffizienten gleich Null,* so bestehen die beiden Gleichungen identisch; das giebt *dreifach unendlich viele Lösungen.*

Wir brauchen also bei dieser Aufgabe im ganzen nur drei Fälle zu unterscheiden.

§ 30. Auflösung von drei linearen Gleichungen mit drei Unbekannten.

Es seien nun *drei lineare Gleichungen mit drei Unbekannten* vorgelegt:

1) $$\begin{cases} f_1 \equiv a_1 x + b_1 y + c_1 z + d_1 = 0, \\ f_2 \equiv a_2 x + b_2 y + c_2 z + d_2 = 0, \\ f_3 \equiv a_3 x + b_3 y + c_3 z + d_3 = 0. \end{cases}$$

Der nächstliegende Weg zur Auflösung dieser Gleichungen würde sein, daß man aus ihnen erst eine Unbekannte eliminierte, d. h. zwei Gleichungen aus ihnen ableitete, die diese Unbekannte nicht mehr enthalten und diese Gleichungen dann nach den Vorschriften von § 28 weiter behandelte. Es stellt sich jedoch heraus, daß man bei Durchführung dieses Verfahrens die Gleichungspolynome mit überflüssigen Faktoren multipliziert erhält, die sich nachher wieder herausheben. Daher ist es besser, das folgende Verfahren einzuschlagen:

Man kann versuchen, drei Multiplikatoren m_1, m_2, m_3 so zu bestimmen, daß aus der Kombination aller drei Polynome:

2) $$m_1 f_1 + m_2 f_2 + m_3 f_3$$

y und z gleichzeitig herausfallen. Das wird dann und nur dann der Fall sein, wenn diese Multiplikatoren den Gleichungen genügen:

3) $$\begin{aligned} m_1 b_1 + m_2 b_2 + m_3 b_3 &= 0, \\ m_1 c_1 + m_2 c_2 + m_3 c_3 &= 0. \end{aligned}$$

Gelten für diese letzteren Gleichungen die Voraussetzungen des Falles I von § 29, so erhält man aus ihnen:

4) $$m_1 : m_2 : m_3 = A_1 : A_2 : A_3,$$

wo $b_2 c_3 - b_3 c_2 = A_1$ gesetzt ist und A_2 und A_3 aus A_1 durch „*cyklische*“ Vertauschung der Indices 1, 2, 3 hervorgehen, d. h. dadurch, daß man 1 durch 2, 2 durch 3 und 3 wieder durch 1 ersetzt. Da es uns nicht darauf ankommt, die allgemeinste Lösung der Hülfsgleichungen (3) zu haben, sondern nur irgend eine, so können wir die m den A, denen sie jedenfalls proportional sein müssen, direkt gleichsetzen. Das Polynom (2) lautet dann:

$$(A_1 a_1 + A_2 a_2 + A_3 a_3) x + A_1 d_1 + A_2 d_2 + A_3 d_3 ;$$

soll es den Wert 0 erhalten, so müssen wir dem x den Wert beilegen:

5) $$x = - \frac{A_1 d_1 + A_2 d_2 + A_3 d_3}{A_1 a_1 + A_2 a_2 + A_3 a_3},$$

vorausgesetzt, daß der Nenner von 0 verschieden ist.

Bevor wir weiter gehen, müssen wir uns diesen Nenner noch etwas näher ansehen. Wir schreiben ihn:

6) $$\begin{vmatrix} a_1 & b_1 & c_1 \\ a_2 & b_2 & c_2 \\ a_3 & b_3 & c_3 \end{vmatrix}$$

und nennen ihn „*die Determinante des Gleichungssystems* (1)“. Die Regel zu seiner Berechnung, wie sie in der Gleichung (5) enthalten ist, würde zunächst so zu formulieren sein:

Man multipliziere jedes Element der ersten Kolonne (*Vertikalreihe*) mit derjenigen „Unterdeterminante“, die übrig bleibt, wenn man die Zeile und die Kolonne streicht, in der jenes Element vorkommt; diese Produkte versehe man abwechselnd mit den Zeichen + und − und bilde so ihre algebraische Summe.

Führt man das so aus, so erhält man:

7) $$D = a_1 b_2 c_3 - a_1 b_3 c_2 - a_2 b_1 c_3 + a_2 b_3 c_1 + a_3 b_1 c_2 - a_3 b_2 c_1 .$$

Man sieht aus dieser vollständigen Form, daß man die Determinante auch nach folgender Regel berechnen kann:

Man schreibe das Produkt $a b c$ sechsmal hin und verteile die drei Indices 1, 2, 3 jedesmal auf andere Weise auf die drei Buchstaben; das erste Glied $a_1 b_2 c_3$ erhält das Zeichen +; je zwei Glieder, die sich nur durch eine Vertauschung zweier Indices unterscheiden, erhalten entgegengesetzte Zeichen.

(Daß der letzte Teil der Regel bei wiederholter Anwendung niemals auf Widersprüche führt, kann man hier noch durch vollständiges Durchprobieren aller Fälle zeigen.)

In dieser Form zeigt die Regel:

Bildet man aus einer Determinante eine andere, indem man zwei Kolonnen Element für Element miteinander vertauscht, so ist die neue Determinante der alten entgegengesetzt gleich.

Daraus geht hervor, daß bei der Berechnung von y und z, abgesehen vom Vorzeichen, derselbe Nenner auftritt, wie bei der Berechnung von x. Bezeichnen wir die Determinante (6) in noch mehr abgekürzter Schreibweise mit $(a\,b\,c)$, so erhalten wir:

$$8)\qquad x = -\frac{(d\,b\,c)}{(a\,b\,c)} \qquad y = -\frac{(d\,c\,a)}{(b\,c\,a)} \qquad z = -\frac{(d\,a\,b)}{(c\,a\,b)};$$

wir können diese Gleichungen in die eine Proportion zusammenziehen:

$$9)\qquad x:y:z:1 = (b\,c\,d): -(c\,d\,a):(d\,a\,b): -(a\,b\,c)\,.$$

Die so gefundene Lösung müssen wir aber noch diskutieren. Denn durch die bisherigen Schlüsse ist nur bewiesen: Wenn $(a\,b\,c)$ von 0 verschieden ist und wenn es überhaupt Werte giebt, die den Gleichungen (1) genügen, so müssen es die Werte (8) sein. Um daher zu untersuchen, ob diese Werte den Gleichungen (1) wirklich genügen, müssen wir aus den Polynomen der Gleichungen:

$$10)\qquad \begin{aligned} F_1 &\equiv A_1 f_1 + A_2 f_2 + A_3 f_3 = 0\,,\\ F_2 &\equiv B_1 f_1 + B_2 f_2 + B_3 f_3 = 0\,,\\ F_3 &\equiv C_1 f_1 + C_2 f_2 + C_3 f_3 = 0 \end{aligned}$$

wieder die ursprünglichen Polynome zusammenzusetzen versuchen. Man findet, daß:

$$11)\qquad \begin{aligned} a_1 F_1 + b_1 F_2 + c_1 F_3 &\equiv (a\,b\,c) f_1\,,\\ a_2 F_1 + b_2 F_2 + c_2 F_3 &\equiv (a\,b\,c) f_2\,,\\ a_3 F_1 + b_3 F_2 + c_3 F_3 &\equiv (a\,b\,c) f_3 \end{aligned}$$

ist; man kann nämlich durch Ausrechnen bestätigen, daß:

$$12)\qquad \begin{aligned} a_1 A_1 + b_1 B_1 + c_1 C_1 &= (a\,b\,c)\,,\\ a_1 A_2 + b_1 B_2 + c_1 C_2 &= 0 \text{ u. s. w.} \end{aligned}$$

ist. Also sind in der That unter der Voraussetzung

$$\text{I.}\quad (a\,b\,c) \neq 0$$

die Gleichungen (1) notwendige Folgen der Gleichungen (10), und folglich stellen die Gleichungen (9) die Lösung nicht nur der letzteren, sondern auch der ersteren vor.

Das Gleichungssystem hat also im Falle I eine und nur eine Lösung.

Ist II. $(a\,b\,c) = 0$, so unterscheiden wir:

A. Die drei Determinanten $(b\,c\,d)$, $(c\,d\,a)$, $(d\,a\,b)$ *seien nicht alle gleich Null.*

Dann ist mindestens eine der Gleichungen (10) unmöglich zu erfüllen; also haben auch die Gleichungen (1) in diesem Falle *keine Lösung.*

B. Die drei Determinanten $(b\,c\,d)$, $(c\,d\,a)$, $(d\,a\,b)$ *seien alle auch gleich Null.*

Dann sind die Polynome (10) identisch Null; daraus kann aber nicht ohne weiteres geschlossen werden, daß auch die Gleichungen (1) identisch bestehen. Vielmehr müssen wir abermals unterscheiden:

1. Mindestens eine der Unterdeterminanten $A_1, A_2, \ldots, C_3$ *sei nicht gleich Null.*

Wie in ähnlichen früheren Fällen können wir unbeschadet der Allgemeinheit annehmen, die Bezeichnung der Unbekannten und der Gleichungen sei so gewählt, daß $A_1 \neq 0$ sei. Dann können wir aus der im Falle II. B. stets bestehenden Identität:

13) $$A_1 f_1 + A_2 f_2 + A_3 f_3 \equiv 0$$

ableiten:

14) $$f_1 \equiv -\frac{A_2}{A_1} f_2 - \frac{A_3}{A_1} f_1 .$$

Die Gleichung $f_1 = 0$ ist also in diesem Falle von selbst erfüllt, sobald $f_2 = 0$ und $f_3 = 0$ es sind; sie ist, wie man zu sagen pflegt, eine Folge der letzteren und braucht nicht weiter berücksichtigt zu werden. Nehmen wir dann x beliebig an, so bilden die beiden anderen Gleichungen für die beiden Unbekannten y, z ein System, das wegen der Voraussetzung $A_1 \neq 0$ zum Falle I von § 28 gehört, also eine und nur eine Lösung zuläßt. Da das für jeden Wert von x gilt, erhalten wir im ganzen *einfach unendlich viele Lösungen* des vorgelegten Gleichungssystems.

2. *Alle 9 Unterdeterminanten* $A_1, A_2, \ldots, C_3$ *seien Null*; dann bestehen Identitäten der Form:

15) $$c_1 f_2 - c_2 f_1 \equiv c_1 d_2 - c_2 d_1 .$$

Wenn nun a) *nicht alle* aus dem Schema

16) $$\begin{matrix} a_1 & b_1 & c_1 & d_1 \\ a_2 & b_2 & c_2 & d_2 \\ a_3 & b_3 & c_3 & d_3 \end{matrix}$$

durch Ausstreichen je einer Zeile und zweier Kolonnen zu bildenden *Unterdeterminanten Null* sind, so ist unter den Identitäten (15) mindestens eine, aus der hervorgeht, daß es nicht möglich ist, die Gleichungen (1) zu befriedigen. In diesem Fall hat also das Gleichungssystem *keine Lösung.*

Wenn aber b) *alle jene Unterdeterminanten Null* sind, dagegen:

α) nicht alle Koeffizienten $a_1, a_2, \ldots, c_3$ *Null,* dann können wir wieder annehmen, die Bezeichnung sei so gewählt, daß gerade $a_1 \neq 0$ ist. Unter dieser Voraussetzung können wir aus den im Falle II. B. 2. b) überhaupt geltenden Identitäten:

17) $$a_2 f_1 - a_1 f_2 \equiv 0\,, \qquad a_3 f_1 - a_1 f_3 \equiv 0$$

schließen, daß:

18) $$f_2 \equiv \frac{a_2}{a_1} f_1\,, \qquad f_3 \equiv \frac{a_3}{a_1} f_1$$

ist, daß also die Gleichungen $f_2 = 0$ und $f_3 = 0$ Folgen der Gleichung $f_1 = 0$ sind. Um aber $f_1 = 0$ zu erfüllen, können wir, eben wegen der Voraussetzung $a_1 \neq 0$, y und z ganz beliebig annehmen und x durch die Formel

19) $$x = -(b_1 y + c_1 z + d_1)/a_1$$

dazu bestimmen. Wir erhalten also in diesem Falle *zweifach unendlich viele Lösungen.*

Sind aber *β) alle Koeffizienten* $a_1, a_2, \ldots, c_3$ *Null,* so müssen wir eine letzte Unterscheidung treffen:

β_1) Sind d_1, d_2, d_3 *nicht alle gleich Null,* so hat das Gleichungssystem *keine Lösung.*

β_2) Sind aber auch d_1, d_2, d_3 *gleich Null,* so besteht das Gleichungssystem identisch und hat also *dreifach unendlich viele Lösungen.*

§ 31. Drei homogene lineare Gleichungen mit 4 Unbekannten.

Hat man *drei homogene lineare Gleichungen mit 4 Unbekannten:*

1) $$\begin{aligned} f_1 &= a_1 x + b_1 y + c_1 z + d_1 t = 0\,, \\ f_2 &= a_2 x + b_2 y + c_2 z + d_2 t = 0\,, \\ f_3 &= a_3 x + b_3 y + c_3 z + d_3 t = 0\,, \end{aligned}$$

so braucht man nur eine geringere Anzahl von Fällen zu unterscheiden; es fallen dann nämlich alle diejenigen Unterscheidungen des vorigen Paragraphen weg, die auf der besonderen Rolle der Koeffizienten d beruhen. Man hat also nur folgende Fälle:

I. Nicht alle 4 aus dem Koeffizientenschema

$$\begin{matrix} a_1 & b_1 & c_1 & d_1 \\ a_2 & b_2 & c_2 & d_2 \\ a_3 & b_3 & c_3 & d_3 \end{matrix} \tag{2}$$

zu bildenden Determinanten von 9 Elementen sind 0; dann erhält man (vgl. § 30, I):

$$x : y : z : t = (b\,c\,d) : -(c\,d\,a) : (d\,a\,b) : -(a\,b\,c)\,. \tag{3}$$

Das Gleichungssystem hat also in diesem Falle *einfach unendlich viele Lösungen.*

II. Sind alle aus dem Schema (2) zu bildenden *Determinanten von 9 Elementen Null, aber nicht alle von 4 Elementen,* so können wir annehmen, die Bezeichnung sei getroffen, daß:

$$C_3 \equiv a_1 b_2 - a_2 b_1 \neq 0 \tag{4}$$

sei. Dann zeigt die in diesem Falle bestehende Identität:

$$C_1 f_1 + C_2 f_2 + C_3 f_3 \equiv (a\,b\,c)\,z + (a\,b\,d)\,t \equiv 0\,, \tag{5}$$

daß die Gleichung $f_3 = 0$ eine Folge der beiden anderen Gleichungen ist. In diesen kann man z und t willkürlich annehmen und x und y vermittelst der Formeln:

$$\begin{aligned} (a_1 b_2 - a_2 b_1)\,x &= (b_1 c_2 - b_2 c_1)\,z + (b_1 d_2 - b_2 d_1)\,t\,, \\ (a_1 b_2 - a_2 b_1)\,y &= (c_1 a_2 - c_2 a_1)\,z + (d_1 a_2 - d_2 a_1)\,t \end{aligned} \tag{6}$$

dazu bestimmen. Man erhält also *zweifach unendlich viele Lösungen.*

III. Seien auch *alle Determinanten von 4 Elementen Null, dagegen nicht alle Koeffizienten,* so sei z. B. $a_1 \neq 0$. Dann folgt aus den in diesem Fall bestehenden Identitäten:

$$a_2 f_1 - a_1 f_2 \equiv 0\,, \qquad a_3 f_1 - a_1 f_3 \equiv 0\,,$$

daß die Gleichungen $f_2 = 0$ und $f_3 = 0$ Folgen von $f_1 = 0$ sind. In dieser kann man y, z, t willkürlich annehmen und x vermittelst der Formel:

$$x = -(b_1 y + c_1 z + d_1 t) / a_1$$

dazu berechnen. Man erhält also *dreifach unendlich viele Lösungen.*

IV. Sind *alle Koeffizienten 0,* so bestehen die Gleichungen identisch; sie haben *vierfach unendlich viele Lösungen.*

Das wesentliche Resultat dieser Untersuchung ist, daß die Gleichungen in jedem Falle durch Werte der Unbekannten befriedigt werden können, die nicht alle gleich Null sind. Dieses Resultat läßt sich durch den Schluß von n auf $n + 1$ auf den allgemeinen Fall übertragen, daß man $n + 1$ lineare homogene Gleichungen mit n Unbekannten hat.

SECHSTER ABSCHNITT.

Die irrationalen Zahlen und der Begriff des Grenzwertes.

§ 32. Vorbemerkungen.

Die im zweiten und dritten Abschnitt eingeführten Zahlengattungen reichen für das tägliche Leben aus, und die sogenannte „gemeine Arithmetik“ beschränkt sich daher auf sie. Dagegen erweisen sie sich als unzureichend gegenüber den Anforderungen, welche die Geometrie an die Analysis stellt.

Wie schon in der Einleitung bemerkt wurde, sind alle unsere Sinneswahrnehmungen zunächst wesentlich ungenau. Infolge dessen können wir immer nur behaupten: zwei geometrische Größen sind für die uns im Augenblick zur Verfügung stehenden Beobachtungsmittel nicht zu unterscheiden; und wir müssen es dabei dahingestellt sein lassen, ob bei weiterer Verschärfung der Beobachtungsmittel nicht vielleicht doch ein Unterschied hervortreten würde. Man könnte sich ein Lehrgebäude der Geometrie denken, in dem diesem Umstande fortwährend Rechnung getragen, also alle Größen nur mit einem gewissen Spielraum definiert und alle Sätze nur mit einer gewissen Fehlergrenze ausgesprochen würden. Thatsächlich verfährt man nicht so, sondern man spricht von absoluter Genauigkeit auch der geometrischen Größen. Ob wir dazu kommen, weil der Begriff absoluter Genauigkeit in uns a priori vorhanden ist, oder ob man diesen Begriff als einen sogenannten Grenzbegriff aufzufassen hat, den wir bilden, weil uns die abschlußlose Kette von Vorstellungen immer größerer und größerer Genauigkeit unbefriedigt läßt und wir sie deshalb durch die Worte „absolut genau“ abschließen, denen keine Vorstellung mehr entspricht — das zu entscheiden ist Sache der Erkenntnistheorie und der Psychologie. Wie aber diese Entscheidung auch ausfallen mag — jedenfalls führen, sobald wir diesen Begriff acceptieren, die Sätze der Geometrie mit unerbittlicher logischer Konsequenz zu dem Schlusse, daß wir dann auch die Existenz von Strecken acceptieren müssen, deren Verhältnis sich nicht durch die bis jetzt eingeführten Zahlen ausdrücken läßt, und mit denen man doch alle diejenigen Konstruktionen vornehmen kann, die wir im zweiten und dritten Abschnitt den arithmetischen Grundoperationen an die Seite gestellt haben. Soll also die Analysis nicht an Allgemeinheit hinter der Geometrie zurückbleiben, so muß sie ihr Gebiet abermals durch Aufnahme neuer

Zahlengattungen erweitern. Um uns dabei kurz ausdrücken zu können, werden wir die bisher schon eingeführten Zahlen — also die positiven und negativen, ganzen und gebrochenen — unter dem Gesamtnamen der *rationalen Zahlen* zusammenfassen.

Aus den in der Einleitung berührten Gründen werden wir uns bei der Einführung solcher neuen Zahlengattungen zwar von der Analogie der Geometrie leiten lassen, aber die Definitionen rein arithmetisch formulieren. Wir knüpfen dabei an das folgende geometrische Axiom[1] an:

Wenn eine Strecke in zwei Teile geteilt wird, so geschieht die Teilung immer durch einen Punkt, der dann zugleich Endpunkt des ersten Teiles und Anfangspunkt des zweiten ist.

Die Gesamtheit der rationalen Zahlen hat die entsprechende Eigenschaft nicht: wir können sie so in zwei Teile teilen, daß weder unter den Zahlen desjenigen Teiles, der die kleineren Zahlen enthält, eine Zahl die größte, noch unter den Zahlen des anderen Teiles eine Zahl die kleinste ist.

Um den Sinn dieser Behauptung noch näher zu erläutern, fassen wir etwa diejenige Zerlegung der rationalen Zahlen ins Auge, bei der zu der ersten Klasse alle negativen Zahlen und alle positiven echten Brüche, zu der zweiten Klasse die 1 und alle größeren Zahlen gerechnet werden. Unter den Zahlen der zweiten Klasse ist 1 die kleinste; aber unter den Zahlen der ersten Klasse ist keine die größte. Denn wenn irgend ein echter Bruch gegeben ist, so können wir immer noch einen andern finden, der größer als der erste und doch noch kleiner als 1 ist. Würden wir die 1 zu der ersten Klasse gerechnet haben, so würde umgekehrt in der zweiten Klasse keine kleinste Zahl vorhanden sein. Unsere Behauptung besagt nun, daß es Zerlegungen giebt, bei denen *beiden* Klassen in dieser Weise der Abschluß durch eine größte bezw. kleinste Zahl fehlt.

Diese Behauptung wird bewiesen sein, wenn wir auch nur ein Beispiel einer solchen Zerlegung angeben; denn sobald wir erst eines haben, können wir aus ihm mit Leichtigkeit beliebig viele andere ableiten. Wir dürfen uns dabei für den Augenblick auf positive Zahlen beschränken.

Wir zeigen zunächst: *keine rationale Zahl hat die Eigenschaft, daß ihr Quadrat gleich 2 ist.* Daß das Quadrat keiner *ganzen* Zahl

[1] Für eine Erörterung der Beziehungen dieses Axioms zu den übrigen geometrischen Axiomen ist hier nicht der Ort.

gleich 2 sein kann, ergiebt sich aus dem Monotoniegesetz der Multiplikation; denn es ist $1^2 = 1 < 2$, $2^2 = 4 > 2$, also umsomehr $a^2 > 2$, wenn $a > 2$. Daß aber auch das Quadrat keiner gebrochenen Zahl gleich 2 sein kann, ergiebt sich durch einen indirekten Beweis. Angenommen nämlich, p/q sei eine solche Zahl und sei schon auf kleinste Benennung gebracht; dann müßte $p^2 = 2q^2$ sein, also p^2 durch q teilbar. Wenn aber jeder Faktor eines Produktes $p \cdot p$ zu q teilerfremd ist, kann das Produkt nach § 6, VI nicht durch q teilbar sein. Also führt unsere Annahme auf einen Widerspruch.

Wir teilen nun die Gesamtheit der positiven rationalen Zahlen in zwei Klassen: solche, deren Quadrat kleiner als 2 ist, und solche, deren Quadrat größer als 2 ist; die Zahlen der ersten Klasse bezeichnen wir als die a, die der zweiten als die A. Diese Zerlegung hat folgende Eigenschaften:

I. *Die Gesamtheit der positiven rationalen Zahlen wird durch sie erschöpft*, d. h. jede solche Zahl gehört entweder der einen oder der anderen der beiden Klassen an.

II. *Jedes A ist größer als jedes a.* Denn wenn a größer als A wäre, so wäre nach dem Monotoniegesetz der Multiplikation auch $a^2 > aA > A^2$. Aus $a^2 < 2$ und $A^2 > 2$ folgt aber $a^2 < A^2$.

III. *Unter den a ist keine die größte.* Denn sei a_1 eines der a, also $2 - a_1^2$ eine positive Zahl; wir nennen sie ε. Wählt man dann irgend eine positive rationale Zahl h, die den beiden Bedingungen:

$$h < 1, \qquad h < \frac{\varepsilon}{2a_1 + 1}$$

gleichzeitig genügt, so wird:

$$(a_1 + h)^2 = a_1^2 + h(2a_1 + h) < a_1^2 + h(2a_1 + 1) < a_1^2 + \varepsilon,$$

also kleiner als 2. Somit ist $a_1 + h$ eine Zahl, die $> a_1$ ist und doch auch noch zu den a gehört. a_1 ist also nicht die größte unter den a; w. z. b. w.

IV. *Unter den A ist keine die kleinste.* Denn sei A_1 eines der A, also $A_1^2 - 2$ eine positive Zahl; wir nennen sie η. Wählen wir dann eine Zahl h so, daß sie den beiden Bedingungen:

$$h < 1, \qquad h < \frac{\eta}{2A_1}$$

zugleich genügt, so wird

$$(A_1 - h)^2 = A_1^2 - 2A_1 h + h^2 > A_1^2 - 2A_1 h > A_1^2 - \eta$$

also größer als 2. Somit ist $A_1 - h$ eine Zahl, die kleiner als A_1

ist und doch auch noch zu den A gehört. A_1 ist also nicht die kleinste unter den A; w. z. b. w.

Die angenommene Teilung hat also wirklich die behaupteten Eigenschaften.

§ 33. Definition der irrationalen Zahlen.

Wir definieren nun (nach R. Dedekind):

Unter einem Schnitt im Gebiete der rationalen Zahlen verstehen wir eine Zerlegung dieses Gebietes in zwei Teile — Untergebiet und Obergebiet —, welche folgende beiden Eigenschaften hat:

1. *Jede rationale Zahl gehört einem und nur einem dieser Gebiete an.*

2. *Jede Zahl des Untergebietes ist kleiner als jede Zahl des Obergebietes.*

Als *gegeben* werden wir einen solchen Schnitt dann ansehen, wenn wir ein Mittel besitzen, um von jeder vorgelegten rationalen Zahl zu entscheiden, ob sie zum Untergebiet oder zum Obergebiet gehört. Der Kürze halber wollen wir die Zahlen des Obergebiets als die A, die Zahlen des Untergebiets als die a bezeichnen.

Ist ein solcher Schnitt gegeben, so haben wir zunächst zu fragen, ob etwa im Untergebiet eine größte oder im Obergebiet eine kleinste Zahl vorhanden ist. Beides zugleich kann nicht eintreten; denn wäre a_1 die größte Zahl des Untergebiets, A_1 die kleinste Zahl des Obergebiets, so könnte die Zahl $(a_1 + A_1)/2$, da sie wegen Voraussetzung (2) kleiner als A_1 und größer als a_1 ist, weder zum Untergebiet noch zum Obergebiet gehören; und das wäre gegen die Voraussetzung (1). Wir haben also nur drei Fälle zu unterscheiden:

1. Unter den a ist eine die größte, nämlich α, aber unter den A keine die kleinste.

2. Unter den a ist keine die größte, aber unter den A ist eine die kleinste, nämlich α.

Beide Fälle sind in der That möglich; im ersten Fall ist der Schnitt definiert durch die Ungleichungen:

$$a \leqq \alpha, \qquad A > \alpha,$$

im zweiten durch die Ungleichungen:

$$a < \alpha, \qquad A \geqq \alpha.$$

In beiden Fällen sagen wir: der vorgelegte Schnitt wird durch die rationale Zahl α hervorgebracht.

3. Es giebt weder unter den a eine größte, noch unter den A eine kleinste. Daß dieser Fall in der That eintreten kann, haben wir im vorigen Paragraphen an einem Beispiel gesehen. Wir sagen in diesem Fall: *Durch den Schnitt $a \mid A$ wird eine irrationale Zahl α definiert.* Diese Ausdrucksweise wird gerechtfertigt sein, wenn wir gezeigt haben werden, daß wir mit solchen „irrationalen Zahlen“ rechnen dürfen, wie mit rationalen; wir wollen sie aber im Interesse der Kürze schon jetzt benutzen.

§ 34. Berechnung irrationaler Zahlen.

Wir sagen: wir haben eine irrationale Zahl $\alpha = a \mid A$ mit einer Genauigkeit von ε (oder: auf ε genau) berechnet, sobald wir zwei Zahlen kennen, deren Differenz ε ist und von denen die eine zu den a und die andere zu den A gehört.

Zwei solche Zahlen können wir uns, wenn wir die Mühe nicht scheuen, nach einer in jedem Falle zum Ziele führenden Methode verschaffen, wenn zwei Bedingungen erfüllt sind: der Schnitt $a \mid A$ muß vollständig definiert sein, d. h. wir müssen im stande sein, von jeder rationalen Zahl zu entscheiden, ob sie zu den a oder zu den A gehört, und wir müssen mindestens ein a und ein A schon kennen. Die letztere Bedingung ist, wie wir sehen werden, in den uns vorkommenden Fällen leicht zu erfüllen.

Seien nämlich a_1 und A_1 bekannt, so ist damit zugleich bekannt, daß alle Zahlen, die kleiner als a_1 sind, zu den a, und alle Zahlen, die größer als A_1 sind, zu den A gehören. Nur von den zwischen a_1 und A_1 liegenden Zahlen steht die Entscheidung noch aus; also ist α mit einer Genauigkeit $A_1 - a_1$ bekannt. Wir bilden nun $(A_1 + a_1)/2$ und untersuchen, ob es zu den A oder zu den a gehört. Im ersteren Fall setzen wir:

$$a_2 = a_1, \qquad A_2 = (A_1 + a_1)/2,$$

im letzteren:

$$a_2 = (A_1 + a_1)/2, \qquad A_2 = A_1.$$

In beiden Fällen wird:

$$A_2 - a_2 = (A_1 - a_1)/2;$$

das Gebiet der Zahlen, von denen noch nicht entschieden ist, ob sie zu den a oder zu den A gehören, ist also dadurch auf die Hälfte verkleinert.

Dieses Verfahren läßt sich beliebig oft wiederholen und das Gebiet der Unentschiedenheit dadurch beliebig verkleinern. Wenn nämlich eine noch so kleine Zahl ε gegeben ist, so kann man doch n immer so groß wählen, daß $(A_1 - a_1)/2^n < \varepsilon$ wird.

Soll etwa der schon in § 32 als Beispiel behandelte, durch die Bedingungen:

$$a^2 < 2 \qquad A^2 > 2$$

definierte Schnitt mit einer Genauigkeit von $^1/_{1000}$ bestimmt werden, so kann man davon ausgehen, daß 0 jedenfalls zu den a und 2 jedenfalls zu den A gehört. Prüfen wir dann $(2 + 0)/2 = 1$, so sehen wir, daß es zu den a gehört. Wir haben also weiter $(2 + 1)/2 = 3/2$ zu prüfen; es gehört zu den A. So fortfahrend bekommen wir folgende Rechnung:

	$a_1 = 0$,	$A_1 = 2$,
$1^2 < 2$, also:	$a_2 = 1$,	$A_2 = 2$,
$(3/2)^2 > 2$, also:	$a_3 = 1$,	$A_3 = 3/2$,
$(5/4)^2 < 2$,	$a_4 = 5/4$,	$A_4 = 6/4$,
$(11/8)^2 < 2$,	$a_5 = 11/8$,	$A_5 = 12/8$,
$(23/16)^2 > 2$,	$a_6 = 22/16$,	$A_6 = 23/16$,
$(45/32)^2 < 2$,	$a_7 = 45/32$,	$A_7 = 46/32$,
$(91/64)^2 > 2$,	$a_8 = 90/64$,	$A_8 = 91/64$,
$(181/128)^2 < 2$,	$a_9 = 181/128$,	$A_9 = 182/128$,
$(363/256)^2 > 2$,	$a_{10} = 362/256$,	$A_{10} = 363/256$,
$(725/512)^2 > 2$,	$a_{11} = 724/512$,	$A_{11} = 725/512$,
$(1449/1024)^2 > 2$,	$a_{12} = 1448/1024$,	$A_{12} = 1449/1024$.

Die gesuchte Irrationalzahl (die wir später mit $\sqrt{2}$ bezeichnen werden), liegt also zwischen 1448/1024 und 1449/1024 und ist dadurch mit der verlangten Genauigkeit bestimmt.

Will man mit Dezimalbrüchen rechnen, so ist das Verfahren zweckmäßigerweise etwas zu modifizieren, wie am besten aus dem Beispiel zu entnehmen:

$1{\cdot}5^2 > 2$, also:	$a_3 = 1$,	$A_3 = 1{\cdot}5$,
$1{\cdot}2^2 < 2$,	$a_4 = 1{\cdot}2$,	$A_4 = 1{\cdot}5$,
$1{\cdot}3^2 < 2$,	$a_5 = 1{\cdot}3$,	$A_5 = 1{\cdot}5$,
$1{\cdot}4^2 < 2$,	$a_6 = 1{\cdot}4$,	$A_6 = 1{\cdot}5$,
$1{\cdot}45^2 > 2$,	$a_7 = 1{\cdot}4$,	$A_7 = 1{\cdot}45$,
$1{\cdot}42^2 > 2$,	$a_8 = 1{\cdot}4$,	$A_8 = 1{\cdot}42$,
$1{\cdot}41^2 < 2$,	$a_8 = 1{\cdot}41$,	$A_9 = 1{\cdot}42$,
$1{\cdot}415^2 > 2$,	$a_9 = 1{\cdot}415$,	$A_9 = 1{\cdot}415$,
$1{\cdot}412^2 < 2$,	$a_{10} = 1{\cdot}412$,	$A_{10} = 1{\cdot}415$,
$1{\cdot}413^2 < 2$,	$a_{11} = 1{\cdot}213$,	$A_{11} = 1{\cdot}415$,
$1{\cdot}414^2 < 2$,	$a_{12} = 1{\cdot}414$,	$A_{12} = 1{\cdot}415$.

(Beide Resultate widersprechen sich nicht; es ist $181/182 < 1 \cdot 415$, $1449/1024 > 1 \cdot 414$).

Man kann auch a_1 und A_1 auf die kleinste Benennung bringen, $a_1 = p/q$, $A_1 = P/Q$, und dann beim nächsten Schnitt zunächst $(p + P)/(q + Q)$ prüfen:

$$
\begin{array}{lll}
 & a_3 = 1/1, & A_3 = 3/2, \\
(4/3)^2 < 2, & a_4 = 4/3, & A_4 = 3/2, \\
(7/5)^2 < 2, & a_5 = 7/5, & A_5 = 3/2, \\
(10/7)^2 > 2, & a_6 = 7/5, & A_6 = 10/7, \\
(17/12)^2 > 2, & a_7 = 7/5, & A_7 = 17/12, \\
(24/17)^2 < 2, & a_8 = 24/17, & A_8 = 17/12, \\
(41/29)^2 < 2, & a_9 = 41/29, & A_9 = 17/12, \\
(58/41)^2 > 2, & a_{10} = 41/29, & A_{10} = 58/41.
\end{array}
$$

Diese Art der Annäherung läßt sich immer so einrichten, daß für jedes ν:

1) $$P_\nu q_\nu - p_\nu Q_\nu = 1$$

ist. Denn wenn $Pq - pQ = 1$ ist, so ist auch:

$$P(Q + q) - (P + p)Q = 1 \quad \text{und} \quad (P + p)q - p(Q + q) = 1;$$

werden also, was stets möglich ist, die beiden ersten Näherungswerte so gewählt, daß die Bedingung (1) für sie erfüllt ist, so ist sie auch für jedes folgende Paar von Näherungswerten erfüllt. In dem vorhergehenden Beispiel ist das in der That der Fall. Es ist dann:

2) $$\frac{P_\nu}{Q_\nu} - \frac{p_\nu}{q_\nu} = \frac{1}{Q_\nu q_\nu};$$

die erreichte Genauigkeit wird also bei diesem Verfahren durch einen Bruch gemessen, dessen Zähler = 1 und dessen Nenner gleich dem Produkt der Nenner der beiden letzten Näherungswerte ist.

§ 35. Gleichheit, Größer- und Kleinersein irrationaler Zahlen.

Haben wir auf zwei verschiedene Arten je einen Schnitt im Gebiete der rationalen Zahlen festgelegt:

1) $$\alpha = a \mid A, \qquad \beta = b \mid B,$$

so nennen wir die dadurch definierten irrationalen Zahlen dann und nur dann einander *gleich*, wenn jedes a zugleich ein b und jedes A zugleich ein B ist. Es ist dann auch umgekehrt jedes b zugleich ein a und jedes B zugleich ein A.

Auch wenn man weiß, daß jedes a zugleich ein b und jedes b zugleich ein a ist, kann man auf Gleichheit von α und β schließen. Denn wenn jedes b ein a ist, kann kein A ein b sein; dann muß also jedes A ein B sein, da jede rationale Zahl n. V. entweder ein b oder ein B ist.

Die durch den Schnitt $a \mid A$ definierte irrationale Zahl heißt *kleiner* als jedes A und *größer* als jedes a.

Sind zwei irrationale Zahlen $\alpha = a \mid A$ und $\beta = b \mid B$ ungleich, so muß es entweder ein a geben, das ein B ist, oder ein A, das ein b ist. (Beides zusammen kann nicht eintreten; denn das Bestehen der Gleichungen $a_1 = B_1$, $A_2 = b_2$ würde mit den vorausgesetzten Ungleichungen $a_1 < A_2$ und $B_1 > b_2$ im Widerspruch stehen). Im ersteren Falle heißt α *größer* als β, im letzteren α *kleiner* als β.

Für die so definierten Begriffe „gleich, kleiner, größer" gelten die Sätze von § 1. Von I bis III ist das sofort zu sehen. Was IV betrifft, so sei $\alpha = a \mid A$, $\beta = b \mid B$, $\gamma = c \mid C$; es gebe ein a, das ein B ist, nämlich a_1; und es gebe ein b, das ein C ist. Dann ist umsomehr jedes B ein C; also ist auch a_1 ein C; m. a. W. aus $\alpha > \beta$, $\beta > \gamma$ folgt $\alpha > \gamma$. Ähnlich kann man schließen, daß aus $\alpha > \beta$, $\beta = \gamma$ folgt $\alpha > \gamma$.

Eine irrationale Zahl heißt *positiv* oder *negativ*, je nachdem sie > 0 oder < 0 ist.

Die beiden irrationalen Zahlen $a \mid A$ und $b \mid B$ heißen zu einander *entgegengesetzt*, wenn jedes a zu einem B und jedes A zu einem b entgegengesetzt ist.

Unter dem absoluten Betrag einer positiven Irrationalzahl versteht man diese Zahl selbst, unter dem absoluten Betrag einer negativen Irrationalzahl die ihr entgegengesetzte positive Zahl.

§ 36. Addition und Subtraktion der Irrationalzahlen.

Haben wir zwei irrationale Zahlen $\alpha = a \mid A$ und $\beta = b \mid B$, so können wir die Gesamtheit der rationalen Zahlen in der Weise in zwei Klassen zerlegen, daß wir in die eine Klasse c alle diejenigen Zahlen rechnen, die sich in der Form $a + b$ darstellen lassen, in die andere C alle übrigen.

Wenn dann eine Zahl c_1 zu den c gehört, so gehört auch jede noch kleinere Zahl c_2 zu den c; denn sei $c_1 = a_1 + b_1$, $c_2 = c_1 - d$, so ist auch $a_2 = a_1 - d$ ein a, also $c_2 = a_2 + b_1$ ein c. M. a. W. jedes c ist kleiner als jedes C.

Ferner kann man zeigen, daß unter den c keine größte ist. Denn n. V. ist unter den a keine größte; ist also $c_1 = a_1 + b_1$, so kann man ein a_2 angeben, das größer als a_1 ist. Dann ist $c_2 = a_2 + b_1$ auch noch ein c und größer als c_1; c_1 ist also nicht das größte unter den c.

Nun sind zwei Fälle möglich:

I. *Wenn unter den C eine kleinste, C_0, ist, dann nennen wir diese die Summe von α und β:*

1) $$\alpha + \beta = C_0 .$$

II. *Wenn aber unter den C keine kleinste ist, hat der Schnitt $c|C$ alle in § 33 vorausgesetzten Eigenschaften und definiert also eine irrationale Zahl γ. Dann setzen wir:*

2) $$\alpha + \beta = \gamma$$

Dadurch ist die Addition zweier Irrationalzahlen in jedem Falle definiert. Die Addition einer Rationalzahl und einer Irrationalzahl kann ganz entsprechend definiert werden; man muß nur in den vorhergehenden Schlüssen für α den irrationalen, für β den rationalen Summanden nehmen.

Wir können übrigens die Sache noch etwas anders anfassen: Wir können auch alle $A + B$ zu einer Klasse $\bar{C}$ zusammenfassen. Diese $\bar{C}$ müssen alle zu den C gehören; denn kein $A + B$ kann gleich einem $a + b$ sein, da jedes $A > a$ und jedes $B > b$, also auch $A + B > a + b$ ist. Gehören aber auch alle C zu den $\bar{C}$? Darauf ist die Antwort: *Es kann höchstens eine Zahl geben, die zu den C, aber nicht zu den $\bar{C}$ gehört.* Gäbe es nämlich zwei, C_1 und C_2, so sei etwa $C_2 - C_1 = \varepsilon > 0$. Dann berechnen wir α und β jedes mit einer Genauigkeit $\varepsilon/2$, d. h. wir bestimmen ein a_1, ein A_1, ein b_1 und ein B_1 so, daß

$$A_1 - a_1 < \varepsilon/2, \qquad B_1 - b_1 < \varepsilon/2$$

ist. Dann wird die Differenz $(A_1 + B_1) - (a_1 + b_1) < \varepsilon$; $A_1 + B_1$ und jede größere Zahl gehört zu den $\bar{C}$, $a_1 + b_1$ und jede kleinere Zahl gehört zu den c. Das Intervall, in dem die Zahlen liegen, von denen noch nicht ausgemacht ist, ob sie zu den $\bar{C}$ oder zu den c oder vielleicht zu keiner von beiden Klassen gehören, ist dadurch unter ε herabgedrückt; es können ihm also die beiden Zahlen C_1 und C_2, deren Differenz ε ist, nicht beide angehören. Also kann es nicht zwei rationale Zahlen C_1 und C_2 geben, die zu den C, aber nicht zu den $\bar{C}$ gehören, sondern höchstens eine. Giebt es eine, so muß es die kleinste unter den C, also die oben (I) mit C_0 bezeichnete sein; giebt es keine, so sind die $\bar{C}$ mit den C identisch.

Die Einführung der C erlaubt uns auch noch, eine weitere Frage zu entscheiden. Wir haben in § 33 eine irrationale Zahl dann als bestimmt angesehen, wenn wir von jeder rationalen Zahl entscheiden konnten, ob sie zu den c oder zu den C gehört. Bei der hier als Summe von $\alpha + \beta$ definierten Zahl γ ist das nicht unbedingt der Fall: wir haben kein Mittel, um von einer beliebig vorgelegten Zahl mit Sicherheit zu entscheiden, ob sie zu den c oder zu den C gehört. Sobald wir aber nicht bloß eine, sondern gleichzeitig zwei rationale Zahlen ins Auge fassen, können wir in der eben angegebenen Weise für eine von diesen beiden Zahlen die Entscheidung herbeiführen (nur haben wir dabei die Wahl zwischen beiden Zahlen nicht in der Hand); und wir können auch γ mit jeder beliebigen verlangten Genauigkeit ε berechnen. Wir werden dadurch veranlaßt, unsere Anforderungen an die Bestimmung einer irrationalen Zahl etwas herabzumindern: *wir wollen von jetzt an eine irrationale Zahl schon dann als bestimmt ansehen, wenn wir die Mittel haben, um sie mit jeder verlangten Genauigkeit zu berechnen.* Thun wir das, so können wir auch die Summe zweier Irrationalzahlen als durch die zu Anfang dieses Paragraphen aufgestellte Definition vollständig bestimmt ansehen.

Mit den eben erörterten Verhältnissen hängt es zusammen, daß wir kein Mittel besitzen, um von der Summe zweier Irrationalzahlen durch die bloße Rechnung zu entscheiden, ob sie rational oder irrational ausfällt. (Die Summe aus einer rationalen und einer irrationalen Zahl ist, wie leicht zu sehen, stets irrational.)

Von der Forderung *„eine Irrationalzahl auf $1/10^n$ genau zu berechnen“* ist die Forderung, *„sie auf n Dezimalstellen genau zu berechnen“*, noch etwas verschieden, indem sie mehr verlangt, nämlich einen Bruch mit dem Nenner 10^n anzugeben, von dem die gesuchte Irrationalzahl um weniger als $1/(2 \cdot 10^n)$ verschieden ist. Diese weitergehende Forderung zu erfüllen, dazu ist man schon in diesem einfachsten Falle des Rechnens mit irrationalen Zahlen nicht immer im stande. Wenn nämlich $\alpha + \beta$ gerade in der Mitte zwischen zwei solchen Brüchen liegt, läßt die bloße Rechnung, wie weit sie auch getrieben werden mag, immer im Zweifel darüber, ob jene Summe näher an dem einen oder an dem anderen dieser Brüche liegt; und wenn $\alpha + \beta$ einer solchen Zahl zwar nicht genau gleich ist, ihr aber doch sehr nahe kommt, kann diese Entscheidung zwar immer herbeigeführt werden, wenn man nur die Genauigkeit der Berechnung von α und β hinlänglich weit treibt, aber es kann dazu erforderlich sein, diese Genauigkeit sehr weit zu treiben, und man kann auch gar nicht vor Durchführung der Rechnung wissen, wie weit man sie zu treiben hat.

Trotz dieser Schwierigkeiten werden wir die definierte Addition zweier Irrationalzahlen als *eindeutig bestimmt* und als *stets ausführbar* ansehen dürfen. Daß sie *commutativ* ist, folgt daraus, daß jedes $a + b$ zugleich ein $b + a$ ist; ebenso folgt die *Associativität* daraus, daß jedes $(a + b) + c$ zugleich ein $a + (b + c)$ ist und umgekehrt. Dagegen bedarf der Beweis der *Monotonie* dieser Addition einiger Vorbereitung.

Zunächst bemerke man: wenn zwei Irrationalzahlen $\alpha = a \mid A$ und $\beta = b \mid B > \alpha$ gegeben sind, so kann es nicht bloß eine Rationalzahl zwischen α und β geben, da diese dann die größte unter den b wäre, gegen die Voraussetzung. Seien $A_1 = b_1$ und $A_2 = b_2$ zwei solche Zahlen, ihre Differenz $b_2 - b_1 = \varepsilon$.

Sollen dann $\alpha + \gamma$ und $\beta + \gamma$ miteinander verglichen werden, so berechne man zunächst γ mit einer Genauigkeit von ε, d. h. man bestimme ein c_1 und ein C_1 so, daß $C_1 - c_1 < \varepsilon$ wird. Dann ist $(c_1 + b_2) - (C_1 + A_1) = (b_2 - b_1) - (C_1 - c_1)$ positiv; es giebt also Zahlen, die zugleich $> \alpha + \gamma$ und $< \beta + \gamma$ sind, m. a. W. es ist $\beta + \gamma > \alpha + \gamma$, w. z. b. w. (Der Fall, daß γ rational ist, bietet keine Schwierigkeit; es ist dann z. B. $A_1 + \gamma$ eine Zahl, die $> \alpha + \gamma$ und $< \beta + \gamma$ ist.)

Alle fundamentalen Gesetze der Addition rationaler Zahlen gelten also auch für die irrationalen; daraus ergiebt sich durch eine schon wiederholt angewandte Schlußweise, daß auch alle abgeleiteten Gesetze der Addition bestehen bleiben. Dasselbe gilt für die Gesetze der Subtraktion, wenn wir wie früher die *Subtraktion als Umkehrung der Addition* definieren. Besondere Erwähnung mögen von diesen nur die beiden folgenden finden:

$$\alpha + 0 = \alpha,$$

denn jedes $a + 0 = a$.

Die Summe zweier entgegengesetzter Zahlen ist 0.

Denn zu $\alpha = a \mid A$ ist $\beta = -A \mid -a$ entgegengesetzt. Jedes $a + b$ ist daher in diesem Falle ein $a - A$, also negativ; folglich kann $\alpha + \beta$ nicht positiv sein. Jedes $A + B$ ist ein $A - a$, also positiv; folglich kann $\alpha + \beta$ nicht negativ sein. Also muß es 0 sein, w. z. b. w.

In ähnlicher Weise wie hier die Addition und Subtraktion der Irrationalzahlen könnten wir auch ihre Multiplikation und Division behandeln; wir ziehen es jedoch vor, die Definition dieser Operationen an eine andere Darstellung der Irrationalzahlen anzuknüpfen, die wir jetzt kennen lernen wollen.

§ 37. Darstellung einer Irrationalzahl durch eine konvergente Zahlenfolge; das allgemeine Konvergenzprinzip.

In § 34 haben wir aus der Definition einer Irrationalzahl durch einen Schnitt im Gebiete der rationalen Zahlen eine unbegrenzte Folge von Zahlen $c_0, c_1, c_2, \ldots c_n, c_{n+1}, \ldots$ abgeleitet, von folgender Eigenschaft: wenn wir in dieser Folge nur hinlänglich weit vorgegangen sind, weichen die noch folgenden Zahlen sowohl von der letzten berechneten Zahl der Folge, als auch von der zu berechnenden Irrationalzahl beliebig wenig ab. Wir wollen nun zeigen, daß dieser Satz sich umkehren läßt, daß durch jede solche Zahlenfolge ein Schnitt im Gebiete der rationalen Zahlen und damit eine rationale oder eine irrationale Zahl festgelegt ist. Zu diesem Zweck schicken wir die Definitionen voraus:

I. *Eine unendliche Zahlenfolge ist als gegeben anzusehen, wenn entweder ein independenter Ausdruck für das allgemeine Glied der Folge als Funktion seines Index gegeben ist, oder ein Rekursionsgesetz, vermöge dessen jedes Glied der Folge aus den vorhergehenden berechnet werden kann.*

II. *Eine Folge von* (rationalen oder irrationalen) *Zahlen* $c_0, c_1, c_2, \ldots$ *heißt konvergent, wenn man zu jeder gegebenen* (noch so kleinen[1]) *Zahl* ε *eine ganze Zahl* n *so bestimmen kann, daß*

1) $$| c_{n+p} - c_n | < \varepsilon$$

wird für jedes positive p.

Wenn das der Fall ist, wird auch

2) $$|c_{n+q} - c_{n+p}| = |(c_{n+q} - c_n) - (c_{n+p} - c_n)| \leqq |c_{n+q} - c_n| + |c_{n+p} - c_n| < 2\varepsilon$$

für jedes Paar von positiven Zahlen p, q.

III. *Wenn eine Folge von Zahlen zu einer bestimmten Zahl* α *in solcher Beziehung steht, daß man zu jeder gegebenen Zahl* ε *eine ganze Zahl* n *so bestimmen kann, daß*

3) $$| \alpha - c_{n+p} | < \varepsilon$$

wird für jedes positive p, *so sagt man: „die Folge der* c *konvergiert gegen den Grenzwert (Limes)* α*" und schreibt:*

$$\lim_{n=\infty} c_n = \alpha \quad (\text{auch wohl } \mathop{\mathrm{L}}_{n=\infty} c_n = \alpha).$$

Damit können wir den zu beweisenden Satz folgendermaßen aussprechen:

[1] Man beachte, daß die Worte „noch so kleinen", die hier beigefügt zu werden pflegen, sachlich entbehrlich sind und nur rhetorische Bedeutung haben.

IV. Jede Zahlenfolge, die überhaupt konvergent ist, konvergiert gegen einen ganz bestimmten Grenzwert.

Man nennt diesen Satz wohl *das allgemeine Konvergenzprinzip.*

Um ihn zu beweisen, definieren wir eine Zerlegung der rationalen Zahlen in zwei Klassen a, A folgendermaßen: Zu der ersten Klasse rechnen wir alle Zahlen a von der Beschaffenheit, daß sich eine ganze Zahl n angeben läßt, von der an alle $c_{n+p} > a$ sind; zu der zweiten Klasse rechnen wir alle Zahlen A von der Beschaffenheit, daß sich eine ganze Zahl n angeben läßt, von der an alle $c_{n+p} < A$ sind. Dann ist jedes A größer als jedes a. Es kann ferner auch nicht zwei rationale Zahlen α_1 und $\alpha_2 > \alpha_1$ geben, die zu keiner der beiden Klassen gehören. Denn das würde verlangen, daß man zu jedem n noch ein positives p bestimmen könnte, so daß

$$c_{n+p} < \alpha_1$$

wäre (weil α_1 nicht zu den a gehören sollte) und ein positives q so, daß

$$c_{n+q} > \alpha_2$$

wäre (weil α_2 nicht zu den A gehören sollte). Dann hätte man also zu jedem n noch ein c_{n+p} und ein c_{n+q}, für die

$$c_{n+q} - c_{n+p} > \alpha_2 - \alpha_1$$

wäre, gegen die vorausgesetzte Möglichkeit, n so zu bestimmen, daß die Ungleichung (2) für *alle* positiven p und q besteht.

Es sind also nur zwei Fälle möglich: entweder es giebt eine und nur eine rationale Zahl α, die weder zu den a noch zu den A gehört; oder es giebt keine solche Zahl. Im letzteren Falle hat die Zerlegung der rationalen Zahlen in die a und die A die in § 33 geforderten Eigenschaften und definiert also eine irrationale Zahl α. In beiden Fällen sind die a diejenigen rationalen Zahlen, die $< \alpha$ sind, die A diejenigen, die $> \alpha$ sind.

Um nun zu beweisen, daß die c_n gegen die so definierte Zahl konvergieren, bezeichnen wir mit ε eine beliebige positive Zahl. Dann ist $\alpha - \varepsilon$ ein a, es giebt also einen Index k, von dem an alle $c_{k+p} > \alpha - \varepsilon$ sind. Ferner ist $\alpha + \varepsilon$ ein A, es giebt also einen Index l, von dem an alle $c_{l+p} > \alpha + \varepsilon$ sind. Ist dann n die größere der beiden Zahlen k und l, so bestehen für jedes positive q die beiden Ungleichungen:

$$c_{n+q} > \alpha - \varepsilon \quad \text{oder} \quad \alpha - c_{n+q} < \varepsilon,$$
$$c_{n+q} < \alpha + \varepsilon \quad \text{,,} \quad c_{n+q} - \alpha < \varepsilon,$$

die wir in die eine:

$$| \alpha - c_{n+q} | < \varepsilon$$

zusammenziehen dürfen; w. z. b. w.

G. CANTOR hat den Satz dieses Paragraphen als *Definition* an die Spitze ihrer Theorie der Irrationalzahlen gestellt; der von uns zur Definition benutzte Satz von § 33 ergiebt sich dann aus ihm als Lehrsatz.

§ 38. Beispiele.

I. Sind die Zahlen c_n alle einem und demselben Wert c gleich, so bilden sie eine konvergente Zahlenfolge und ihr Grenzwert ist c. Denn dann sind die Ungleichungen (1) und (3) von § 37 für jeden Wert von n erfüllt.

II. Die Zahlenfolge:

$$c_0 = 0, \quad c_1 = 0{,}3, \quad c_2 = 0{,}33, \quad c_3 = 0{,}333, \quad c_4 = 0{,}3333, \quad \ldots$$

ist konvergent; denn die Differenz zwischen c_n und irgend einer späteren Zahl der Folge ist absolut kleiner als eine Einheit der n^{ten} Stelle nach dem Dezimalkomma, kann also unter jede Grenze herabgedrückt werden, wenn man nur n hinlänglich groß nimmt. Nach dem allgemeinen Konvergenzprinzip muß diese Folge daher gegen einen ganz bestimmten Grenzwert konvergieren; und zwar ist im vorliegenden Fall leicht einzusehen, daß dieser Grenzwert gleich der rationalen Zahl 1/3 ist. Denn es ist:

$$\tfrac{1}{3} - c_0 = \tfrac{1}{3}, \quad \tfrac{1}{3} - c_1 = \tfrac{1}{30}, \quad \tfrac{1}{3} - c_2 = \tfrac{1}{300}, \quad \ldots \quad \tfrac{1}{3} - c_n = 1/(3\cdot 10^n);$$

ist also eine Genauigkeitsgrenze ε vorgelegt und wird n so groß genommen, daß $1/(3\cdot 10^n) < \varepsilon$ ist, so ist auch die Differenz $\frac{1}{3} - c_{n+p}$ für alle positiven p absolut kleiner als ε; und daß es möglich ist, das für jedes ε zu erreichen, das ist eben der Inhalt der Behauptung, die Folge (1) konvergiere gegen $\frac{1}{3}$.

In derselben Weise ist jeder unendliche Dezimalbruch als Darstellung einer konvergenten Zahlenfolge von spezieller Art aufzufassen.

III. In dem eben betrachteten Beispiel waren die c_n durch ein independentes Gesetz gegeben; ein Beispiel, in dem zunächst nur eine Rekursionsformel vorliegt, ist das folgende: es sei

$$c_0 = 0, \; c_1 = 1 \text{ und allgemein } c_{n+1} = \tfrac{1}{2}(c_n + c_{n-1}),$$

d. h. jede Zahl der Folge das arithmetische Mittel aus den beiden unmittelbar vorhergehenden. Es wird dann:

$$c_2 = 0{,}5 \qquad c_3 = 0{,}75$$
$$c_4 = 0{,}625 \qquad c_5 = 0{,}6875$$
$$c_6 = 0{,}6562 \qquad c_7 = 0{,}6718$$
$$c_8 = 0{,}6640 \qquad c_9 = 0{,}6679$$
$$c_{10} = 0{,}6659 \qquad c_{11} = 0{,}6669$$

(Wenn man, wie hier geschehen, mit Dezimalbrüchen rechnet und dabei mit einer bestimmten Stelle — hier der vierten — abbricht, so muß man sich überlegen, welchen Einfluß die dadurch eingeführten Vernachlässigungen auf das Endresultat haben. Im vorliegenden Fall tritt bei der Berechnung von c_{n+1} ungünstigenfalls ein Fehler auf, der sich zusammensetzt aus der Hälfte des Fehlers von c_n, der Hälfte des Fehlers von c_{n-1} und dem durch das Abbrechen der Division mit 2 hervorgebrachten Fehler, der eine halbe Einheit der letzten Stelle betragen kann. Verfolgt man das Schritt für Schritt, so findet man, daß hier c_{11} um mehr als 2 Einheiten der letzten Stelle unsicher ist. Wollte man es auf $\frac{1}{10000}$ genau haben, so müßte man die Rechnung mit einer Dezimalstelle mehr durchführen.)

Daß diese Zahlenfolge konvergent ist, kann man folgendermaßen einsehen: Es ist $c_1 - c_0 = 1$, $c_1 - c_2 = \frac{1}{2}$, $c_3 - c_2 = \frac{1}{4}$, ..., allgemein

1) $$c_{n+1} - c_n = \tfrac{1}{2}(c_{n-1} - c_n);$$

hieraus ergiebt sich durch den Schluß von n auf $n+1$, daß allgemein

2) $$c_{n+1} - c_n = (-\tfrac{1}{2})^n$$

ist. Ferner liegt c_{n+1} zwischen c_n und c_{n-1}, und c_n zwischen c_{n-1} und c_{n-2}; also liegt auch c_{n+1} zwischen c_{n-1} und c_{n-2} u. s. w.; m. a. W. zwischen irgend zwei aufeinander folgenden Gliedern der Folge sind alle späteren eingeschlossen. Es ist also:

3) $$|\, c_{n+p} - c_n \,| \leqq (\tfrac{1}{2})^n \text{ für } p = 1, 2, 3, \ldots$$

Ist dann irgend eine Zahl ε gegeben, so kann man die ganze Zahl n immer so bestimmen, daß $(\frac{1}{2})^n < \varepsilon$ wird; dann wird:

$$|\, c_{n+p} - c_n \,| < \varepsilon .$$

Damit ist gezeigt, daß die Folge konvergent ist; sie muß also gegen einen ganz bestimmten Grenzwert konvergieren.

Daß dieser Grenzwert gleich der rationalen Zahl $\frac{2}{3}$ ist, ergiebt sich wie folgt: Es ist:

$$\tfrac{2}{3} - c_0 = \tfrac{2}{3}, \qquad \tfrac{2}{3} - c_1 = -\tfrac{1}{3},$$
$$\tfrac{2}{3} - c_2 = \tfrac{1}{6}, \qquad \tfrac{2}{3} - c_3 = -\tfrac{1}{12},$$
$$\tfrac{2}{3} - c_4 = \tfrac{1}{24}, \qquad \tfrac{2}{3} - c_5 = -\tfrac{1}{48};$$

man kommt zur Vermutung, es sei:

4) $$\tfrac{2}{3} - c_n = (-1)^n/(3\cdot 2^{n-1}),$$

und kann diese Vermutung durch den Schluß von n auf $n+1$ mit Hülfe der nachstehenden Rechnung bestätigen:

$$\tfrac{2}{3} - c_{n-1} = \frac{(-1)^{n-1}}{3\cdot 2^{n-2}}$$

$$c_{n-1} + c_n = 2\,c_{n+1}$$

$$\tfrac{4}{3} - 2\,c_{n+1} = \frac{(-1)^{n-1}}{3\cdot 2^{n-2}}\left(-\tfrac{1}{2}+1\right) = \frac{(-1)^{n+1}}{3\cdot 2^{n-1}}.$$

Da der rechts stehende Bruch durch passende Wahl von n so klein gemacht werden kann, als verlangt wird, so folgt:

5) $$\lim_{n=\infty} c_n = \tfrac{2}{3},$$

w. z. b. w.

IV. Verwandt mit diesem Beispiel ist das folgende: es sei wieder $c_0 = 0$, $c_1 = 1$; jede weitere Zahl der Folge werde aus den beiden ihr unmittelbar vorangehenden nach folgender Regel gerechnet: Sei, auf kleinsten Nenner gebracht,

6) $$c_n = \frac{Z_n}{N_n};$$

dann soll

7) $$c_{n+1} = \frac{Z_{n-1} + Z_n}{N_{n-1} + N_n}$$

gesetzt werden. Also:

$$c_0 = \tfrac{0}{1},\quad c_1 = \tfrac{1}{1},\quad c_2 = \tfrac{1}{2},\quad c_3 = \tfrac{2}{3}\quad c_4 = \tfrac{3}{5},$$
$$c_5 = \tfrac{5}{8},\quad c_6 = \tfrac{8}{13},\quad c_7 = \tfrac{13}{21},\quad c_8 = \tfrac{21}{34},\quad c_9 = \tfrac{34}{55},$$
$$c_{10} = \tfrac{55}{89},\quad \ldots$$

Es ist dann:

8) $$c_{n+1} - c_n = \frac{Z_{n-1} + Z_n}{N_{n-1} + N_n} - \frac{Z_n}{N_n} = \frac{Z_{n-1}N_n - N_{n-1}Z_n}{N_n\cdot N_{n+1}} = \frac{N_{n-1}}{N_{n+1}}\left(\frac{Z_{n-1}}{N_{n-1}} - \frac{Z_n}{N_n}\right)$$
$$= \frac{N_{n-1}}{N_{n+1}}\left(c_{n-1} - c_n\right).$$

Aber $c_1 - c_0 = 1$, $c_2 - c_1 = -\frac{1}{2}$, $c_3 - c_2 = +\frac{1}{6}$, $c_4 - c_3 = -\frac{1}{15}$, $c_5 - c_4 = +\frac{1}{40}$, ...; wir werden zu der Vermutung geführt, es sei allgemein:

9) $$c_{n+1} - c_n = \frac{(-1)^n}{N_n\,N_{n+1}}$$

und können diese Vermutung durch den Schluß von n auf $n+1$

mit Hilfe der Formel (8) leicht bestätigen. Nun ist jedenfalls $N_n \geqq n$, also:

$$10)\qquad | c_{n+1} - c_n | \leqq \frac{1}{n^2}.$$

Die Formel (8) zeigt ferner, daß die beiden Differenzen $c_{n+1} - c_n$ und $c_n - c_{n-1}$ entgegengesetzte Zeichen haben; und eine einfache Rechnung zeigt, daß die Differenz $c_{n+1} - c_{n-1}$ dasselbe Zeichen hat wie $c_n - c_{n-1}$. (Es ist nämlich:

$$11)\qquad \begin{aligned} c_{n+1} - c_{n-1} &= \frac{Z_{n-1} + Z_n}{N_{n-1} + N_n} - \frac{Z_{n-1}}{N_{n-1}} = \frac{Z_n N_{n-1} - Z_{n-1} N_n}{N_{n+1}\, N_{n-1}} = \frac{N_n}{N_{n+1}}\left(\frac{Z_n}{N_n} - \frac{Z_{n-1}}{N_{n-1}}\right) \\ &= \frac{N_n}{N_{n+1}}(c_n - c_{n-1}) \end{aligned}$$

und der Factor N_n / N_{n+1} ist positiv). Daraus folgt, daß c_{n+1} zwischen c_{n-1} und c_n liegt, und daraus weiter, wie im vorigen Beispiel, daß zwischen irgend zwei aufeinander folgenden Gliedern der Folge alle späteren eingeschlossen sind. Damit ergiebt sich, ebenfalls wie im vorigen Beispiel, daß die Folge konvergent ist, und daß sie gegen einen bestimmten Grenzwert konvergiert. Dieser Grenzwert ist aber diesmal eine irrationale Zahl, wie allerdings hier noch nicht bewiesen werden kann. Soll sie auf drei Dezimalstellen genau berechnet werden, so brauchen wir nach der oben vorgenommenen Abschätzung höchstens bis c_{32} zu gehen; thatsächlich ist das nicht einmal erforderlich, denn man hat:

$$\begin{aligned} c_1 &= 1, & c_2 &= 0{,}5, \\ c_3 &= 0{,}667, & c_4 &= 0{,}6, \\ c_5 &= 0{,}625, & c_6 &= 0{,}6153, \\ c_7 &= 0{,}6196, & c_8 &= 0{,}6176, \\ c_9 &= 0{,}6182, & c_{10} &= 0{,}6179. \end{aligned}$$

Es ist also auf drei Dezimalstellen genau:

$$12)\qquad \lim_{n=\infty} c_n = 0{,}618.$$

(In Fällen, wie der hier vorliegende, in denen die Näherungswerte abwechselnd kleiner und größer sind, als der Grenzwert, zeigt die Rechnung selbst, wie weit man gehen muß, um eine vorgeschriebene Genauigkeit zu erreichen. Dabei ist es der Sicherheit halber zweckmäßig, so wie hier geschehen, die kleineren Näherungswerte nach unten, die größeren nach oben abzurunden.)

§ 39. Rechnen mit Grenzwerten.

Die Darstellung einer irrationalen Zahl (oder auch einer rationalen) als Grenzwert einer konvergenten Zahlenfolge ist häufig das bequemste Mittel, um eine solche Zahl in die Rechnung einzuführen. Einige Sätze, von denen man dabei Gebrauch zu machen hat, mögen zunächst angeführt werden.

I. *Sind zwei Zahlen als Grenzwerte konvergenter Zahlenfolgen gegeben:*

1) $$\alpha = \lim_{n=\infty} a_n \qquad \beta = \lim_{n=\infty} b_n,$$

so kann man zu jeder Genauigkeitsgrenze ε *einen Wert des Index* n *so bestimmen, daß die Ungleichungen:*

2) $$| a_{n+p} - \alpha | < \varepsilon \qquad | b_{n+p} - \beta | < \varepsilon$$

für jeden positiven Wert von p *bestehen.*

Man kann nämlich dann wegen der in den Gleichungen (1) liegenden Voraussetzung eine Zahl k so bestimmen, daß:

3) $$| a_{k+r} - \alpha | < \varepsilon$$

wird für alle positiven r, und eine Zahl l so, daß:

4) $$| a_{l+s} - \alpha | < \varepsilon$$

wird für alle positiven s. Sind dann k und l einander gleich, so erfüllt ihr gemeinsamer Wert, für n genommen, die Ungleichungen (2); ist aber z. B. $k > l$, so nehme man $n = k$. Dann sind alle Zahlen der Form $n + p$ zugleich in jeder der beiden Formen $k + r$, $l + s$ (p, r, s positiv) enthalten; die Ungleichungen (2) gelten also dann, sobald die Ungleichungen (3) und (4) gelten.

Der Satz läßt sich durch wiederholte Anwendung auf jede *endliche* Anzahl von Grenzwerten übertragen; dagegen braucht er nicht zu gelten, wenn man mit einer unendlichen Anzahl von Grenzwerten zu thun hat. Unter einer unendlichen Anzahl von Zahlen k, l, ... braucht nämlich keine größte vorhanden zu sein.

II. *Sind zwei Zahlen als Grenzwerte konvergenter Zahlenfolgen gegeben und ist* $\alpha > \beta$, *so kann man stets einen solchen Wert des Index* n *angeben, daß jedes* a_{n+p} *größer ist als jedes* b_{n+q} *für alle positiven Werte von* p *und* q.

Denn sei $\alpha - \beta = \varepsilon$, so bestimme man, was nach Satz I möglich ist, n so, daß die Ungleichungen:

5) $$| a_{n+p} - \alpha | < \frac{\varepsilon}{2} \qquad | b_{n+q} - \beta | < \frac{\varepsilon}{2}$$

für alle positiven Werte von p und q bestehen. Aus diesen beiden Ungleichungen und aus der Gleichung $\alpha - \beta = \varepsilon$ folgt aber die zu beweisende Ungleichung.

(Nimmt man in den Ungleichungen (5) anstatt $\varepsilon/2$ die Zahl $\varepsilon/3$, so sieht man, daß man den Index n sogar so groß nehmen kann, daß die Differenzen $a_{n+p} - b_{n+q}$ größer als $\varepsilon/3$ bleiben.)

Aus diesem Satze folgt weiter:

III. *Ist* (wenigstens von einem bestimmten Wert des Index an) *stets* $a_n < b_n$, *und existieren die beiden Grenzwerte (1), so ist:*

$$\alpha \leqq \beta, \tag{6}$$

m. a. W. eine Ungleichung kann in der Grenze zwar in eine Gleichung, aber nicht in die entgegengesetzte Ungleichung übergehen.

IV. *Ist* (wenigstens von einem bestimmten Wert des Index n an)

$$a_n < c_n < b_n,$$

dagegen:

$$\lim_{n=\infty} a_n = \lim_{n=\infty} b_n,$$

so existiert auch der Grenzwert $\lim\limits_{n=\infty} c_n$ *und ist den beiden anderen gleich.* Ist nämlich n nach Satz I so bestimmt, daß die Ungleichungen (2) bestehen, m. a. W. daß jede der Zahlen a_{n+p}, b_{n+p} um weniger als ε von $\alpha = \beta$ entfernt ist, so folgt, daß auch c_{n+p}, das nach Voraussetzung zwischen a_{n+p} und b_{n+p} liegt, von α um weniger als ε entfernt ist; und da das für jeden positiven Wert von p gilt, so ergiebt sich die Richtigkeit der Behauptung.

Ausdrücklich sei darauf aufmerksam gemacht, daß in Satz III die Existenz der beiden Grenzwerte vorausgesetzt, in Satz IV dagegen zwar die der Grenzwerte α und β auch vorausgesetzt, die von $\lim\limits_{n=\infty} c_n$ aber bewiesen wird.

V. *Der Grenzwert einer Summe ist gleich der Summe der Grenzwerte der einzelnen Summanden*; m. a. W. ist $\lim\limits_{n=\infty} a_n = \alpha$, $\lim\limits_{n=\infty} b_n = \beta$, so bilden auch die Zahlen $(a_n + b_n)$ eine konvergente Zahlenfolge, und es ist:

$$\lim_{n=\infty} (a_n + b_n) = \alpha + \beta.$$

Denn n. V. kann man n zu jedem gegebenen ε so bestimmen, daß:

$$| a_{n+p} - \alpha | < \frac{\varepsilon}{2}, \qquad | b_{n+p} - \beta | < \frac{\varepsilon}{2},$$

also:

$$| (a_{n+p} + b_{n+p}) - (\alpha + \beta) | < \varepsilon$$

wird für jedes positive p.

VI. *Der entsprechende Satz für den Grenzwert einer Differenz* wird ebenso bewiesen.

Bemerkt sei noch, daß jeder der beiden letzten Sätze *zwei Behauptungen* enthält: einmal die Behauptung, daß unter den getroffenen Annahmen der Grenzwert der Summe, bezw. Differenz, überhaupt *existiert,* d.h. daß die $(a_n + b_n)$, bezw. die $(a_n - b_n)$, eine konvergente Zahlenfolge bilden; dann die Behauptung, daß dieser Grenzwert den *angegebenen Wert* hat.

§ 40. Aufsteigende Zahlenfolgen.

Für viele Untersuchungen ist der Satz fundamental:

Eine unendliche Zahlenfolge ist stets konvergent, wenn ihre Glieder fortwährend wachsen, ohne doch ins Unendliche zu wachsen.

Oder vollständiger ausgedrückt:

Wenn von unendlich vielen Zahlen $c_0, c_1, c_2, \ldots$ jede größer als die vorhergehende ist, wenn aber eine Zahl M existiert, die jedes der c_n übertrifft, dann bilden die c_p eine konvergente Zahlenfolge.

Wir können nämlich dann die Gesamtheit der rationalen Zahlen folgendermaßen in zwei Klassen, a, A, teilen: wir rechnen eine Zahl zu den a, wenn sie von einem der c_n (und also auch von allen folgenden) übertroffen wird, dagegen zu den A, wenn sie die sämtlichen c_n übertrifft. Da es ein drittes nicht giebt, muß jede rationale Zahl zu der einen oder der anderen dieser beiden Klassen gehören; freilich besitzen wir kein Mittel, um von jeder vorgelegten Zahl mit Sicherheit zu entscheiden, ob sie zu der einen oder zu der anderen Klasse gehört. Finden wir nach einigen Versuchen ein c_n, das größer ist, als die vorgelegte Zahl, so gehört diese zu den a; finden wir aber unter den ersten c_n keines, das größer als die vorgelegte Zahl wäre, so können wir nicht wissen, ob nicht etwa unter den noch folgenden c_n ein solches ist. Um die Entscheidung definitiv herbeizuführen, müßten wir die sämtlichen c_n durchprobieren, d. h. unendlich viele Rechnungen anstellen, was doch nicht ausführbar ist. Trotzdem dürfen wir die angegebene Zerlegung als wenigstens in der Idee vollständig bestimmt ansehen.

Unter den a ist keine größte. Denn wird eine Zahl a_1 von einem der c, etwa c_n, übertroffen, so liegen zwischen a_1 und c_n immer noch andere rationale Zahlen, die auch von c_n übertroffen werden, folglich auch zu den a gehören. Dagegen kann unter den A eine kleinste sein. Ist es der Fall, so nennen wir sie α. Ist aber unter den A keine kleinste, so definiert der Schnitt $a \mid A$ nach § 33 eine irrationale Zahl; dann nennen wir diese α.

In beiden Fällen ist:

1) $$\lim_{n=\infty} c_n = \alpha .$$

Denn jede Zahl $\alpha - \varepsilon$, die kleiner als α ist, gehört zu den a; es giebt also ein c_n. das größer als $\alpha - \varepsilon$ ist. Dann ist aber auch:

2) $$c_{n+p} > \alpha - \varepsilon \quad \text{für} \quad p = 1, 2, 3 \ldots$$

Andererseits kann α auch im zweiten Fall von keinem der c_n übertroffen werden; denn wäre $c_n > \alpha$, so gäbe es zwischen α und c_n noch rationale Zahlen, die auch kleiner als c_n wären, gegen die Voraussetzung, daß jede rationale Zahl, die $> \alpha$ ist, zu den A gehört. Also ist:

3) $$c_{n+p} < \alpha .$$

Die Ungleichungen (2) und (3) zusammen geben:

$$| c_{n+p} - \alpha | < \varepsilon ,$$

w. z. b. w.

Man kann den Beweis der Existenz einer solchen Zahl α, statt ihn direkt an die Definition von § 33 anzuknüpfen, auch durch einen indirekten Schluß auf den Satz von § 37 stützen. Angenommen nämlich, es wäre nicht möglich, zu einer gegebenen Zahl ε den Index n so zu bestimmen, daß $| c_{n+p} - c_n | < \varepsilon$ wäre für alle positiven p, so müßte es eine unendliche Folge von wachsenden Indices $n_1, n_2, \ldots$ geben, von der Art, daß:

$$\begin{array}{l} c_{n_1} - c_n > \varepsilon \\ c_{n_2} - c_{n_1} > \varepsilon \\ \cdot\ \cdot\ \cdot\ \cdot\ \cdot\ \cdot\ \cdot \\ c_{n_{k+1}} - c_{n_k} > \varepsilon \\ \cdot\ \cdot\ \cdot\ \cdot\ \cdot\ \cdot\ \cdot \end{array}$$

wäre. (Man beachte, daß die links stehenden Differenzen alle positiv sind, so daß das Zeichen des absoluten Betrages hier weggelassen werden konnte.) Die c sollten aber mit wachsendem Index wachsen; also würde aus diesen Ungleichungen folgen, daß:

$$c_{n_{k+1}} - c_{n_1} > k\varepsilon$$

wäre, d. h. daß man zu jedem Wert der ganzen Zahl k ein $c_{n_{k+1}}$ bestimmen könnte, das dieser Ungleichung genügt. Das wäre aber gegen die Voraussetzung, daß die c alle kleiner als eine gewisse Zahl M sein sollten. Also stoßen wir auf einen Widerspruch.

Auch diese Schlußweise giebt nicht die Möglichkeit, die Zahl α wirklich zu bestimmen. Man hat also hier einen bemerkenswerten

Unterschied: wenn es gelingt, die Existenz einer Irrationalzahl mit bestimmten Eigenschaften ohne Benutzung des Satzes dieses Paragraphen, direkt auf Grund der Sätze von § 33 oder § 37 nachzuweisen, so hat man damit zugleich auch ein Mittel, um sie mit jeder verlangten Genauigkeit zu berechnen; macht man aber von dem Satze dieses Paragraphen (direkt oder indirekt) Gebrauch, so ist man zwar auch sicher, daß man jede verlangte Genauigkeit schließlich erreichen kann, wenn man die Rechnung nur weit genug treibt; aber man kann durch diesen Satz allein nicht entscheiden, ob man sie bei einem gewissen Schritte wirklich erreicht hat, und noch weniger vor Beginn der Rechnung wissen, wie weit zu gehen erforderlich sein wird. Daher haben einzelne Mathematiker, namentlich Kronecker, den Gebrauch dieser Schlußweise perhorresciert; sie giebt aber häufig den bequemsten Weg zur Einführung einer Irrationalzahl, zu deren wirklicher Berechnung man dann nachträglich noch andere Hilfsmittel herbeiziehen kann, wie wir später an Beispielen sehen werden. Weierstrass hat umgekehrt die Irrationalzahlen durch solche aufsteigende Zahlenfolgen definiert.

Ebenso wie aufsteigende kann man auch absteigende Zahlenfolgen behandeln. Hat man gleichzeitig eine aufsteigende und eine absteigende Folge, die gegen denselben Grenzwert konvergieren, so hat man damit allein zwar auch noch kein Mittel, um vor Beginn der Rechnung festzustellen, wie weit man in der Berechnung der Glieder der beiden Folgen gehen muß, um den Grenzwert mit vorgeschriebener Genauigkeit zu erhalten; aber man ist wenigstens, wenn man beide Folgen benutzt, während der Rechnung fortwährend darüber orientiert, wie groß die erreichte Genauigkeit in jedem Augenblicke ist.

§ 41. Multiplikation der Irrationalzahlen.

In § 39 haben wir den Satz kennen gelernt, daß der Grenzwert einer Summe gleich der Summe der Grenzwerte der einzelnen Summanden ist. Einen entsprechenden Satz für den Grenzwert eines Produktes können wir hier zunächst nur unter der Einschränkung beweisen, daß die Grenzwerte der einzelnen Faktoren rationale Zahlen sind; denn das Produkt zweier irrationalen Zahlen haben wir bis jetzt noch nicht definiert. Sei also:

1) $$\lim_{n=\infty} a_n = \alpha, \qquad \lim_{n=\infty} b_n = \beta$$

und α, β seien rationale Zahlen. Setzen wir dann:

2) $$a_n = \alpha(1 + \delta_n), \qquad b_n = \beta(1 + \varepsilon_n),$$

so können wir zu jeder gegebenen Zahl ε den Index n so groß wählen, daß für jedes positive p:

3) $$|\delta_{n+p}| < \varepsilon, \qquad |\varepsilon_{n+p}| < \varepsilon$$

wird; denn wir brauchen ihn dazu nur so groß zu wählen, daß:

4) $$|a_{n+p} - \alpha| < \varepsilon\,|\alpha|, \qquad |b_{n+p} - \beta| < \varepsilon\,|\beta|$$

wird, was nach der Definition des Grenzwertes (§ 37, III) und nach dem Hülfssatz § 39, II stets möglich ist. Dann wird:

5) $$a_{n+p}\,b_{n+p} = \alpha\beta(1 + \delta_{n+p})(1 + \varepsilon_{n+p}),$$

also wird:

6) $$|a_{n+p}\,b_{n+p} - \alpha\beta| < |\alpha\beta|\,(2\varepsilon + \varepsilon^2) < \eta,$$

wenn ε zugleich < 1 und $< \frac{\eta}{3\,|\alpha\beta|}$ genommen wird. Da wir die hier mit η bezeichnete Genauigkeitsgrenze beliebig annehmen und dann ε so bestimmen können, daß die eben ausgesprochenen Bedingungen erfüllt sind, so sagt die Ungleichung (6) aus: die Folge der Zahlen $a_n b_n$ konvergiert und zwar gegen den Grenzwert $\alpha\beta$, w. z. b. w.

Sind aber die Zahlen α, β nicht beide rational, so können wir nicht so schließen, weil das Zeichen $\alpha\beta$ bis jetzt noch keine Bedeutung hat. Aber wir können uns durch einen ganz analogen Schluß wenigstens davon überzeugen, daß auch in diesem Falle die Zahlen $a_n b_n$ eine konvergente Folge bilden. Denn nach Voraussetzung können wir, wenn irgend eine Zahl η gegeben ist, zunächst ε wie vorhin bestimmen und dann n so groß wählen, daß für jedes positive p:

7) $$|a_{n+p} - a_n| < |a_n|\,\varepsilon, \qquad |b_{n+p} - b_n| < |b_n|\,\varepsilon$$

ist. Dann wird:

8) $$|a_{n+p}\,b_{n+p} - a_n b_n| < \eta,$$

w. z. b. w.

Den Grenzwert dieser Folge wollen wir nun als Produkt der beiden Zahlen α, β auch in dem Falle bezeichnen, wenn sie nicht beide rational sind.

Soll das zweckmäßig sein, so muß vor allem gezeigt werden, daß man zu demselben Grenzwert gelangt, wenn man eine der beiden gegebenen Folgen durch eine andere ersetzt, die gegen denselben Grenzwert konvergiert, wie die erstere. Sei also auch:

9) $$\lim_{n=\infty} c_n = \alpha.$$

Dann folgt aus (4) und der entsprechenden Ungleichung:

10) $$| c_{n+p} - \alpha | < \varepsilon | a |,$$

daß auch:

11) $$| a_{n+p} b_{n+p} - c_{n+p} b_{n+p} | < | \alpha\beta | \cdot 2\varepsilon,$$

also kleiner als η ist, wenn ε wie oben aus η bestimmt wird. Also kann $\lim\limits_{n=\infty} a_n b_n$ von $\lim\limits_{n=\infty} c_n b_n$ nicht verschieden sein.

Auf Grund dieser Definitionen und Sätze können wir nun die Multiplikation zweier Irrationalzahlen als *stets ausführbar* und als *eindeutig bestimmt* ansehen. Daß sie *commutativ* ist, ergiebt sich, wenn man die auftretenden Irrationalzahlen als Grenzwerte von Folgen rationaler Zahlen darstellt, wie folgt:

12) $$\lim_{n=\infty} a_n \cdot \lim_{n=\infty} b_n = \lim_{n=\infty} (a_n \cdot b_n) = \lim_{n=\infty} (b_n \cdot a_n) = \lim_{n=\infty} b_n \cdot \lim_{n=\infty} a_n.$$

Ebenso wird die fortdauernde Gültigkeit des *Associations*- und des *Distributionsgesetzes* bewiesen. Daß auch das *Monotoniegesetz* bestehen bleibt, ergiebt sich unter Benutzung des Zusatzes zu § 39, II. Ist nämlich $\lim\limits_{n=\infty} a_n = \alpha$, $\lim\limits_{n=\infty} b_n = \beta$, $\lim\limits_{n=\infty} c_n = \gamma$, und $\alpha - \beta = \varepsilon > 0$, so können wir nach diesem Hülfssatz n so bestimmen, daß jedes a_{n+p} um mehr als $\varepsilon/3$ größer ist als jedes b_{n+q}; wir können ferner n auch so groß wählen, daß alle c_{n+p} größer sind als $\gamma/3$. Dann ist $a_{n+p} c_{n+p} - b_{n+p} c_{n+p} > \varepsilon\gamma/9$; also folgt durch Übergang zur Grenze (§ 39, III) $\alpha\gamma - \beta\gamma \geqq \varepsilon\gamma/9 > 0$. Damit ist bewiesen:

Wenn $\alpha > \beta$ und $\gamma > 0$, ist auch $\alpha\gamma > \beta\gamma$.

Ebenso wird bewiesen:

Wenn $\alpha > \beta$ und $\gamma < 0$, ist $\alpha\gamma < \beta\gamma$.

Dagegen ist auch hier für $\gamma = 0$ stets $\alpha \cdot 0 = \beta \cdot 0$, was auch α und β sein mögen.

Aus dem Fortbestehen dieser Fundamentalgesetze der Multiplikation rationaler Zahlen für die Multiplikation irrationaler Zahlen folgt dann, wie in früheren analogen Fällen, daß auch die aus ihnen abgeleiteteten Sätze für die Multiplikation irrationaler Zahlen Gültigkeit behalten.

§ 42. Division irrationaler Zahlen.

Die Definition des Quotienten zweier (positiven) Irrationalzahlen kann direkt an den in § 33 eingeführten Begriff des Schnittes angeknüpft werden. Denn wenn ein Schnitt $\alpha = a \mid A$ im Gebiete der positiven rationalen Zahlen die vorausgesetzten Eigenschaften hat, so hat auch der Schnitt $1/A \mid 1/a$ dieselben Eigenschaften und kann zur Definition des reziproken Wertes von α dienen. Indessen bringt dabei die Notwendigkeit, negative Zahlen mit zu berücksichtigen, einige Umständlichkeiten mit sich; wir vermeiden diese, wenn wir die Definition des Quotienten zweier Irrationalzahlen nicht an § 33, sondern an § 37 anknüpfen.

Aus dem Monotoniegesetz der Multiplikation folgt, daß es jedenfalls nicht mehr als eine Zahl geben kann, die, mit einer gegebenen von Null verschiedenen irrationalen Zahl β multipliziert, eine andere gegebene rationale oder irrationale Zahl ergiebt. Um zu zeigen, daß es auch in jedem Fall wirklich eine solche Zahl giebt, beweisen wir erst den folgenden speziellen Fall dieses Satzes:

Wenn die rationalen Zahlen b_n alle von 0 verschieden sind und eine konvergente Zahlenfolge bilden, und wenn dabei auch der Grenzwert $\lim\limits_{n=\infty} b_n = \beta$ von 0 verschieden ist, so bilden auch die Zahlen $1/b_1$, $1/b_2$, ... eine konvergente Folge; und der Grenzwert $\lim\limits_{n=\infty}(1/b_n) = \gamma$ hat die Eigenschaft, daß $\beta\gamma = 1$ ist.

Wenn nämlich $\beta \neq 0$ ist, giebt es nach dem Zusatz zu § 39, II eine positive Zahl m von der Beschaffenheit, daß die b_n (wenigstens von einer bestimmten Stelle an) alle größer als m sind. Wählen wir dann n so groß, daß:

$$| b_{n+p} - b_n | < \varepsilon$$

bleibt, so bleibt:

$$\left| \frac{1}{b_{n+p}} - \frac{1}{b_n} \right| = \frac{| b_{n+p} - b_n |}{b_n \cdot b_{n+p}} < \frac{\varepsilon}{m^2},$$

also bilden die $1/b_n$ eine konvergente Folge. Dann ist nach § 41:

$$\beta \cdot \gamma = (\lim_{n=\infty} b_n) \cdot \left(\lim_{n=\infty} \frac{1}{b_n}\right) = \lim_{n=\infty}\left(b_n \cdot \frac{1}{b_n}\right) = 1,$$

w. z. b. w.

Wir nennen die so definierte Zahl $\beta = \lim (1/b_n)$ „*den reziproken Wert von β*“.

Mit Hülfe dieses speziellen Falles können wir nun aber auch leicht den allgemeinen erledigen. Soll nämlich eine Zahl δ bestimmt werden, die mit β multipliziert α ergiebt, so suchen wir den reziproken Wert γ von β; dann ist $\delta = \alpha\gamma$ die gesuchte Zahl, denn es ist $\alpha\gamma \cdot \beta = \alpha \cdot \gamma\beta = \alpha$. Damit ist gezeigt, daß im Gebiete der irrationalen Zahlen die Division *in jedem Fall ausführbar* ist, ausgenommen allein die Division durch Null. Auch ist sofort zu sehen, daß *der Quotient zweier Grenzwerte gleich dem Grenzwert des Quotienten*

ist, vorausgesetzt, daß der Nenner und seine Näherungswerte von Null verschieden sind; denn es ist unter dieser Voraussetzung:

$$\lim_{n=\infty}\left(\frac{a_n}{b_n}\right) = \lim_{n=\infty}\left(a_n \cdot \frac{1}{b_n}\right) = \lim_{n=\infty} a_n \cdot \lim_{n=\infty}\frac{1}{b_n} = \lim_{n=\infty} a_n \cdot \frac{1}{\lim\limits_{n=\infty} b_n} = \frac{\lim\limits_{n=\infty} a_n}{\lim\limits_{n=\infty} b_n}.$$

Die fortdauernde Gültigkeit der Divisionsregeln auch für das Rechnen mit irrationalen Zahlen ergiebt sich wie früher daraus, daß diese Regeln sämtlich nicht zu den fundamentalen, sondern zu den abgeleiteten Gesetzen gehören.

§ 43. Schlußbemerkungen über das Rechnen mit Grenzwerten und irrationalen Zahlen.

In den vorhergehenden Paragraphen haben wir der Reihe nach die Sätze erhalten:

1) $\lim\limits_{n=\infty} a_n + \lim\limits_{n=\infty} b_n = \lim\limits_{n=\infty}(a_n + b_n)$,

2) $\lim\limits_{n=\infty} a_n - \lim\limits_{n=\infty} b_n = \lim\limits_{n=\infty}(a_n - b_n)$,

4) $\lim\limits_{n=\infty} a_n \cdot \lim\limits_{n=\infty} b_n = \lim\limits_{n=\infty}(a_n \cdot b_n)$,

3) $\lim\limits_{n=\infty} a_n \,/\, \lim\limits_{n=\infty} b_n = \lim\limits_{n=\infty}(a_n \,/\, b_n)$, wenn $\lim\limits_{n=\infty} b_n \neq 0$ ist.

Jede dieser Gleichungen enthält, wie zum Teil bereits erwähnt, zwei Behauptungen; nämlich einmal die Behauptung, daß aus der Existenz der links stehenden Grenzwerte die Existenz der rechtsstehenden folgt, und dann die Behauptung, daß die beiden Seiten einander gleich sind. (Aus der Existenz des rechtsstehenden Grenzwertes würde die Existenz der linksstehenden nicht gefolgert werden können.)

Bei der hier durchgeführten Art der Behandlung haben die angeführten Sätze nicht alle denselben Charakter. Sind die auftretenden Grenzwerte rational, so sind sie allerdings alle vier als Lehrsätze anzusehen; sind sie aber irrational, so sind uns zwar der erste, zweite und vierte ebenfalls als Lehrsätze entgegen getreten, der dritte dagegen erschien als Definition des Produktes zweier Irrationalzahlen. Immerhin waren auch in diesem Fall zwei Behauptungen Lehrsätze, nämlich einmal die erste der vorhin genannten, und dann die Behauptung, daß der rechts auftretende Grenzwert unabhängig davon ist, welche Zahlenfolge man zur Approximation der links stehenden Irrationalzahlen benutzt. Würde man Wert darauf legen, diese vier Sätze alle als Definitionen oder alle als Lehrsätze zu erhalten, so würde sich das durch eine andere Anordnung der Sätze erreichen lassen, allerdings nur unter Verzichtleistung auf andere Vorteile der hier befolgten Darstellung.

Sehen wir übrigens noch einen Augenblick zu, auf welcher gemeinsamen Eigenschaft der vier arithmetischen Grundoperationen die Beweise dieser Sätze beruhen. Man erkennt, daß es die folgende ist: Man kann den einen oder den anderen Bestandteil einer Summe, einer Differenz, eines Produkts, eines Quotienten immer um so wenig ändern, daß die dadurch bewirkte Änderung der Summe u. s. w. so klein wird, als verlangt ist; und eine noch kleinere Änderung des betreffenden Bestandteils bringt dann eine noch kleinere Änderung im Resultate hervor. Wir werden auf diese Eigenschaft der arithmetischen Grundoperationen später noch zurückkommen müssen (§ 61).

Aus den genannten Sätzen ergeben sich durch wiederholte Anwendung derselben weitere, die sich auf Verbindungen von mehr als zwei Grenzwerten beziehen. Wir können sie alle in eine einzige Aussage zusammenfassen, wenn wir folgende Definition vorausschicken:

Unter einer rationalen Funktion beliebig vieler Variabler $a, b, c, \ldots, k$ verstehen wir eine Größe, die sich aus diesen Variabeln durch eine endliche Anzahl von Additionen, Subtraktionen, Multiplikationen und Divisionen zusammensetzen läßt.

Dann folgt nämlich:

Ist $R(a, b, \ldots, k)$ eine rationale Funktion der Variabeln $a, b, \ldots, k$, und ist:

$$\lim_{n=\infty} a_n = \alpha, \qquad \lim_{n=\infty} b_n = \beta, \qquad \ldots, \qquad \lim_{n=\infty} k_n = \varkappa,$$

so existiert der Grenzwert:

$$\lim_{n=\infty} R(a_n, b_n, \ldots, k_n)$$

und ist gleich:

$$R(\alpha, \beta, \ldots, \varkappa),$$

vorausgesetzt, daß keiner der auftretenden Nenner 0 ist oder 0 zur Grenze hat.

SIEBENTER ABSCHNITT.

Potenzen, Wurzeln, Logarithmen.

§ 44. Potenzen mit positiven ganzzahligen Exponenten.

Wenn wir den Begriff der Potenz auf negative, gebrochene oder irrationale Basen ausdehnen, dabei aber die Beschränkung auf positive ganzzahlige Exponenten zunächst noch beibehalten wollen, brauchen wir dazu kein neues Prinzip; es genügt, die Definition einer Potenz mit solchem Exponenten als ein Produkt von gleichen Faktoren mit den inzwischen entwickelten Definitionen der Produkte negativer, gebrochener, irrationaler Faktoren zu verbinden. Wir definieren demgemäß:

Unter der Potenz a^m verstehen wir, auch wenn a keine positive ganze Zahl ist, das Produkt von m gleichen Faktoren, deren jeder gleich a ist.

Aus dieser Definition und den Gesetzen der Multiplikation ergeben sich wie in § 8 die *unbeschränkte Ausführbarkeit* und *eindeutige Bestimmtheit* einer solchen Potenz, das Gesetz der *Association:*

1) $$(a^m)^n = a^{mn}$$

und die beiden *Distributionsgesetze:*

2) 3) $$(ab)^m = a^m b^m, \qquad a^{m+n} = a^m a^n,$$

sowie deren Umkehrungen:

4) 5) $$(a/b)^m = a^m/b^m, \qquad a^{m-n} = a^m/a^n.$$

Ferner seien die verschiedenen Fälle des *Monotoniegesetzes* hier ausdrücklich erwähnt, jedoch nur unter Berücksichtigung der absoluten Beträge: Aus

6) $$|a| > |b| \text{ folgt } |a^m| > |b^m|.$$

Aus:

7) $$m > n \text{ folgt } |a^m| > |a^n| \text{ für } |a| > 1,$$

dagegen:

8) $$|a^m| < |a^n| \text{ für } |a| < 1.$$

Aus diesen fundamentalen Sätzen ergeben sich dann wie früher die abgeleiteten; von ihnen seien außer dem Binomialtheorem (§ 8, 2) insbesondere noch die bereits § 21, 7 benutzte Gleichung:

9) $$\frac{a^m - b^m}{a - b} = a^{m-1} + a^{m-2}b + \ldots + ab^{m-2} + b^{m-1}$$

ausdrücklich erwähnt. Ferner brauchen wir für die Beweise späterer Sätze eine Anzahl Ungleichungen, aber ebenfalls *nur für positive Basen.* Aus (9) folgt nämlich für $m > 1$, sowohl wenn $a > b$, als auch wenn $a < b$ ist, die Doppelungleichung:

10) $$m(a-b)a^{m-1} > a^m - b^m > m(a-b)b^{m-1}.$$

Von ihr benutzen wir hier zunächst die erste Hälfte, indem wir sie in die Form umschreiben:

11) $$b^m > a^{m-1}\big(mb - (m-1)a\big).$$

Setzen wir in dieser $a = 1$, $b = 1 + \delta$, so erhalten wir:

12) $$(1+\delta)^m > 1 + m\delta \qquad (1 + \delta > 0),$$

setzen wir aber umgekehrt $a = 1 + \delta$, $b = 1$, und ersetzen m durch $m + 1$, so erhalten wir:

$$1 > (1+\delta)^m\big(m + 1 - m(1+\delta)\big),$$

also wenn $1 - m\delta$ positiv, d. h. $m\delta < 1$ ist:

13) $$(1+\delta)^m < \frac{1}{1-m\delta} \qquad (m\delta < 1).$$

Diese letztere Ungleichung gilt für $m + 1 > 1$, also auch für $m = 1$; dagegen geht (12) in diesem Falle in eine Gleichung über.

§ 45. Potenzen mit negativen ganzzahligen Exponenten.

Das Zeichen a^p hat, wenn p Null oder negativ ist, zunächst keine Bedeutung. Wir können ihm daher willkürlich eine solche beilegen (vgl. die Erörterungen zu Anfang von § 12), und zwar legt die Gleichung (5) von § 44 nahe, daß wir *unter a^0 den Wert 1 und unter a^{-m}, wenn m eine positive ganze Zahl ist, den Wert $1/a^m$ verstehen.*

Wir müssen zeigen, daß für die so definierten Potenzen die Gesetze der Potenzen mit positiven ganzzahligen Exponenten bestehen bleiben. Zu diesem Zweck bezeichnen wir (für den Augenblick) mit m, n positive ganze Zahlen, mit p, q ganze Zahlen, die nicht positiv zu sein brauchen, mit a, b beliebige rationale oder irrationale Zahlen. Dann ist:

$$a^{m+(-n)} = a^{m-n} = a^m/a^n = a^m\cdot 1/a^n = a^{m+n}\cdot a^{-n} \qquad (\text{für } m > n),$$

$$a^{m+(-n)} = a^{-(n-m)} = 1/a^{n-m} = a^m/a^n = a^m\cdot 1/a^n = a^m\cdot a^{-n} \quad (\text{für } m < n),$$

$$a^{m+(-m)} = a^0 = 1 = a^m/a^m = a^m\cdot 1/a^m = a^m\cdot a^{-m},$$

$$a^{-m+(-n)} = a^{-(m+n)} = 1/a^{m+n} = 1/(a^m a^n) = 1/a^m\cdot 1/a^n = a^{-m}\cdot a^{-n},$$

$$a^{p+0} = a^p = a^p\cdot 1 = a^p\cdot a^0;$$

also gilt die Gleichung:

1) $$a^{p+q} = a^p \cdot a^q$$

allgemein. Ferner ist:

$$(a^m)^{-n} = 1/(a^m)^n = 1/a^{mn} = a^{-mn} = a^{m\cdot(-n)},$$
$$(a^{-m})^n = (1/a^m)^n = 1/a^{mn} = a^{-mn} = a^{(-m)\cdot n},$$
$$(a^{-m})^{-n} = (1/a^m)^n = 1/(1/a^{mn}) = a^{mn} = a^{(-m)\cdot(-n)},$$
$$(a^0)^p = 1^p = 1 = a^{0\cdot p}, \qquad (a^p)^0 = 1 = a^{p\cdot 0};$$

also gilt auch die Gleichung:

2) $$(a^p)^q = a^{pq}$$

allgemein. Endlich ist:

$$a^{-m}b^{-m} = (1/a^m)(1/b^m) = 1/(a^m b^m) = 1/(ab)^m = (ab)^{-m},$$
$$a^0 b^0 = 1\cdot 1 = 1 = (ab)^0;$$

also gilt auch:

3) $$a^p b^p = (ab)^p.$$

Damit ist die fortdauernde Gültigkeit der drei fundamentalen Gesetze von § 44 auch für nicht positive Exponenten nachgewiesen; die Gültigkeit der abgeleiteten Gesetze ergiebt sich dann wie in analogen früheren Fällen.

Das Monotoniegesetz lautet für negative Exponenten:

4) Wenn: $|a| > |b|$, ist $a^0 = b^0$ und $|a^{-m}| < |b^{-m}|$.

Endlich an Stelle der Ungleichungen (12) und (13) von § 44 treten für negative Exponenten die folgenden, die sich aus ihnen durch Übergang zu den reziproken Werten ergeben:

5) $$(1+\delta)^{-m} > 1 - m\delta \qquad (\text{wenn } m\delta < 1),$$

6) $$(1+\delta)^{-m} > \frac{1}{1+m\delta} \qquad (\text{wenn } m\delta > -1).$$

Sie lassen sich mit den früheren in die eine Formulierung zusammenziehen:

7) $$(1+\delta)^p \geqq 1 + p\delta \qquad (p\delta > -1 \text{ oder } p > 0,\ \delta > -1),$$

8) $$(1+\delta)^p \leqq \frac{1}{1-p\delta} \qquad (p\delta < 1).$$

Dabei gilt das Gleichheitszeichen in (8) *nur* für $p\delta = 0$, in (7) nur für $p\delta = 0$ und für $p = 1$. Der Spezialfall:

9) $$\frac{1}{1+\delta} > 1 - \delta \qquad (\delta > -1)$$

sei besonders erwähnt.

§ 46. Wurzeln aus positiven Zahlen mit positiven ganzzahligen Wurzelexponenten.

Die Lösung der Aufgabe: zu einer gegebenen Zahl c und einem gegebenen Exponenten m eine Basis a so zu bestimmen, daß $a^m = c$ wird, heißt *Wurzelausziehung* (Radizierung); c heißt *Radikand*, m *Wurzelexponent*. Ist c *eine beliebige positive Zahl*, m *eine positive ganze Zahl*, so kann es in dem uns zur Verfügung stehenden Zahlengebiet *nicht mehr als eine Zahl* geben, die der Aufgabe genügt. Denn wenn $a > b$ ist, ist nach § 44, (6) $a^m > b^m$; dann können also nicht beide $= c$ sein. Daß es aber in diesem Zahlengebiete stets *wirklich eine solche Zahl* giebt, kann folgendermaßen gezeigt werden. Giebt es eine rationale Zahl, deren m^{te} Potenz gleich c ist, so wird die Aufgabe durch diese Zahl gelöst. Giebt es aber keine solche rationale Zahl, so können wir die Gesamtheit aller rationalen Zahlen in der Weise in zwei Klassen a und A teilen, daß wir zu den a alle diejenigen Zahlen rechnen, für die $a^m < c$ ist, zu den A alle diejenigen, für die $A^m > c$ ist. Dann ist jedes a kleiner als jedes A; und man kann ganz wie in § 32 für den speziellen Fall $c = 2$, $m = 2$ geschehen ist, auch in dem hier betrachteten allgemeinen Falle zeigen, daß weder unter den a eine größte, noch unter den A eine kleinste vorhanden ist. Es ist nämlich nach § 44, (13) $(a_1 + h)^m$, oder, was dasselbe ist, $a_1^m(1 + h/a)^m$ für hinlänglich kleine Werte von h kleiner als:

$$a_1^m \frac{1}{1 - m\,h/a_1};$$

wird also $c - a_1^m = \varepsilon c$ gesetzt und

$$h < \varepsilon a_1 / m$$

genommen, so folgt:

$$1 - m\,h/a_1 > 1 - \varepsilon$$

und damit:

$$(a_1 + h)^m < \frac{(1 - \varepsilon)c}{1 - \varepsilon}, \text{ d. i. } < c;$$

$a_1 + h$ gehört also auch noch zu den a und folglich kann a_1 nicht die größte unter diesen sein. Andererseits ist $(A_1 - h)^m$ oder $A_1^m(1 - h/A_1)^m$ nach § 44, (12) größer als $A_1^m(1 - m\,h/A_1)$; wird also:

$$A_1^m - c = \varepsilon A_1^m$$

gesetzt und:

$$h < \varepsilon A_1 / m$$

genommen, so folgt:

$$1 - m\,h/A_1 > 1 - \varepsilon$$

und damit:

$$(A_1 + h)^m > (1 - \varepsilon / A_1^m, \text{ d. i. } > c.$$

$A_1 - h$ gehört also auch noch zu den A und folglich kann A_1 nicht die kleinste unter diesen sein. Der Schnitt $a \mid A$ hat also alle in § 33 vorausgesetzten Eigenschaften und definiert folglich eine irrationale Zahl α. Da diese Zahl größer als jedes a und kleiner als jedes A ist (§ 35), so kann ihre m^{te} Potenz weder kleiner, noch größer als c sein; sie muß also gleich c sein, w. z. b. w. *Zu jeder positiven Zahl c und zu jedem positiven ganzzahligen Exponenten giebt es also stets eine und nur eine positive Zahl von der Art, daß:*

1) $$\alpha^m = c$$

wird; man nennt diese Zahl die m^{te} Wurzel aus c und bezeichnet sie mit:

2) $$\alpha = \sqrt[m]{c}.$$

Die Sätze über Wurzeln ergeben sich in hier als bekannt vorauszusetzender Weise durch indirekten Beweis aus den Sätzen über Potenzen; es wird für unsere Zwecke genügen, die folgenden anzuführen:

3) $$\sqrt[m]{a^n} = (\sqrt[m]{a})^n;$$

4) 5) $$\sqrt[m]{a^{m\,n}} = a^n; \qquad \sqrt[m]{\sqrt[n]{a}} = \sqrt[m\,n]{a};$$

6) 7) $$\sqrt[m]{a}\,\sqrt[m]{b} = \sqrt[m]{a\,b}; \qquad \sqrt[m]{a} \,/ \sqrt[m]{b} = \sqrt[m]{a/b}.$$

Eine für weitere Entwicklungen fundamentale Ungleichung erhalten wir, wenn wir in der Ungleichung § 44, (12) auf beiden Seiten $m\,\delta = \varepsilon$ setzen und dann die m^{te} Wurzel ziehen, was deswegen angeht, weil wir uns gegenwärtig auf positive Wurzelwerte beschränken; nämlich:

8) $$\sqrt[m]{1+\varepsilon} < 1 + \varepsilon/m.$$

Würden wir die Ungleichung § 44, (13) in analoger Weise behandeln, so würden wir erhalten:

$$\sqrt[m]{1+\varepsilon} < \frac{1}{1 - \varepsilon/m};$$

das würde uns aber nichts Neues lehren, denn nach § 45, (9) ist:

$$\frac{1}{1 - \varepsilon/m} > 1 + \varepsilon/m.$$

Wollen wir neben (8) auch noch eine untere Schranke für einen Wurzelwert erhalten, so müssen wir noch einmal auf die fundamentale Ungleichung (11) von § 44 zurückgehen und in ihr:

$$m + 1 \text{ für } m, \qquad \sqrt[m]{1+\varepsilon} \text{ für } a, \qquad 1 \text{ für } b$$

setzen; dann folgt nämlich:

$$1 > (1+\varepsilon)[(m+1) - m\sqrt[m]{1+\varepsilon})]$$

oder:

$$m\sqrt[m]{1+\varepsilon} > m + 1 - \frac{1}{1+\varepsilon} \qquad (\text{wenn } \varepsilon > -1)$$

oder endlich:

$$9) \qquad \sqrt[m]{1+\varepsilon} > 1 + \frac{1}{m}\frac{\varepsilon}{1+\varepsilon} \qquad (\text{wenn } \varepsilon > -1)$$

§ 47. Numerische Berechnung von Wurzeln.

Was die wirkliche Berechnung einer solchen Wurzelgröße mit vorgeschriebener Genauigkeit betrifft, so ist darüber folgendes zu bemerken: Ist c eine *rationale Zahl*, so kann man ganz ebenso verfahren, wie es in § 34 an dem Beispiel der Berechnung derjenigen Zahl gezeigt ist, die wir jetzt mit $\sqrt{2}$ bezeichnen würden. Wir können aber auch, namentlich wenn wir schon im Besitze einer ersten Annäherung sind, das im vorigen Paragraphen zum Beweis benutzte Verfahren auch für die Berechnung verwenden. Soll z. B. $\sqrt[3]{100}$ berechnet werden, so ist 4 zu klein (gehört zu den a), 5 zu groß (gehört zu den A). Will man einen besseren zu kleinen Näherungswert erhalten, so hat man ε aus der Gleichung $100 - 64 = 100\,\varepsilon$ zu bestimmen und dann $h < 4\,\varepsilon/3$ zu nehmen, also z. B. $h = 0{,}4$. Will man einen besseren zu großen Näherungswert erhalten, so hat man ε aus $125 - 100 = 125\,\varepsilon$ zu bestimmen und dann $h < 5\,\varepsilon/3$ zu nehmen, also z. B. $h = 0{,}3$. Man findet so, daß der gesuchte Wurzelwert zwischen 4,4 und 4,7 liegt. Wiederholung des Verfahrens giebt engere Grenzen.

Ist aber c eine *irrationale* Zahl, die selbst nur mit einem gewissen Genauigkeitsgrad bekannt ist, so wird man bei Anwendung des einen oder des andern Verfahrens nach einer gewissen Anzahl von Schnitten zu einem Näherungswert a_ν von α kommen, dessen m^{te} Potenz zwischen die Grenzen fällt, zwischen die man c eingeschlossen hat. Wollte man dann entscheiden, ob a_ν^m größer oder kleiner als c ist, so würde es erst erforderlich sein, c mit noch größerer Genauigkeit zu berechnen. Es entsteht also die Frage: wie genau muß man c kennen, um $\sqrt[m]{c}$ mit einer bestimmten vorgeschriebenen Genauigkeit berechnen zu können?

Auf diese Frage kann man mit Hülfe der Ungleichung (8) von § 46 Antwort erhalten. Ist nämlich γ zwischen den Grenzen c und $C = c(1 + \varepsilon)$ eingeschlossen, so liegt $\sqrt[m]{\gamma}$ zwischen

$$\sqrt[m]{c} \quad \text{und} \quad \sqrt[m]{C} < \sqrt[m]{c}(1 + \varepsilon/m).$$

Berechnet man, was nach dem Vorhergehenden möglich ist, $\sqrt[m]{c}$ mit der „relativen Genauigkeit η“, d. h. schließt man es zwischen zwei Grenzen a und $a(1+\eta)$ ein, so liegt $\sqrt[m]{\gamma}$ zwischen a und $a(1+\eta)(1+\varepsilon/m)$. Soll die obere Schranke kleiner als eine gegebene Zahl $a(1 + \delta)$ werden, so muß man ε und η so annehmen, daß:

$$\eta + \varepsilon/m + \eta\,\varepsilon/m < \delta$$

wird; für $\delta < 1$ (was allein von praktischem Interesse ist) wird das sicher erreicht, wenn man:

$$\eta < \delta/3, \qquad \varepsilon < m\,\delta/3$$

nimmt. Man wird also, wenn man die Wurzel aus einer irrationalen Zahl mit einer relativen Genauigkeit δ berechnen soll, erst diese irrationale Zahl mit einer relativen Genauigkeit $m\,\delta/3$ durch eine rationale Zahl annähern und dann die Wurzel aus dieser rationalen Zahl mit einer relativen Genauigkeit $\delta/3$ berechnen.

Übrigens werden wir später (§ 70) noch einen anderen Satz kennen lernen, der zur näherungsweisen Berechnung von Wurzeln dienen kann.

§ 48. Wurzeln im Gebiete der negativen Zahlen.

Wie wir gesehen haben, giebt es im Gebiete der positiven Zahlen nur *eine* m^{te} Wurzel aus einer positiven Zahl a, d. h. nur eine positive Zahl b von der Art, daß $b^m = a$ ist. Ist m eine *ungerade* Zahl $2n + 1$, so ist dieser Wert der Wurzel auch dann der einzige, wenn wir auch negative Zahlen zulassen. Denn die $(2n + 1)^{\text{te}}$ Potenz einer negativen Zahl ist nach § 12 stets selbst wieder negativ, kann also niemals der positiven Zahl a gleich sein.

Ist aber m eine *gerade* Zahl $2n$, so besteht gleichzeitig mit der Gleichung $b^{2n} = a$ die Gleichung $(-b)^{2n} = a$. Die negative Zahl $-b$ hat also dasselbe Recht, als $(2n)^{\text{te}}$ Wurzel aus a angesehen zu werden, wie die positive Zahl b. Im Gebiete der positiven und negativen Zahlen ist also die Ausziehung der Wurzel *keine eindeutig bestimmte Operation*, die Wurzel selbst eine zweideutige oder *zwei-*

wertige Funktion der Basis (die erste solche Funktion, die uns begegnet).

Will man die Mehrdeutigkeit in einem bestimmten Falle ausschließen und ausdrücklich angeben, daß nur der positive Wurzelwert gemeint ist, so genügt es zu schreiben:

$$|\sqrt[2n]{a}|\,.$$

Eine Gleichung, in der eine oder mehrere Wurzelzeichen (oder überhaupt Zeichen mehrwertiger Operationen) auftreten, kann demnach verschiedene Bedeutungen haben. Es wird nur ausnahmsweise vorkommen, daß sie stets richtig ist, welche Werte unter den überhaupt zulässigen man auch den auftretenden Wurzelgrößen beilegen mag (z. B.: $(\sqrt{a})^2 = a$). Der gewöhnliche Fall ist, daß man zwar einige der vorkommenden Wurzeln mit beliebigem Vorzeichen nehmen kann, daß aber die anderen dann dadurch bestimmt sind. Es sind aber dabei noch zwei Unterfälle möglich: Die Gleichung kann besagen: *jeder* Wert jeder der beiden Seiten ist einem Wert der anderen Seite gleich, z. B.:

$$\sqrt{a}\sqrt{b} = \sqrt{ab}\,.$$

Es kann aber auch vorkommen, daß die Vieldeutigkeit der einen Seite der Gleichung *größer* ist als die der anderen Seite; z. B. hat von der Gleichung:

$$\sqrt{\frac{a}{b} + 2 + \frac{b}{a}} = \sqrt{\frac{a}{b}} + \sqrt{\frac{b}{a}}$$

die linke Seite nur zwei Werte, die rechte dagegen vier; sie kann also nicht für alle diese vier Werte richtig sein. In der That gilt sie nur, wenn man rechts die beiden vorkommenden Wurzeln mit demselben Vorzeichen nimmt.

Ist die Basis selbst negativ und der Wurzelexponent ungerade, so gilt die Gleichung:

$$\sqrt[2n+1]{-a} = -\sqrt[2n+1]{a}\,;$$

denn es ist:

$$\left(-\sqrt[2n+1]{a}\right)^{2n+1} = -a\,.$$

Ist aber die Basis negativ und der Wurzelexponent gerade, so ist die Wurzelausziehung in unserem Zahlengebiet *nicht ausführbar*; denn weder eine positive, noch eine negative Basis giebt zu einem geraden Exponenten erhoben einen negativen Potenzwert. Die Frage, ob sie durch eine abermalige Erweiterung des Zahlensystems ausführbar gemacht werden kann, lassen wir hier dahingestellt.

§ 49. Potenzen und Wurzeln mit gebrochenen Exponenten.

Setzen wir in der Gleichung (4) von § 46 $mn = p$, so wird aus ihr:

$$1)\qquad a^{\frac{p}{m}} = \sqrt[m]{a^p} = (\sqrt[m]{a})^p.$$

Wir werden dadurch veranlaßt, *dem Zeichen* $a^{p/m}$, das bis jetzt nur für den Fall eine Bedeutung hat, daß p in m aufgeht, *in allen Fällen die Bedeutung beizulegen, daß es dem Wert der rechten Seite gleich sein soll.* Diese rechte Seite hat nämlich bereits für beliebige positive ganzzahlige m und beliebige positive und negative ganzzahlige p, also überhaupt für beliebige Werte des rationalen Bruches p/m Bedeutung.

Aber ein und derselbe Bruch kann auf sehr viele Arten als Quotient zweier ganzer Zahlen dargestellt werden. Die Definition (1) wird daher nur dann zweckmäßig sein, wenn es bei ihr gleichgültig ist, welche von diesen verschiedenen Darstellungsarten man für den als Exponenten auftretenden Bruch braucht. Man überzeugt sich in der That durch die folgende Rechnung davon, daß das wirklich der Fall ist:

$$2)\qquad a^{\frac{lp}{lm}} = \sqrt[lm]{a^{lp}} = \sqrt[m]{\sqrt[l]{a^{lp}}} = \sqrt[m]{a^p} = a^{p/m}.$$

Damit ist die Potenz einer positiven Zahl mit rationalem Exponenten in jedem Falle definiert, und zwar eindeutig, wenn wir nur den positiven Wert der Wurzel in Betracht ziehen. Um zu zeigen, daß sie auch allen Regeln der Potenzierung mit ganzzahligen Exponenten genügt, stellen wir die folgenden Rechnungen an:

$$3)\qquad \left(a^{\frac{m}{n}}\right)^{\frac{p}{q}} = \sqrt[q]{\left(a^{\frac{m}{n}}\right)^p} = \sqrt[q]{\left(\sqrt[n]{a^m}\right)^p} = \sqrt[q]{\sqrt[n]{a^{mp}}} = \sqrt[nq]{a^{mp}} = a^{\frac{mp}{nq}}.$$

$$4)\qquad \begin{cases} a^{\frac{m}{n}+\frac{p}{q}} = a^{\frac{mq+pn}{nq}} = \sqrt[nq]{a^{mq+pn}} = \sqrt[nq]{a^{mq}\cdot a^{pn}} = \sqrt[nq]{a^{mq}}\cdot\sqrt[nq]{a^{np}} \\ \qquad = \sqrt[n]{a^m}\sqrt[q]{a^p} = a^{\frac{m}{n}}\, a^{\frac{p}{q}}. \end{cases}$$

$$5)\qquad (a\,b)^{\frac{p}{q}} = \sqrt[q]{(a\,b)^p} = \sqrt[q]{a^p b^p} = \sqrt[q]{a^p}\,\sqrt[q]{b^p} = a^{\frac{p}{q}}\, b^{\frac{p}{q}}.$$

Die übrigen Potenzsätze bleiben dann ebenfalls für gebrochene Exponenten bestehen, indem sich die früheren Beweise ohne Änderung auf den hier vorliegenden Fall übertragen lassen.

Auch die Ungleichungen (6) bis (8) von § 44 bleiben für gebrochene Exponenten bestehen. Dagegen gelten die Ungleichungen (12) und (13) von dort hier nicht in unveränderter Form; vielmehr haben wir:

für *positive Exponenten* $\mu = m/n$:

6) $$(1+\varepsilon)^\mu = (1+\varepsilon)^{\frac{m}{n}} < \left(1+\frac{\varepsilon}{n}\right)^m < \frac{1}{1-\mu\,\varepsilon}.$$

7) $$(1+\varepsilon)^\mu = (1+\varepsilon)^{\frac{m}{n}} > \left(1+\frac{1}{n}\frac{\varepsilon}{1+\varepsilon}\right)^m > 1+\mu\frac{\varepsilon}{1+\varepsilon};$$

dagegen für *negative Exponenten* $\mu = -m/n$:

8) $$(1+\varepsilon)^\mu = (1+\varepsilon)^{-\frac{m}{n}} > \left(1+\frac{\varepsilon}{n}\right)^{-m} > 1-\mu\,\varepsilon,$$

9) $$(1+\varepsilon)^\mu = (1+\varepsilon)^{-\frac{m}{n}} < \left(1+\frac{1}{n}\frac{\varepsilon}{1+\varepsilon}\right)^{-m} < \frac{1}{1+\mu\frac{\varepsilon}{1+\varepsilon}}$$

Die bei diesen Ungleichungen, ebenso wie bei ihren schon früher (§§ 44 und 46) besprochenen speziellen Fällen, auftretenden Nebenbedingungen sind für ihre Verwendung nicht störend, da wir sie hauptsächlich in Fällen anzuwenden haben werden, in welchen wir die Wahl von ε in der Hand haben. Wir können zu jedem Wert von μ eine Größe δ von der Art angeben, daß die Ungleichungen erfüllt sind, sobald $|\,\varepsilon\,| < \delta$ ist.

Ebenso wie Potenzen mit gebrochenen Exponenten durch die Gleichung (1) könnte man auch Wurzeln mit solchen Exponenten durch die Gleichung:

10) $$\sqrt[p/q]{a} = \sqrt[p]{a^q}$$

definieren; doch hat man selten Veranlassung dazu.

§ 50. Potenzen positiver Zahlen mit irrationalen Exponenten.

Soll die Potenz a^b definiert werden, wenn die irrationale Zahl β durch den Schnitt $b \mid B$ im Gebiete der rationalen Zahlen gegeben ist, und a zur Vermeidung der in § 48 besprochenen Schwierigkeiten positiv genommen, auch nur nach positiven Potenzwerten gefragt wird, so könnten wir zunächst an die Monotonie der Potenz anknüpfen. Wir können nämlich alle Zahlen, die sich in der Form a^b darstellen lassen, zu den c, und alle Zahlen, die sich in der Form a^B darstellen lassen, zu den C rechnen. Dann folgt aus dem Monotoniegesetz sofort, daß keine Zahl beiden Klassen zugleich angehören kann; aber es bleibt die Frage zunächst offen, ob es Zahlen giebt, die keiner von beiden Klassen angehören. Wollen wir uns davon überzeugen, daß es *nicht mehr* als eine solche Zahl geben kann, so können wir etwa folgendermaßen schließen: Ist q irgend eine positive ganze Zahl, so ist nach § 46, (8) und § 49, (8)

$$1)\qquad \begin{cases} a^{-\frac{1}{q}} > 1 - \dfrac{a-1}{q} \\ a^{\frac{1}{q}} < 1 + \dfrac{a-1}{q} \end{cases}.$$

Ferner ist:

$$2)\qquad a^B - a^b = a^b\,(a^{B-b} - 1).$$

Ist dann irgend eine Genauigkeitsgrenze ε gegeben, so können wir zuerst q so wählen, daß:

$$3)\qquad \frac{a-1}{q} < \varepsilon\, a^{-b}$$

wird und hierauf ein b und ein B so bestimmen, daß:

$$4)\qquad |\, B - b\, | < \frac{1}{q}$$

ist. Dann ist (für $a > 1$):

$$a^{-\frac{1}{q}} - 1 < a^{B-b} - 1 < a^{\frac{1}{q}} - 1, \text{ also wegen (1): } -\frac{a-1}{q} < a^{B-b} - 1 < \frac{a-1}{q}$$

oder, was dasselbe ist, also wegen (1):

$$|\, a^{B-b} - 1\, | < \frac{a-1}{q}$$

und folglich wegen (2) und (3):

$$5)\qquad |\, a^B - a^b\, | < \varepsilon.$$

Würden wir nun annehmen, es gäbe zwei Zahlen, die beide zugleich größer als jedes a^b und kleiner als jedes a^B wären, so brauchten wir bloß ε kleiner als die Differenz dieser beiden Zahlen zu nehmen, um auf einen Widerspruch zu kommen.

Giebt es *eine* derartige Zahl, so sehen wir sie als den Wert der Potenz a^β an; giebt es keine solche, so hat der Schnitt $c \mid C$ alle in § 33 vorausgesetzten Eigenschaften und definiert also eine irrationale Zahl γ, die in diesem Falle als Wert von a^β angesehen werden kann.

Ist β als Grenzwert irgend einer konvergenten Zahlenfolge gegeben, $\beta = \lim\limits_{n=\infty} b_n$, so können wir auch a^β als einen Grenzwert darstellen. Ist nämlich irgend eine Genauigkeitsgrenze ε gegeben, und ist M eine Zahl, welche von β und den sämtlichen Näherungswerten b_n übertroffen wird, so können wir zunächst q so groß wählen, daß

$$\frac{a-1}{q} < \varepsilon\, a^{-M}$$

wird und hierauf n so groß, daß die Ungleichung:

$$6)\qquad |\, b_{n+p} - \beta\, | < \frac{1}{q}$$

für jedes positive p besteht. Dann ist (vergleiche die von (4) zu (5) führende Rechnung):

$$|\, a^{b_{n+p}-\beta} - 1\, | < \frac{a-1}{q}$$

und folglich:

$$|\, a^{b_{n+p}} - a^{\beta}\, | < \varepsilon .$$

Also bilden die a^{b_n} eine konvergente Zahlenfolge und konvergieren gegen a^{β}:

$$7)\qquad \lim_{n=\infty} a^{b_n} = a^{\lim\limits_{n=\infty} b_n};$$

w. z. b. w.

Ist $a < 1$, so können wir dieselbe Entwicklung mit geringen Modifikationen durchführen; oder wir können a^{β} durch $1:(1/a)^{\beta}$ definieren.

Der Beweis der fortdauernden Gültigkeit der Potenzsätze auch für irrationale Exponenten läßt sich am bequemsten mit Hülfe der Gleichung (7) und der früheren Sätze über Grenzwerte (§ 43) führen; z. B.:

$$8)\qquad \begin{aligned} a^{\beta+\gamma} &= a^{\lim b_n + \lim c_n} = a^{\lim (b_n + c_n)} = \lim (a^{b_n + c_n}) = \lim (a^{b_n} \cdot a^{c_n}) \\ &= \lim a^{b_n} \cdot \lim a^{c_n} = a^{\beta} a^{\gamma} . \end{aligned}$$

Was die Ungleichungen betrifft, so kann man z. B. aus der Ungleichung (§ 49, 6):

$$(1+\varepsilon)^{b_n} < \frac{1}{1 - b_n \varepsilon}$$

durch Übergang zur Grenze nur schließen (vgl. § 39, III), daß:

$$9)\qquad (1+\varepsilon)^{\beta} \leqq \frac{1}{1-\beta\varepsilon}$$

sein muß. Das reicht für die meisten Zwecke aus; will man beweisen, daß das Gleichheitszeichen nur für $\beta = 1$ und für $\varepsilon = 0$ gelten kann, so muß man die Differenz zwischen der linken und rechten Seite von § 49, (6) abschätzen.

Endlich können wir auch die Gültigkeit des allgemeinen Satzes:

10) $$\lim_{n=\infty} (a_n{}^{b_n}) = (\lim_{n=\infty} a_n)^{\lim\limits_{n=\infty} b_n}$$

beweisen, in dem die Gleichung (7) und die Gleichung:

11) $$\lim_{n=\infty} a_n{}^b = (\lim_{n=\infty} a_n)^b$$

(die sich [für rationales b] auch schon aus den Sätzen von § 44 und § 49 ableiten ließe) als spezielle Fälle enthalten sind. Sei nämlich:

$$\lim a_n = \alpha\,, \qquad \lim b_n = \beta\,,$$

so können wir allgemein:

$$a_n = \alpha(1 + c_n)$$

setzen, wo dann

12) $$\lim c_n = 0$$

ist. Da

$$a_n{}^{b_n} = \alpha^{b_n}(1 + c_n)^{b_n}$$

und

$$\lim \alpha^{b_n} = \alpha^\beta$$

bereits bewiesen ist, so brauchen wir nur noch zu zeigen, daß unter der Voraussetzung (12):

$$\lim (1 + c_n)^{b_n} = 1$$

ist. Das ergiebt sich aber z. B. für $b_n > 0$ aus der Doppelungleichung (§ 49, 6 u. 7):

$$1 + \frac{b_n c_n}{1 + c_n} < (1 + c_n)^{b_n} < \frac{1}{1 - b_n c_n}\,;$$

denn da in dieser die beiden äußeren Glieder für $n = \infty$ gegen 1 konvergieren, so folgt nach § 39, IV, daß auch für das mittlere Glied das gleiche gilt.

§ 51. Weitere Beispiele von Grenzwerten.

Nachdem wir in den Besitz weiterer Rechnungsoperationen gelangt sind, als sie uns im VI. Abschnitt zur Verfügung standen, können wir auch weitere Beispiele von Grenzwerten bilden, die teils an und für sich interessant, teils für spätere Schlüsse von Wichtigkeit sind.

I. Sei z. B.:

1) $$a_n = (1 + 1/n)^n\,,$$

also $a_1 = 2\,,\ a_2 = 2{,}25\,,\ a_3 = 2{,}37\,,\ a_4 = 2{,}44\,, \ldots$

Setzen wir in der Ungleichung:

$$b^n > a^{n-1}(n\,b - (n-1)\,a)$$

(vgl. § 44, 11):

$$b = 1 + \frac{1}{n}, \qquad a = 1 + \frac{1}{n-1},$$

so erhalten wir:

2) $$a_n > a_{n-1};$$

die a_n bilden also eine steigende Zahlenfolge. Ersetzen wir aber in jener Ungleichung n durch $n+1$, sodaß sie in:

$$b^{n+1} > a^n((n+1)\,b - n\,a)$$

übergeht, und setzen dann $b = 1$, $a = 1 + \frac{1}{2n}$, so erhalten wir:

$$1 > \left(1 + \frac{1}{2n}\right)^n \{n + 1 - n - \tfrac{1}{2}\},$$

d. h.:

$$\left(1 + \frac{1}{2n}\right)^n < 2,$$

und wenn wir beiderseits quadrieren:

3) $$a_{2n} = \left(1 + \frac{1}{2n}\right)^{2n} < 4.$$

Da $a_{2n-1} < a_{2n}$ ist, so folgt, daß auch jedes a mit ungeradem Index kleiner als 4 ist. Die a_n bilden demnach eine Zahlenfolge der in § 40 untersuchten Art und konvergieren somit nach dem dort bewiesenen Satze gegen einen Grenzwert, den man mit e bezeichnet:

4) $$e = \lim_{n=\infty}\left(1 + \frac{1}{n}\right)^n.$$

Diese Zahl e kommt in der Analysis ebenso häufig vor, wie die Zahl $\pi = 3{,}14159\,..$, die das Verhältnis der Kreisperipherie zum Durchmesser ausdrückt; sie ist wie diese eine irrationale Zahl, was wir allerdings mit den uns hier zur Verfügung stehenden Hülfsmitteln nicht beweisen können. Übrigens geben uns die vorhergehenden Schlüsse, die sich auf den Satz von § 40 stützen, zwar in der Theorie ein Mittel, um diese Zahl e mit jeder verlangten Genauigkeit zu berechnen; wir müssen nur n dazu groß genug nehmen. Aber wir können weder vor Beginn der Rechnung wissen, wie groß wir n zu nehmen haben, noch auch nur, wenn wir einen bestimmten Wert von n gewählt und mit ihm die Rechnung ausgeführt haben, beurteilen, wie groß die mit ihm erreichte Genauigkeit ist. Die oben angegebenen Werte der ersten a_n zeigen nur, daß e zwischen 2,44 und 4 liegt; dadurch ist also noch nicht einmal die erste geltende Ziffer bestimmt. Wir können dem zweiten Übelstand (aber nicht dem ersten) dadurch abhelfen, daß wir gleichzeitig noch eine zweite Zahlenfolge in Betracht ziehen, die abnehmend gegen denselben Grenzwert e konvergiert. Dazu gehen wir aus von der Doppelungleichung (vgl. § 44, 12 u. 13):

$$5)\qquad 1 - \frac{1}{n} < \left(1 - \frac{1}{n^2}\right)^n < \frac{1}{1 + 1/n};$$

aus ihr folgt nach § 39, IV die Grenzgleichung:

$$6)\qquad \lim_{n=\infty} \left(1 - \frac{1}{n^2}\right)^n = 1$$

und aus dieser nach (4) und § 43, 4:

$$7)\qquad \lim_{n=\infty} \left(1 - \frac{1}{n}\right)^n = \frac{\lim (1 - 1/n^2)^n}{\lim (1 + 1/n)^n} = \frac{1}{e}.$$

Die Zahlen:

$$8)\qquad b_n = \left(1 - \frac{1}{n}\right)^{-n}$$

bilden also ebenfalls eine gegen e konvergierende Zahlenfolge. Daß diese Folge eine fallende ist, erkennt man, wenn man in der fundamentalen Ungleichung § 44, 11:

$$b = 1 - \frac{1}{n}, \qquad a = 1 - \frac{1}{n-1}$$

setzt; man erhält dann:

$$9)\qquad b_n < b_{n-1}.$$

In der That ist z. B. $b_2 = 4$, $b_3 = 3{,}375$, $b_4 = 3{,}161$. Man sieht, daß die beiden Folgen (1) und (8) ziemlich langsam gegen ihren gemeinsamen Grenzwert e konvergieren. Will man diese Zahl auf diesem Wege mit größerer Genauigkeit berechnen, so wird man zweckmäßigerweise für n eine Potenz von 2 wählen, weil man dann die erforderlichen Potenzerhebungen durch successives Quadrieren ausführen kann. (Die Logarithmentafel hier zu benutzen, würde insofern einen Zirkelschluß involvieren, als wir später bei Berechnung der Logarithmen die Kenntnis der Zahl e voraussetzen werden.) So hat man z. B: $(1 + 1/64) = 1{,}0156$, also $(1 + 1/64)^2 = 1{,}0314$ u. s. w. $(1 + 1/64)^{64} = 2{,}663$; ebenso findet man $(1 - 1/64)^{-64} = 2{,}739$. Also liegt e zwischen 2,66 und 2,74. — Wir werden übrigens später (§ 71) eine Formel kennen lernen, die uns gestatten wird, die Zahl e mit viel geringerer Mühe weit genauer zu berechnen. Aber bei Ableitung jener Formel werden wir voraussetzen müssen, daß der Beweis der Gleichungen (4) und (7) bereits erbracht sei.

Ähnlich verhält sich die Sache in vielen Fällen: diejenigen Formeln, die zum Rechnen die bequemsten sind, sind gewöhnlich nicht geeignet, als Ausgangspunkt der Entwicklung zu dienen.

II. Seien irgend zwei positive Zahlen:

10) $$a_0 < b_0$$

gegeben; wir bilden aus ihnen das geometrische und das arithmetische Mittel:

11) $$a_1 = \sqrt{a_0 b_0}, \qquad b_1 = \tfrac{1}{2}(a_0 + b_0).$$

Das erstere ist immer kleiner als das letztere; denn aus der selbstverständlichen Ungleichung:

12) $$0 < (a_0 - b_0)^2$$

folgt durch beiderseitige Addition von $4\,a_0 b_0$:

$$4\,a_0 b_0 < (a_0 + b_0)^2$$

und hieraus durch Division mit 4 und Ausziehung der positiv genommenen Quadratwurzel:

13) $$a_1 < b_1 .$$

Aus diesen beiden Zahlen bilden wir wieder das geometrische und das arithmetische Mittel:

$$a_2 = \sqrt{a_1 b_1}, \qquad b_2 = \tfrac{1}{2}(a_1 + b_1);$$

und so fahren wir fort:

$$a_3 = \sqrt{a_2 b_2}, \qquad b_3 = \tfrac{1}{2}(a_2 + b_2).$$

. . . .

Die a bilden eine steigende, die b eine fallende Folge; jedes a ist kleiner als b_1, jedes b ist größer als a_1. Aus § 40 folgt, daß jede der beiden Folgen gegen einen bestimmten Grenzwert konvergieren muß; wir wollen zeigen, daß diese beiden Grenzwerte einander gleich sind. Zu diesem Zweck gehen wir aus von der Gleichung:

14) $$b_1^2 - a_1^2 = \tfrac{1}{4}(b_0 - a_0)^2$$

und der Ungleichung:

15) $$b_1 + a_1 > \tfrac{1}{2}(b_0 + a_0) > \tfrac{1}{2}(b_0 - a_0);$$

aus beiden zusammen folgt:

$$b_1 - a_1 < \tfrac{1}{2}(b_0 - a_0).$$

Ebenso ergiebt sich weiter:

$$b_2 - a_2 < \tfrac{1}{2}(b_1 - a_1) < \tfrac{1}{4}(b_0 - a_0),$$
$$b_3 - a_3 < \tfrac{1}{2}(b_2 - a_2) < \tfrac{1}{8}(b_0 - a_0),$$

. . . .

16) $$b_n - a_n < \frac{1}{2^n}(b_0 - a_0)$$

und daraus schließlich, da wir die Existenz der Grenzwerte $\lim_{n=\infty} a_n$ und $\lim_{n=\infty} b_n$ bereits bewiesen haben:

17) $$\lim_{n=\infty} b_n - \lim_{n=\infty} a_n = 0,$$

w. z. b. w. Man nennt diesen gemeinsamen Grenzwert *„das arithmetisch-geometrische Mittel aus a_n und b_n"*.

Die Näherungswerte konvergieren hier viel rascher gegen den Grenzwert, als bei der Berechnung von e; es ist z. B.:

$$a_0 = 0{,}2\,, \qquad b_0 = 1\,,$$

so ergiebt sich:

$$a_1 = 0{,}44721\,, \qquad b_1 = 0{,}6\,,$$
$$a_2 = 0{,}51800\,, \qquad b_2 = 0{,}52361\,,$$
$$a_3 = 0{,}52079\,, \qquad b_3 = 0{,}52081\,.$$

Also ist das arithmetisch-geometrische Mittel aus 0,2 und 1 auf 4 Dezimalstellen genau gleich 0,5208.

III. Eine ähnliche Regel wie die zur Bildung des arithmetisch-geometrischen Mittels führt auch zur Berechnung des Verhältnisses der Kreisperipherie zum Durchmesser. Bezeichnet man nämlich mit e_n und u_n bezw. die Flächeninhalte der einem bestimmten Kreise ein- und umbeschriebenen regelmäßigen Vielecke von $2^n a$ Seiten (wo a eine beliebige ganze Zahl bedeuten kann), so bestehen die Gleichungen:

18) $$e_{n+1} = \sqrt{e_n u_n}\,, \qquad u_{n+1} = \frac{2u_n e_{n+1}}{u_n + e_{n+1}}\,,$$

wie man mit Hülfe ähnlicher Dreiecke oder durch elementare trigonometrische Formeln ohne Mühe zeigen kann. Läßt man n über alle Grenzen wachsen und sieht man als selbstverständlich an, daß dem Kreis ein bestimmter Flächeninhalt zukommt, so folgt, daß dabei sowohl $\lim_{n=\infty} e_n$, als $\lim_{n=\infty} u_n$ gleich diesem Flächeninhalt ist. Will man diesen geometrischen Satz nicht voraussetzen, so kann man auch analytisch zeigen, daß sowohl die e_n, als die u_n konvergente Zahlenfolgen bilden, und daß diese beiden Folgen gegen denselben Grenzwert konvergieren; bei dieser Art der Behandlung des Problems wird man dann den Flächeninhalt des Kreises durch diesen gemeinsamen Grenzwert *definieren*. Die Durchführung dieses Gedankenganges gestaltet sich am bequemsten, wenn man statt der Flächeninhalte ihre reziproken Werte einführt:

19) $$f_n = 1/e_n, \qquad v_n = 1/u_n;$$

die Gleichungen (18) gehen dann über in:

20) $$f_{n+1} = \sqrt{f_n v_n}, \qquad v_{n+1} = \tfrac{1}{2}(f_{n+1} + v_n).$$

Geht man von irgend zwei Zahlen, f_0, v_0 aus, von denen die erstere die größere ist, so nehmen die f_n mit wachsendem Index ab, die v_n zu; aber alle f_n und alle v_n liegen zwischen f_0 und v_0. Daraus folgt wieder nach § 40 die Existenz der Grenzwerte $\lim\limits_{n=\infty} f_n$ und $\lim\limits_{n=\infty} v_n$. Um zu zeigen, daß diese beiden Grenzwerte einander gleich sind, bilden wir:

$$\begin{aligned} f_1 - v_1 &= \tfrac{1}{2}(f_1 - v_0) < \tfrac{1}{2}(f_0 - v_0), \\ f_2 - v_2 &\qquad\qquad\quad < \tfrac{1}{2}(f_1 - v_1), \\ &\ldots\ldots\ldots \\ f_n - v_n &< \frac{1}{2^n}(f_0 - v_0), \end{aligned}$$

daraus folgt wie unter II.: *Nimmt man für e_0, u_0 die Flächeninhalte der ein- bezw. umbeschriebenen Vielecke von a Seiten, so erhält man als gemeinsamen Grenzwert von e_n und u_n den Flächeninhalt des Kreises.* (Allerdings zeigt diese Überlegung noch nicht, daß dieser Grenzwert davon unabhängig ist, wie man die ganze Zahl a wählt, wenn man eben nicht das genannte geometrische Axiom zu Hülfe nehmen will.) Nimmt man $a = 3$, 4 oder 5, so kann man die Rechnung durchführen, da in diesen Fällen die Flächeninhalte der Ausgangspolygone sich mit elementaren Mitteln bestimmen lassen. Für $a = 4$ z. B. und für den Kreisradius als Längeneinheit erhält man:

$$\begin{aligned} f_0 &= 0{,}5, & v_0 &= 0{,}25, \\ f_1 &= 0{,}3557, & v_1 &= 0{,}3018, \\ f_2 &= 0{,}3268, & v_2 &= 0{,}3143, \\ f_3 &= 0{,}3205, & v_3 &= 0{,}3174, \\ f_4 &= 0{,}3188, & v_4 &= 0{,}3181. \end{aligned}$$

Also ist bis auf eine Einheit der letzten angegebenen Stelle genau:

$$\pi^{-1} = 0{,}318, \qquad \pi = 3{,}14.$$

§ 52. Logarithmen.

Sind a, b gegebene Zahlen, so heißt derjenige Exponent μ, für den

1) $$a^\mu = b$$

ist, *der Logarithmus von b für die Basis a:*

$$\mu = \log_a b,$$

b heißt *Logarithmandus* oder *Numerus*. Sind a und b positive Zahlen, so kann die Existenz einer solchen Zahl folgendermaßen bewiesen werden:

Sei zunächst $a > 1$. Dann wächst nach § 44, (7) und § 49 a^μ mit wachsendem μ und ist nach § 45, (8) für negative ganzzahlige $\mu = -m$ kleiner als:

$$\frac{1}{1 + m(a-1)},$$

also beliebig klein, wenn m hinlänglich groß ist, dagegen nach § 44, (12) für positive ganzzahlige $\mu = m$ größer als

$$1 + m(a - 1),$$

also beliebig groß, wenn m hinlänglich groß ist. Es giebt also sowohl Werte von μ, für die $a^\mu < b$, als auch solche, für die $a^\mu > b$ ist. Damit haben wir eine Teilung der rationalen Zahlen in zwei Klassen $m \mid M$, die durch die Ungleichungen:

$$a^m < b, \qquad a^M > b$$

definiert sind. Dabei ist jedes m kleiner als jedes M; ferner kann es höchstens eine rationale Zahl geben, die keiner von beiden Klassen angehört. Giebt es eine solche, so ist sie die gesuchte Zahl. Giebt es aber keine solche, so wird durch den Schnitt $m \mid M$ eine irrationale Zahl definiert; für diese muß dann:

$$a^\mu = b$$

sein. Wir beweisen das am einfachsten, indem wir aus den m und aus den M je eine Folge von Zahlen m_n, M_n auswählen, die gegen μ konvergieren. Aus

$$a^{m_n} < b \qquad (n = 1, 2, 3 \ldots)$$

folgt nach § 50, (7) und § 39, III, daß auch:

$$a^\mu \leqq b$$

sein muß; und aus:

$$a^{M_n} > b \qquad (n = 1, 2, 3 \ldots)$$

folgt ebenso, daß:

$$a^\mu \geqq b$$

sein muß. Beides zusammen giebt die zu beweisende Gleichung (1).

Auf diese Weise erhalten wir *zu jedem positiven Logarithmandus und zu jeder Basis, die größer als 1 ist, einen eindeutig definierten Logarithmus*. Die zu einer und derselben Basis gehörenden Logarithmen bilden ein *Logarithmensystem*.

Der *Fall* $a < 1$ kann in analoger Weise behandelt werden; oder man kann ihn vermittelst der Gleichung:

$$a^\mu = \left(\frac{1}{a}\right)^{-\mu}$$

(§ 45) auf den vorigen zurückführen. Die Zahl 1 selbst ist als Basis eines Logarithmensystems ebenso auszuschließen, wie die Null als Divisor (§ 13).

Die Gesetze des Logarithmirens ergeben sich aus denjenigen des Potenzierens. Aus:

$$a^{m+n} = a^m\, a^n$$

(§ 44, 3) folgt, indem man:

$$a^m = b\,, \qquad a^n = c\,,$$

also:

$$m = \log_a b\,, \qquad n = \log_a c\,, \qquad m + n = \log_a (b\,c)$$

setzt, daß

2) $$\log_a b + \log_a c = \log_a (b\,c)$$

ist. Ebenso ergiebt sich aus § 44, (5) die Gleichung:

$$\log_a b - \log_a c = \log_a (b/c)\,.$$

Ferner setzen wir in der Gleichung § 44 (1):

$$a^m = b\,, \qquad a^{m\,n} = b^n\,,$$

also:

$$m = \log_a b\,, \qquad m\,n = \log_a b^n\,;$$

wir erhalten dann:

3) $$n \log_a b = \log_a b^n\,.$$

Endlich erhalten wir eine Formel für den Übergang von einem Logarithmensystem zu einem beliebigen andern, indem wir aus den drei zusammen bestehenden Gleichungen:

$$a^m = b\,, \qquad b^n = c\,, \qquad a^{m\,n} = c$$

auf Grund der Definition des Logarithmus die drei anderen entnehmen:

$$m = \log_a b\,, \qquad n = \log_b c\,, \qquad m\,n = \log_a c\,;$$

aus ihnen ergiebt sich:

4) $$\log_a c = \log_b c \cdot \log_a b\,;$$

speziell für $c = a$:

5) $$\log_b a = 1 / \log_a b\,.$$

Außer diesen Gleichungen brauchen wir noch einige Ungleichungen; wir wollen uns aber bei ihrer Aufstellung auf den Fall $a < 1$ beschränken, da nur dieser später gebraucht wird. Wir erhalten sie mit Hülfe der Bemerkung, daß für diesen Fall zu dem größeren Logarithmanden der größere Logarithmus gehört, aus den

Ungleichungen von § 49. So folgt aus der Ungleichung § 49, (6), indem man auf beiden Seiten die Logarithmen nimmt, zunächst:

$$\mu \log_a (1 + \varepsilon) < -\log_a (1 - \mu \varepsilon)$$

(man beachte, daß die rechte Seite positiv ist, da der in ihr vorkommende Logarithmus negativ ist); und wenn man $1 + \varepsilon = a$, $1 - \mu \varepsilon = 1 - b$ setzt, was $\mu = \frac{b}{a - 1}$ ergiebt:

$$6) \qquad -\log_a (1 - b) > \frac{b}{a - 1}.$$

Ebenso erhält man aus § 49, (7) zunächst:

$$\mu \log_a (1 + \varepsilon) > \log_a \left(1 + \mu \frac{\varepsilon}{1 + \varepsilon}\right)$$

und durch die Substitutionen:

$$1 + \varepsilon = a, \qquad 1 + \frac{\mu \varepsilon}{1 + \varepsilon} = 1 + b$$

weiter:

$$7) \qquad \log_a (1 + b) < \frac{a b}{a - 1}.$$

Setzt man in (6):

$$1 - b = \frac{1}{1 + \beta}, \qquad b = \frac{\beta}{1 + \beta},$$

so erhält man noch:

$$8) \qquad \log_a (1 + \beta) > \frac{1}{a - 1} \frac{\beta}{1 + \beta}.$$

Ebenso erhält man aus (7) durch die Substitutionen:

$$1 + b = \frac{1}{1 - \beta}, \qquad b = \frac{\beta}{1 - \beta}$$

die Ungleichung:

$$9) \qquad -\log_a (1 - \beta) < \frac{a}{a - 1} \frac{\beta}{1 - \beta}.$$

Alle diese Ungleichungen gelten für hinlänglich kleine Werte von b, bezw. β.

Was die *Berechnung* der Logarithmen betrifft, so kann sie mit Hülfe des in § 36 geschilderten Verfahrens direkt an die Definition angeknüpft werden. Dabei müßte man aber, um die einzelnen Näherungswerte daraufhin zu prüfen, ob sie zu klein oder zu groß sind, jedesmal die betreffende Potenz mit gebrochenem Exponenten durch eine Wurzelausziehung ersetzen und diese mit der erforderlichen Genauigkeit vornehmen. Das würde äußerst weitläufig sein, wenn eine ganze Logarithmentafel berechnet werden sollte. Daher sind die ersten Berechner von Logarithmentafeln in der Weise vorgegangen, daß sie zuerst zu einer Reihe von Logarithmen die zugehörigen Logarithmanden (Numeri) durch Potenzieren und Radizieren ableiteten, aus diesen weitere mit Hülfe der Formel (2); sie erhielten so zunächst eine „Antilogarithmentafel“, aus der dann durch Interpolation (§ 25) eine Logarithmentafel abgeleitet werden konnte. Bequemere Methoden zur Berechnung einzelner Logarithmen werden wir später (§ 73) kennen lernen.

ACHTER ABSCHNITT.

Unendliche Reihen.

§ 53. Definitionen.

Unter den verschiedenen Formen, in denen wir einen Grenzprozeß darstellen können, ist die handlichste die *der unendlichen Reihe.* Sie kommt zu stande, indem wir nicht für die Näherungswerte selbst besondere Zeichen einführen, sondern für die „*Korrektionen*“, die wir an jedem einzelnen Näherungswert anbringen müssen, um den nächstfolgenden aus ihm zu erhalten. Haben wir nämlich eine unbegrenzte Zahlenfolge:

1) $$s_0, s_1, s_2, \ldots, s_n, \ldots$$

und setzen wir:

2) $$s_0 = a_0, \; s_1 - s_0 = a_1, \; s_2 - s_1 = a_2, \; \ldots, \; s_n - s_{n-1} = a_n, \; \ldots,$$

so erhalten wir:

3) $$s_n = a_0 + a_1 + a_2 + \ldots + a_n.$$

Konvergiert die vorgelegte Folge gegen einen bestimmten Grenzwert σ, ist also:

4) $$\lim_{n=\infty} s_n = \sigma,$$

so erhalten wir durch die Substitution (3):

5) $$\lim_{n=\infty}(a_0 + a_1 + a_2 + \ldots + a_n) = \sigma.$$

Statt dessen pflegt man zu schreiben:

6) $$a_0 + a_1 + a_2 + \ldots + a_n + \ldots \text{ in inf.} = \sigma$$

oder kürzer:

7) $$\sum_{n=0}^{\infty} a_n = \sigma$$

und zu sagen: *Die unendliche Reihe*:

$$a_0 + a_1 + a_2 + \ldots + a_n + \ldots$$

konvergiert und σ ist ihre Summe; man muß sich aber bei Gebrauch dieser Ausdrucks- und Schreibweise immer daran erinnern, daß damit die Gleichung (5) gemeint ist, und daß eine solche unendliche Reihe — wenigstens für die elementare Analysis — durchaus keine Bedeutung hat, wenn die Folge (1) nicht wirklich eine konvergente Zahlenfolge ist.

Wir haben in § 37 den Satz kennen gelernt, daß die Folge (1) jedenfalls dann gegen einen bestimmten Grenzwert konvergiert, wenn man zu jeder gegebenen positiven Größe ε eine Zahl n so bestimmen kann, daß

$$| s_{n+p} - s_n | < \varepsilon$$

wird für jedes positive p. Das können wir jetzt so aussprechen:

Die unendliche Reihe (6) konvergiert dann und nur dann, wenn man zu jeder positiven Größe ε eine Zahl n so bestimmen kann, daß

8) $$| a_{n+1} + a_{n+2} + \cdots + a_{n+p} | < \varepsilon$$

wird für jedes positive p.

Wenn die Reihe $\Sigma | a_n |$ konvergiert, konvergiert auch die Reihe (6). Denn nach Voraussetzung kann man zu jedem ε das n so bestimmen, daß

$$| a_{n+1} | + | a_{n+2} | + \cdots + | a_{n+p} | < \varepsilon$$

bleibt. Daraus folgt nach dem letzten Satz von § 10, daß auch die Bedingung (8) stets erfüllt werden kann. Der umgekehrte Satz gilt aber nicht, wie man an Beispielen erkennt (§ 57). Das giebt zu einer wichtigen Unterscheidung unter den konvergenten unendlichen Reihen Anlaß: *eine Reihe, die konvergent bleibt, wenn man alle Glieder durch ihre absoluten Beträge ersetzt, heißt absolut konvergent.*

Die Definition der Summe einer unendlichen Reihe, deren Glieder gleichbezeichnet sind, kann statt an § 37 auch an § 40 angeschlossen werden; die Teilsummen s_n bilden dann nämlich eine aufsteigende, bezw. absteigende Zahlenfolge.

§ 54. Geometrische Reihen.

Eine Reihe heißt geometrisch, wenn der Quotient je zweier aufeinanderfolgender Glieder immer derselbe ist, wenn sie also die Form hat:

1) $$a + ab + ab^2 + \ldots + ab^n + \ldots$$

Die Summe der $n + 1$ ersten Glieder einer solchen Reihe ist nach § 44, (9):

2) $$s_n = a\,\frac{1 - b^{n+1}}{1 - b}.$$

Aus der Ungleichung § 44, (13) geht hervor, daß $\lim\limits_{n=\infty} b^n$ existiert und gleich Null ist, wenn $|b| < 1$ ist; unter dieser Bedingung ist also:

3) $$\sum_{n=0}^{\infty} a\,b^n = \lim_{n=\infty} s_n = \frac{a}{1-b}.$$

Ist aber $|b| > 1$, so geht aus der Ungleichung § 44, (12) hervor, daß b^n mit wachsendem n ebenfalls über alle Grenzen wächst; dann divergiert also die unendliche Reihe. Der Fall $|b| = 1$ bedarf gesonderter Untersuchung: Für $b = -1$ wird $s_n = 0$ oder $= a$, je nachdem n ungerade oder gerade ist; auch in diesem Falle findet also keine Annäherung an einen bestimmten Grenzwert statt. Für $b = +1$ versagt die Formel (2), da man in diesem Falle nicht mit $1 - b$ dividieren kann. Man findet aber durch direkte Betrachtung der ursprünglichen Form (1), daß in diesem Falle:

4) $$s_n = n\,a$$

ist; also wächst hier die Reihensumme mit wachsender Gliederzahl über alle Grenzen. Das Resultat dieser Untersuchung der einzelnen Fälle ist demnach:

Die geometrische Reihe (1) *konvergiert unbedingt, und zwar gegen den Wert* (3), *wenn* $|b| < 1$ *ist; dagegen divergiert sie, wenn* $|b| \geqq 1$ *ist.*

Als solche geometrische Reihen sind auch die *periodischen unendlichen Dezimalbrüche* aufzufassen; z. B. bedeutet 0,272727 ... nichts anderes als:

$$\frac{27}{100} + \frac{27}{100^2} + \frac{27}{100^3} + \ldots = \frac{27}{100} \cdot \frac{1}{1 - \frac{1}{100}} = \frac{27}{99} = \frac{3}{11}.$$

§ 55. Harmonische Reihen.

Der Name „*harmonische Reihe*" kommt eigentlich der Reihe:

1) $$\sum_{n=1}^{\infty} \frac{1}{n} = 1 + \frac{1}{2} + \frac{1}{3} + \ldots + \frac{1}{n} + \ldots$$

zu. Diese Reihe ist *divergent*, wie man folgendermaßen zeigt: Es ist:

$$\frac{1}{3}+\frac{1}{4}>\frac{1}{4}+\frac{1}{4},\ \text{d. i.}>\frac{1}{2}$$

$$\frac{1}{5}+\frac{1}{6}+\frac{1}{7}+\frac{1}{8}>\frac{1}{8}+\frac{1}{8}+\frac{1}{8}+\frac{1}{8},\ \text{d. i.}>\frac{1}{2}$$

$$\frac{1}{9}+\frac{1}{10}+\ldots+\frac{1}{16}>\frac{8}{16},\qquad \text{d. i.}>\frac{1}{2}$$

. . . .

Folglich ist:

2) $$\sum_{n=1}^{2^k}\frac{1}{n}>1+\frac{k-1}{2},$$

und diese Summe kann also jede noch so große Zahl übertreffen, wenn man nur k hinlänglich groß nimmt.

Der Name ist dann auch auf die Reihe:

3) $$\sum_{n=1}^{\infty}\frac{1}{n^{1+s}}$$

übertragen worden. *Diese Reihe ist in der That konvergent, wenn s eine* (noch so kleine) *positive Zahl bedeutet.* Es ist nämlich:

$$\frac{1}{2^{1+s}}+\frac{1}{3^{1+s}}<\frac{2}{2^{1+s}},\ \text{d. i.}<\frac{1}{2^s},$$

$$\frac{1}{4^{1+s}}+\frac{1}{5^{1+s}}+\frac{1}{6^{1+s}}+\frac{1}{7^{1+s}}<\frac{4}{4^{1+s}},\ \text{d. i.}<\frac{1}{4^s},$$

$$\frac{1}{8^{1+s}}+\frac{1}{9^{1+s}}+\ \ldots\ +\frac{1}{15^{1+s}}<\frac{8}{8^{1+s}},\ \text{d. i.}<\frac{1}{8^s},$$

. . . . . .

also:

4) $$\sum_{n=1}^{2^k-1}\frac{1}{n^{1+s}}<\frac{1}{1^s}+\frac{1}{2^s}+\ \ldots\ +\frac{1}{2^{(k-1)s}}<\frac{1}{1-\frac{1}{2^s}}.$$

Die Summe der n ersten Glieder unserer Reihe kann also auch, wie groß man n auch nimmt, die endliche Zahl:

$$\frac{2^s}{2^s-1}$$

niemals übersteigen. Da sie andererseits mit wachsendem n fortwährend wächst, so folgt aus dem Satze von § 40, daß sie gegen eine bestimmte Grenze konvergieren muß, w. z. b. w.

Zur wirklichen Bestimmung dieser Grenze (die noch von s abhängen wird) giebt uns, wie damals auseinandergesetzt, jener Satz kein Mittel. Überhaupt übersteigt die Bestimmung dieser Grenze als Funktion von s die Kräfte der elementaren Analysis. Wir werden aber aus der bewiesenen Konvergenz der Reihe (2) für $s < 0$ auf die Konvergenz anderer Reihen schließen können, deren Untersuchung zu unserem Gegenstande gehört.

§ 56. Kriterien absoluter Konvergenz.

Die beim Beweise des letzten Lehrsatzes angewandte Schlußweise kann als ein spezieller Fall des folgenden allgemeinen Satzes angesehen werden:

Wenn die Reihe Σa_n absolut konvergiert; wenn ferner die Zahlen b_n (wenigstens von einem bestimmten Werte von n an) *alle nicht größer als 1 sind, dann konvergiert auch die Reihe $\Sigma(a_n b_n)$.*

Es ist nämlich unter der angegebenen Voraussetzung:

$$|a_{n+1} b_{n+1}| + \dots + |a_{n+p} b_{n+p}| \leqq |a_{n+1}| + \dots |a_{n+p}|;$$

sobald es also möglich ist, zu gegebenem ε das n so groß zu wählen, daß:

$$|a_{n+1}| + \dots + |a_{n+p}| < \varepsilon$$

wird für jedes positive p, wird damit zugleich auch:

$$|a_{n+1} b_{n+1}| + \dots + |a_{n+p} b_{n+p}| < \varepsilon$$

für jedes p; also konvergiert auch die Summe der $a_n b_n$.

Die Bedingung, daß die b_n wenigstens von einer gewissen Ordnungszahl an alle kleiner oder höchstens gleich 1 sein sollen, ist unter anderem stets erfüllt, wenn $\lim\limits_{n=\infty} b_n$ existiert und < 1 ist, dagegen nicht immer für $\lim\limits_{n=\infty} b_n = 1$.

Aus dem angegebenen allgemeinen Satze erhält man verschiedene spezielle, wenn man in ihm für Σa_n spezielle Reihen nimmt. Für unsere Zwecke genügt es, die beiden in den beiden letzten Paragraphen untersuchten speziellen Reihen zu wählen. Wir erhalten so:

I. *Das* Cauchy*'sche Konvergenzkriterium: Wenn der Quotient zweier aufeinanderfolgender Glieder einer Reihe, c_{n+1}/c_n, von einem gewissen Gliede an eine positive Größe b, die selbst kleiner als 1 ist, nicht mehr überschreitet, konvergiert die Reihe.*

Denn dann ist:

$$\begin{array}{l} |c_{n+1}| \leqq |b\,c_n| \\ |c_{n+2}| \leqq |b\,c_{n+1}| \leqq |b^2 c_n| \\ \quad . \quad . \quad . \quad . \quad . \quad . \quad . \quad . \quad . \\ |c_{n+p}| \leqq |b\,c_{n+p-1}| \leqq \dots \leqq |b^p c_n| \\ \quad . \quad . \quad . \quad . \quad . \quad . \quad . \quad . \quad . \end{array}$$

Die Glieder der Reihe Σc_n sind also vom n^{ten} an dem absoluten Betrage nach nicht größer als die der Reihe $c_n(b + b^2 + \ldots + b^p + \ldots)$; da diese Reihe für $|b| < 1$ absolut konvergiert, konvergiert unter derselben Bedingung auch die vorgelegte Reihe.

In derselben Art kann man auch beweisen: Ist der Quotient c_{n+1}/c_n von einer bestimmten Stelle an $\geqq 1$, so divergiert die Reihe.

Die Bedingung, daß die Quotienten c_{n+1}/c_n wenigstens von einer gewissen Ordnungszahl an alle kleiner als 1 sein sollen, ist u. a. stets erfüllt, wenn $\lim\limits_{n=\infty}(c_{n+1}/c_n)$ existiert und kleiner als 1 ist; dagegen nicht immer, wenn dieser Grenzwert gleich 1 ist.

II. *Das* Raabe'*sche Konvergenzkriterium: Sind die* c_n *positiv und bleibt das Produkt:*

$$n(1 - c_{n+1}/c_n)$$

wenigstens von einer bestimmten Ordnungszahl an algebraisch größer als eine bestimmte Zahl γ, *die selbst größer als 1 ist, so konvergiert die Reihe.*

Denn dann hat man (für $n > \gamma$):

$$c_{n+1} < \left(1 - \frac{\gamma}{n}\right) c_n,$$

also nach § 44, (12):

$$c_{n+1} < \left(1 - \frac{1}{n}\right)^\gamma c_n$$

und ebenso:

$$c_{n+2} < \left(1 - \frac{1}{n+1}\right)^\gamma c_{n+1} < \left(\frac{n-1}{n+1}\right)^\gamma c_n,$$

$$c_{n+3} < \left(\frac{n-1}{n+2}\right)^\gamma c_n,$$

$$\cdots\cdots\cdots$$

also:

$$c_{n+1} + c_{n+2} + \ldots < (n-1)^\gamma c_n \left\{\frac{1}{n^\gamma} + \frac{1}{(n+1)^\gamma} + \frac{1}{(n+2)^\gamma} + \ldots\right\}.$$

Da die Reihe rechts nach § 55 für $\gamma > 1$ konvergiert, so konvergiert auch die Reihe links unter dieser Bedingung; w. z. b. w.

Mit Hülfe des Raabe'schen Kriteriums läßt sich eine Reihe von Fällen erledigen, über die das Cauchy'sche Kriterium keine Auskunft giebt; aber auch dieses Kriterium erledigt nicht alle möglichen Fälle. In der That ist es nicht möglich, ein alle denkbaren Fälle umfassendes Kriterium anzugeben: wenn irgend eine konvergente Reihe vorgelegt ist, kann man immer auf mannigfaltige Arten noch andere Reihen bilden, die auch noch konvergieren, aber schlechter als die vorgelegte, sodaß über ihre Konvergenz durch Vergleich mit dieser nichts entschieden werden kann.

§ 57. Konvergenz von Reihen mit abwechselnd positiven und negativen Gliedern.

Von Reihen, deren Glieder nicht wenigstens von einer bestimmten Ordnungszahl ab alle gleichbezeichnet sind, wollen wir hier nur solche betrachten, deren Glieder abwechselnd positiv und negativ sind. Wir wollen eine solche Reihe schreiben:

$$a_0 - a_1 + a_2 - a_3 + - + \ldots,$$

sodaß also die a_n selbst positive Größen bedeuten sollen. *Zur Konvergenz einer solchen Reihe ist hinreichend, wenn die Glieder wenigstens von einer bestimmten Ordnungszahl an beständig und unter jede Grenze abnehmen;* m. a. W. wenn:

1) $$a_{n+1} < a_n$$

und

2) $$\lim_{n=\infty} a_n = 0$$

ist (aber nicht, wenn nur eine dieser beiden Bedingungen erfüllt ist). Es ist nämlich dann einerseits:

$$a_n - a_{n+1} + a_{n+2} - + - \ldots \pm a_{n+p} = a_n - (a_{n+1} - a_{n+2}) - (a_{n+3} - a_{n+4}) - \ldots$$

Die Klammergrößen sind n. V. alle positiv, die Summe also $< a_n$. Andererseits ist dieselbe Summe auch gleich:

$$(a_n - a_{n+1}) + (a_{n+2} - a_{n+3}) + \ldots,$$

also $> a_n - a_{n+1}$. Da man nach Voraussetzung (2) (vgl. § 37) zu jeder gegebenen Größe ε n so groß nehmen kann, daß $a_n < \varepsilon$, $a_{n+1} < \varepsilon$ ist, so folgt, daß für ein solches n und für jedes positive p:

$$| a_{n+1} - a_{n+2} + - + \ldots \pm a_{n+p} | < \varepsilon$$

ist, daß also die vorgelegte Reihe konvergiert.

Ein einfaches Beispiel einer konvergenten, aber nicht absolut konvergenten Reihe dieser Art ist:

$$1 - \tfrac{1}{2} + \tfrac{1}{3} - \tfrac{1}{4} + - + \ldots;$$

wir werden später (§ 72) finden, daß diese Reihe gegen den Logarithmus von 2 für die in § 51 eingeführte Zahl e als Basis konvergiert.

§ 58. Umordnung der Glieder einer Reihe.

Hat man mit einer *endlichen* Anzahl von Größen $a_0, a_1, \ldots a_n$ zu thun, so bedarf es keiner Erläuterung, was der Ausdruck meint: „$a'_0, a'_1, \ldots, a'_n$ seien dieselben Größen in anderer Reihenfolge". Dagegen bei einer *unendlichen* Folge von Größen können unter Umständen Zweifel darüber auftauchen, was diese Ausdrucksweise eigentlich besagen soll. Wir wollen den Fall ganz ausschließen, daß unendlich viele der vorkommenden Größen denselben Wert haben; dann können wir die Definition folgendermaßen fassen:

Zwei Folgen:

$$a_0, \quad a_1, \quad a_2, \quad \ldots, \quad a_n, \quad \ldots$$

$$a'_0, \quad a'_1, \quad a'_2, \quad \ldots, \quad a'_n, \quad \ldots$$

seien so beschaffen, daß jedes Glied, das in der einen Folge auftritt, auch in der andern vorkommt, und umgekehrt; und wenn etwa in der einen Folge mehrere Glieder vorhanden sind, die denselben Wert b haben, sollen genau ebensoviele unter den Gliedern der andern Folge diesen Wert haben. Dann sagen wir: Die Reihe der a geht durch Umordnung der Glieder aus der Reihe der a' hervor.

Ein Beispiel bieten die beiden Reihen:

$$1 - \tfrac{1}{2} + \tfrac{1}{3} - \tfrac{1}{4} + \tfrac{1}{5} - \tfrac{1}{6} + \tfrac{1}{7} - \tfrac{1}{8} + - + \ldots$$

und:

$$1 + \tfrac{1}{3} - \tfrac{1}{2} + \tfrac{1}{5} + \tfrac{1}{7} - \tfrac{1}{4} + \tfrac{1}{9} + \tfrac{1}{11} - \tfrac{1}{6} + + - \ldots$$

Wir müssen untersuchen, welchen Einfluß eine solche Umordnung der Glieder etwa auf die Summe einer unendlichen Reihe hat.

I. Zunächst betrachten wir Reihen mit nur positiven Gliedern. Sei

1) $$a_0 + a_1 + \ldots + a_n + \ldots$$

eine konvergente derartige Reihe, α ihre Summe.

2) $$a'_0 + a'_1 + \ldots + a'_n + \ldots$$

sei dieselbe Reihe in anderer Anordnung. Ist dann A irgend eine Zahl $> \alpha$, so kann die Summe beliebig vieler Glieder der Reihe (1) den Wert A niemals erreichen. Dann kann aber auch die Summe beliebig vieler Glieder der Reihe (2) den Wert A niemals erreichen, da diese Glieder ja alle auch unter den a vorkommen sollten. Ist andererseits a eine Zahl $< \alpha$, so kann man n so groß wählen, daß $a_0 + a_1 + \ldots + a_n > a$ wird. Da aber alle a auch unter den a vorkommen sollten, so kann man m so groß wählen, daß die a'_0, $a'_1, \ldots, a'_m$ alle unter den $a_0, a_1, \ldots, a_n$ enthalten sind, sodaß auch $a'_0 + a'_1 + \ldots + a'_m > a$ wird. Also wird jede Zahl a von der Summe der Reihe (2) mit wachsender Gliederzahl schließlich überschritten. Aus beiden Resultaten zusammen folgt nach dem Satze von § 40, daß $\lim\limits_{m=\infty}(a'_1 + a'_2 + \ldots + a'_m) = \alpha$ ist; d. h. es gilt der Satz:

Die Summe einer Reihe aus positiven Gliedern ist unabhängig von der Reihenfolge der Glieder.

II. Haben wir mit einer Reihe zu thun, deren Glieder nicht alle gleichbezeichnet sind, die aber absolut konvergiert, so können wir zunächst zeigen, daß die positiven Glieder einer solchen Reihe für sich und die negativen Glieder für sich konvergente Reihen bilden. Denn die Summe beliebig vieler von den positiven Gliedern wächst mit wachsender Gliederzahl; sie kann aber nicht über jede Grenze hinaus wachsen, weil sonst die Summe der absoluten Beträge sämtlicher Glieder, die ja außer den positiven auch noch die negativen positiv genommen enthält, umsomehr über alle Grenzen wachsen müßte, gegen die Voraussetzung, daß die Reihe absolut konvergieren sollte. Also konvergiert die Summe der positiven Glieder für sich; und für die negativen Glieder ergiebt sich das gleiche. Bezeichnen wir dann mit s_n die Summe der n ersten Glieder der gegebenen Reihe, mit s'_n die Summe der positiven unter ihnen, mit s''_n die Summe der absoluten Beträge der negativen, so ist:

$$s_n = s'_n - s''_n.$$

Da wir nun gesehen haben, daß die Grenzwerte $\lim\limits_{n=\infty} s'_n$ und $\lim\limits_{n=\infty} s''_n$ existieren, so können wir aus § 39, VI schließen, daß:

$$\lim_{n=\infty} s_n = \lim_{n=\infty} s'_n - \lim_{n=\infty} s''_n$$

ist; m. a. W. eine Reihe der hier betrachteten Art kann angesehen werden als die Differenz zweier anderer Reihen, von denen die eine die positiven Glieder der gegebenen Reihe enthält, die andere die negativen positiv genommen. Da wir auf jede dieser beiden Reihen den Satz I anwenden können, so folgt:

II. *Die Summe jeder absolut konvergenten Reihe ist unabhängig von der Reihenfolge der Glieder* (wie eine endliche Summe).

III. *Wenn aber eine Reihe aus positiven und negativen Gliedern nicht absolut konvergiert, so kann man durch andere Anordnung der Glieder jeden beliebigen Grenzwert a herausrechnen.*

Wenn nämlich die beiden Summen s'_n und s''_n jede für sich mit wachsendem n über alle Grenzen wachsen, so kann man zuerst der Reihe nach so viele Glieder aus s' nehmen, daß man eine Summe σ_1 erhält, die größer als a wird. Hierauf kann man wieder der Reihe nach gerade so viele Glieder aus s'' abziehen, daß man eine Summe σ_2 erhält, die kleiner als a wird. Dann kann man wieder von den noch nicht benutzten Gliedern aus s' der Reihe nach gerade so viele hinzuzählen, daß die entstehende Summe σ_3 wieder größer als a wird; dann von den noch nicht benutzten Gliedern aus s'' der

Reihe nach so viele abziehen, als nötig sind, damit man σ_4 kleiner als a erhält; u. s. w. Die so entstehende Zahlenfolge

$$\sigma_1, \sigma_2, \sigma_3, \sigma_4, \ldots$$

konvergiert gegen den vorgeschriebenen Wert a. Denn wenn die vorgelegte Reihe konvergieren soll, müssen ihre Glieder jedenfalls mit wachsendem Index dem absoluten Betrag nach unter jede Grenze sinken. Sei n so groß gewählt, daß $|a_{n+p}| < \varepsilon$ ist für jedes positive p; ist dann z. B.:

$$\sigma_\nu + a_{n+1} + \ldots + a_{n+k} < a,$$

dagegen:

$$\sigma_{\nu+1} = \sigma_\nu + a_{n+1} + \ldots + a_{n+k+1} > a,$$

so ist:

$$|\sigma_{\nu+1} - a| < a_{n+k+1} < \varepsilon,$$

und dasselbe gilt dann auch für größere Werte von ν, da eben alle $|a_{n+p}| < \varepsilon$ sind. Also ist bei dieser Anordnung $\lim\limits_{n=\infty} \sigma_\nu$ gleich der willkürlich gegebenen Zahl a, w. z. b. w.

Man nennt wohl eine konvergente Reihe, deren Summe von der Anordnung der Glieder unabhängig ist, *unbedingt konvergent*, dagegen eine solche, deren Summe durch Umordnung der Glieder geändert werden kann, *bedingt konvergent*. Dann kann man das Resultat der Untersuchung in den Satz zusammenfassen:

IV. *Eine absolut konvergente Reihe ist stets auch unbedingt konvergent; eine nicht absolut konvergente Reihe konvergiert auch nur bedingt.*

§ 59. Doppelreihen.

Die einzelnen Glieder der bisher betrachteten unendlichen Reihen waren durch einen Index unterschieden, dem alle positiven ganzzahligen Werte („von 1 bis ∞", wie man sich wohl ausdrückt) beizulegen waren. Wir müssen nun aber auch Systeme von Gliedern ins Auge fassen, deren einzelnes $a_{m,n}$ zwei Indices m, n trägt, die beide unabhängig voneinander alle ganzzahligen Werte von 1 bis ∞ zu durchlaufen haben. Wir gewinnen über die Gesamtheit solcher Terme eine gewisse Übersicht noch am ehesten, wenn wir sie uns in der Gestalt eines quadratischen Schemas anordnen, etwa so:

$$1)\quad \left\{\begin{array}{cccccc} a_{00} & a_{01} & a_{02} & \ldots & a_{0n} & \ldots \\ a_{10} & a_{11} & a_{12} & \ldots & a_{1n} & \ldots \\ a_{20} & a_{21} & a_{22} & \ldots & a_{2n} & \ldots \\ \cdot & \cdot & \cdot & \cdot & \cdot & \cdot \\ a_{m0} & a_{m1} & a_{m2} & \ldots & a_{mn} & \ldots \\ \cdot & \cdot & \cdot & \cdot & \cdot & \cdot \end{array}\right.$$

Wir können sie aber auch in mannigfaltiger Weise so in eine einzige Reihe anordnen, daß jedes von ihnen in dieser Reihe eine ganz bestimmte Stelle einnimmt; z. B. so:

$$a_{00}\ a_{01}\ a_{10}\ a_{02}\ a_{11}\ a_{20}\ a_{03}\ a_{12}\ a_{21}\ a_{30}\ a_{04}\ \ldots \tag{2}$$

oder auch so:

$$a_{00}\ a_{10}\ a_{01}\ a_{20}\ a_{11}\ a_{02}\ a_{30}\ a_{21}\ a_{12}\ a_{03}\ a_{40}\ \ldots \tag{3}$$

(Diese Umordnungen sind von den im vorigen Paragraphen betrachteten insofern noch wesentlich verschieden, als ein Glied wie z. B. a_{23}, das in (2) oder (3) eine endliche Ordnungsnummer hat, in (1) erst auftritt, nachdem schon die unendlich vielen Glieder einer oder mehrerer Zeilen vorausgegangen sind.)

Es seien nun die a_{mn} zunächst alle positiv; ferner bilde jede Zeile des Schemas (1) für sich eine konvergente Reihe:

$$\sum_{n=0}^{\infty} a_{mn} = s_m; \tag{4}$$

und endlich konvergiere auch die aus diesen sämtlichen s_m gebildete unendliche Reihe:

$$\sum_{m=0}^{\infty} s_m = S. \tag{5}$$

Unter diesen Voraussetzungen können wir zeigen:

1. Ordnen wir die a_{mn} irgendwie in eine einfache Reihe um — sie mögen in dieser neuen Anordnung mit

$$b_0,\ b_1,\ b_2,\ \ldots\ b_k,\ \ldots$$

bezeichnet werden — so wächst die Summe

$$B_k = b_0 + b_1 + b_2 + \cdots + b_k \tag{6}$$

mit wachsendem k, da alle ihre Glieder positiv sind. Aber sie wächst nicht über alle Grenzen, sie kann vielmehr für keinen Wert von k die Zahl S erreichen. Denn unter den $b_0, b_1, \ldots, b_k$ sind nicht aus allen Reihen s_m Elemente enthalten, und von denjenigen Reihen, von denen Elemente unter ihnen enthalten sind, nicht alle Elemente. Also bilden die B_k eine aufsteigende Zahlenfolge der in § 40 untersuchten Art, und sie konvergieren folglich gegen eine bestimmte Grenze. M. a. W. die unendliche Reihe

$$\sum_{k=0}^{\infty} b_k = B \tag{7}$$

ist unter den angegebenen Voraussetzungen konvergent.

2. Die Summe B dieser Reihe kann von S nicht verschieden sein. Denn sei

$$\sum_{n=0}^{q} a_{mn} = \sigma_{mq} \tag{8}$$

$$\sum_{m=0}^{p} \sigma_{mq} = S_{pq} \tag{9}$$

gesetzt, so können wir in der Reihe der b soweit vorgehen, bis alle in S_{pq} auftretenden a_{mn} auch in B_k vorkommen. Dann ist $S_{pq} \leqq B_k < B$. Wenden wir dann Satz III von § 39 zweimal an, indem wir zuerst zur Grenze $q = \infty$ und dann zur Grenze $p = \infty$ übergehen, so sehen wir, daß $S \leqq B$ sein muß. Andererseits: ist β irgend eine Zahl, die kleiner als B ist, so kann man k so groß wählen, daß $B_k > \beta$ wird. Hierauf kann man p und q so groß wählen, daß alle a_{mn}, die in B_k vorkommen, auch in S_{pq} auftreten; dann wird $S_{pq} > \beta$ und umsomehr $S > \beta$. S ist also größer als jede Zahl, die kleiner als B ist und kann daher auch nicht kleiner als B sein. Vorhin war gezeigt, daß es nicht größer sein kann; also muß es gleich B sein; w. z. b. w.

Umgekehrt kann man zeigen — immer noch unter der Voraussetzung, daß alle auftretenden Größen positiv sind —: Wenn die Reihe (7) (bei irgend einer Anordnung ihrer Glieder) konvergiert, so folgt:

1. Die sämtlichen Reihen (4) konvergieren. Denn jede der Summen σ_{mq} wächst mit wachsendem q; sie kann aber nicht über alle Grenzen wachsen, da sie stets kleiner als B bleiben muß.

2. Auch die Summe aller dieser Reihen, d. h. die Summe (5) konvergiert. Denn da, wie oben gezeigt, S_{pq} beständig kleiner als B bleibt, so findet man, indem man erst zur Grenze $q = \infty$ und dann zur Grenze $p = \infty$ übergeht, daß auch die Summe

$$S = \lim_{p=\infty} (\lim_{q=\infty} S_{pq}) \tag{10}$$

nicht größer als B werden kann.

3. Daraus ergiebt sich dann wie beim Beweise des direkten Satzes, daß die beiden Summen B und S einander gleich sein müssen.

Vertauschen wir in den geführten Beweisen m mit n, p mit q, so erhalten wir entsprechende Sätze, in denen die Vertikalreihen des Schemas an die Stelle der Horizontalreihen treten.

Alle diese Resultate können wir in folgenden Satz zusammenfassen:

Eine Doppelreihe kann entweder zuerst nach Horizontalreihen, oder zuerst nach Vertikalreihen, oder durch Anordnung sämtlicher Glieder in eine einfache Reihe summiert werden. Konvergiert sie bei irgend einer dieser Summationsarten, so konvergiert sie auch bei den beiden andern, und zwar gegen dieselbe Summe.

Dieser Satz gilt nach dem eben bewiesenen zunächst für Reihen *mit nur positiven Gliedern;* er überträgt sich aber sofort auf *alle unbedingt konvergenten Reihen.* (D. h. es müssen z. B. die Reihen $\sum\limits_n | a_{mn} |$ und $\sum\limits_m \sum\limits_n | a_{mn} |$ konvergieren; die Konvergenz der Reihen $\sum\limits_n | a_{mn} |$ und $\sum\limits_m | \sum\limits_n a_{mn} |$ würde nicht in allen Fällen ausreichen.)

Drei- und mehrfache Reihen lassen sich ganz in derselben Weise behandeln.

§ 60. Rechnen mit unendlichen Reihen.

Die unendlichen Reihen haben vor anderen Formen des Grenzüberganges das voraus, daß wenigstens die drei ersten Rechnungsoperationen mit ihnen sehr bequem vorgenommen werden können.

Man kann zwei konvergente unendliche Reihen *gliedweise addieren* und *subtrahieren*; d. h. wenn die Reihen $\sum\limits_{n=0}^{\infty} a_n = A$, $\sum\limits_{n=0}^{\infty} b_n = B$ konvergiren, so konvergieren auch die Reihen:

$$1)\qquad \sum_{n=0}^{\infty}(a_n + b_n), \qquad \sum_{n=1}^{\infty}(a_n - b_n)$$

und zwar gegen $A + B$, bezw. $A - B$. Es folgt das unmittelbar aus der Definition der Summe einer unendlichen Reihe als Grenzwert einer endlichen Summe und aus den beiden ersten Gleichungen von § 43.

Ebenso kann man eine unendliche Reihe mit einem Faktor gliedweise multiplizieren.

Das *Produkt zweier unendlichen Reihen* erhält man durch zweimalige Anwendung des letzteren Satzes zunächst in der Form:

$$2)\qquad \sum_{m=0}^{\infty}\left(a_m \sum_{n=0}^{\infty} b_n\right),$$

also in der Gestalt einer Doppelreihe. Konvergieren die beiden gegebenen unendlichen Reihen *unbedingt*, so können wir nach § 59 die Doppelreihe in eine einfach unendliche Reihe umformen und z. B. schreiben:

3) $$\sum_{m=0}^{\infty} a_m \cdot \sum_{n=0}^{\infty} b_n = \sum_{r=0}^{\infty} c_r$$

mit

4) $$c_r = a_0 b_r + a_1 b_{r-1} + \ldots + a_r b_0 .$$

So erhält man z. B. durch Multiplikation der geometrischen Reihe:

$$(1 - x)^{-1} = 1 + x + x^2 + x^3 + \ldots$$

mit sich selbst die Reihe:

5) $$(1 - x)^{-2} = 1 + 2x + 3x^2 + 4x^3 + \ldots$$

NEUNTER ABSCHNITT.

Stetigkeit.

§ 61. Stetigkeit der rationalen Funktionen.

Wir haben schon in § 43 eine wichtige Eigenschaft der elementaren arithmetischen Operationen besprochen: daß es nämlich gleichgültig ist, ob man sie *vor* oder *nach* einem Grenzübergang ausführt. Sehen wir im Augenblick nur eine der beiden Zahlen, die durch die betreffende Operation miteinander verknüpft werden, als veränderlich an und betrachten demgemäß das Ergebnis der Operation als Funktion dieser einen Veränderlichen x, so können wir sagen: *Bedeutet $f(x)$ eine rationale Funktion, d. h. eine Funktion, die durch Verbindung von x mit einer andern Zahl durch Addition, Subtraktion, Multiplikation oder Division entsteht, so ist stets*

1) $$\lim_{n=\infty} f(a_n) = f(\lim_{n=\infty} a_n),$$

wenn nur die Existenz des Grenzwertes $\lim_{n=\infty} a_n$ *vorausgesetzt wird.*

Ausgenommen ist dabei nur der Fall, daß $\lim_{n=\infty} a_n$ eine Nullstelle des Nenners ist; in diesem Fall hat das Zeichen $f(\lim_{n=\infty} a_n)$ überhaupt keine Bedeutung, da wir mit Null nicht dividieren können.

Besondere Beachtung verdient hier noch der Fall, daß die rationale Funktion in einer Form vorgelegt ist, in der Zähler und Nenner noch gemeinsame Nullstellen haben. Sei z. B.:

2) $$f(x) \equiv \frac{g(x)}{h(x)} \equiv \frac{(x-\alpha)\, g_1(x)}{(x-\alpha)\, h_1(x)}$$

und g_1 zu h_1 teilerfremd. Dann kann man für jeden von α verschiedenen Wert von x schließen, daß

$$3)\qquad f(x) = \frac{g_1(x)}{h_1(x)}$$

sei. Für $x = \alpha$ kann man nicht so schließen, da $f(x)$ für diesen Wert von x zunächst überhaupt nicht definiert ist (denn $\frac{0}{0}$ kann an und für sich jede Zahl bedeuten). Eben deswegen aber, weil es bis jetzt nicht definiert ist, können wir ihm eine solche Bedeutung noch willkürlich beilegen, indem wir festsetzen:

Auch für $x = \alpha$ soll unter $f(x)$ der Wert $g_1(\alpha)/h_1(\alpha)$ verstanden werden.

Wir erreichen nämlich durch diese Festsetzung, daß die Gleichung (1) auch in diesem Falle gilt, wenn nur $h_1(\alpha)$ von Null verschieden ist; denn da sie dann für g_1/h_1 gilt und da jetzt f überall gleich g_1/h_1 ist, so folgt, daß sie dann auch für f gilt.

Die durch die Gleichung (1) ausgedrückte Eigenschaft der rationalen Funktionen ist so wichtig, daß sich ein eigener Name für sie empfiehlt: *Man sagt von einer Funktion, welcher die durch Gleichung (1) ausgedrückte Eigenschaft für jede gegen einen bestimmten Grenzwert α konvergierende Zahlenfolge zukommt, sie sei „an der Stelle $x = \alpha$ stetig“.*

Thut man das, so kann man den Satz von § 43 auch so aussprechen: *Eine rationale Funktion von x ist überall da stetig, wo ihr Nenner nicht Null ist.*

§ 62. Der allgemeine Begriff des Grenzüberganges.

Aus der im vorigen Paragraphen gegebenen Definition der Stetigkeit der Funktion an einer Stelle läßt sich durch einen indirekten Schluß der folgende Satz ableiten:

I. *Ist eine Funktion $f(x)$ für $x = \alpha$ stetig, so kann man zu jeder gegebenen* (noch so kleinen) *positiven Zahl ε eine andere δ so bestimmen, daß*

$$1)\qquad | f(\alpha + h) - f(\alpha) | < \varepsilon$$

ist für alle diejenigen Werte von h, die der Ungleichung

$$2)\qquad | h | < \delta$$

genügen.

Wäre das nämlich für irgend ein ε nicht der Fall, so könnten wir eine gegen Null konvergierende Folge von positiven Zahlen:

$$3)\qquad \delta_1, \delta_2, \delta_3, \ldots \delta_n, \ldots; \qquad \lim_{n=\infty} \delta_n = 0$$

beliebig annehmen und dann zu jedem δ_n ein h_n so finden, daß

$$|h_n| < \delta_n, \qquad |f(\alpha + h_n) - f(\alpha)| \geqq \varepsilon$$

wäre. Dann wäre aber einerseits auch $\lim h_n = 0$; andererseits würde aus § 39, III folgen, daß

$$\lim_{n=\infty} |f(\alpha + h_n) - f(\alpha)|,$$

wenn er existiert, nicht kleiner als ε sein könnte, gegen die Voraussetzung, daß dieser Grenzwert für jede gegen Null konvergierende Zahlenfolge selbst gleich Null sei.

II. Umgekehrt: *Kann man zu jeder positiven Größe ε eine andere δ so bestimmen, daß die Ungleichung (1) für alle diejenigen Werte von h gilt, die der Ungleichung (2) genügen, so ist die Funktion $f(x)$ bei $x = \alpha$ stetig.*

Denn wenn $\lim\limits_{n=\infty} a_n = \alpha$ ist, so kann man nach der Definition des Grenzwertes (§ 37) n so groß wählen, daß

$$|a_{n+p} - \alpha| < \delta$$

wird für jedes positive p; dann wird nach der Voraussetzung

$$|f(a_{n+p}) - f(\alpha)| < \varepsilon.$$

Also kann man n so groß wählen, daß $|f(a_{n+p}) - f(\alpha)|$ für jedes positive p kleiner als eine beliebig vorgegebene Größe ε wird. Das heißt aber eben, daß

$$\lim_{n=\infty} f(a_n) = f(\alpha)$$

ist; w. z. b. w.

Dieser Doppelsatz giebt Veranlassung zu einem erweiterten Gebrauch des Wortes Grenzwert und des Zeichens lim. Man definiert nämlich:

III. *Wenn für jede gegen α konvergierende Zahlenfolge a_n*

$$\lim_{n=\infty} f(a_n) = \beta \tag{4}$$

ist, so sagt man: Die Funktion $f(x)$ hat für $x = \alpha$ den Grenzwert β und schreibt:

$$\lim_{x=\alpha} f(x) = \beta. \tag{5}$$

Wenn dagegen nicht für jede solche Zahlenfolge der Grenzwert der $f(a_n)$ existiert, oder wenn verschiedene solche Zahlenfolgen, die gegen denselben Grenzwert α konvergieren, zu verschiedenen Grenzwerten $\lim\limits_{n=\infty} f(a_n)$, $\lim\limits_{n=\infty} f(b_n)$ führen, so sagt man: die Funktion $f(x)$ hat bei $x = \alpha$ keinen Grenzwert. Das Zeichen $\lim\limits_{x=\alpha} f(x)$ hat dann keinerlei Bedeutung.

Bei Benutzung des soeben eingeführten Zeichens kann Satz I auch so ausgesprochen werden:

IV. *$f(x)$ ist bei $x = \alpha$ dann und nur dann stetig, wenn* $\lim\limits_{x=\alpha} f(x)$ *existiert und gleich $f(\alpha)$ ist.*

Wie wir schon in § 61 an dem Beispiel der rationalen Brüche gesehen haben, kommen Fälle vor, in denen die ursprüngliche Definition einer Funktion $f(x)$ für einen bestimmten Wert $x = \alpha$ versagt, aber der Grenzwert $\lim\limits_{x=\alpha} f(x)$ existiert. In solchen Fällen ist es dann meistens zweckmäßig, die Definition von $f(x)$ durch den Zusatz zu ergänzen: „Unter $f(\alpha)$ soll $\lim\limits_{x=\alpha} f(x)$ verstanden werden" und die Funktion dadurch zu einer auch bei $x = \alpha$ stetigen zu *machen.*

Es kann aber auch vorkommen, daß nach der ursprünglichen Definition einer Funktion $f(a)$ und $\lim\limits_{x=a} f(x)$ beide existieren, aber voneinander verschieden sind; in solchen Fällen würde die Anwendung eines derartigen Auskunftsmittels nicht eine Ergänzung, sondern eine Abänderung der ursprünglichen Definition bedeuten.

§ 63. Vom Gebrauch des Wortes „unendlich" in der Analysis.

Zwischen dem in § 37 und dem in § 62 eingeführten Gebrauch des Zeichens lim besteht folgender Unterschied: In § 37 trat als unabhängige Veränderliche eine Zahl n auf, die 1) nicht gegen einen bestimmten Grenzwert konvergierte, sondern über alle Grenzen wuchs, und die 2) während dieses Wachsens nicht ganz willkürliche Werte, sondern nur eine bestimmte Klasse von Werten, nämlich nur die positiven ganzzahligen, durchlief. In § 62 dagegen war die unabhängige Veränderliche eine Zahl x, die 1) gegen einen bestimmten Grenzwert konvergierte und 2) bei der Annäherung an diesen Grenzwert ganz willkürliche Näherungswerte durchlaufen durfte. Wir können nun aber auch die erste Voraussetzung von § 37 mit der zweiten von § 62 kombinieren; wir werden so auf Zahlenfolgen geführt, die zum Unterschied von den früher betrachteten nicht gegen einen bestimmten Grenzwert konvergieren, sondern schließlich über alle Grenzen wachsen. *Wir sagen nämlich:*

I. *von einer unbegrenzten Folge von Zahlen*

1) $$a_0, a_1, a_2, \ldots, a_n, \ldots$$

„sie werden schließlich unendlich groß" oder auch wohl „sie konver-

gieren gegen unendlich", wenn man zu jeder gegebenen (noch so großen) *Zahl N einen Wert n des Index so bestimmen kann, daß*

2) $$| a_{n+p} | > N$$

ist für alle positiven Werte von p.

Eine solche Zahlenfolge erhalten wir z. B., wenn wir erst eine gegen Null konvergierende Folge bilden (in der aber die einzelnen Näherungswerte von 0 verschieden sein sollen) und dann von allen ihren Gliedern die reziproken Werte nehmen; und umgekehrt.

Ist eine solche Folge von Zahlen gegeben und irgend eine Funktion $f(x)$, so können wir die Folge von Zahlen $f(a_n)$ ins Auge fassen. Konvergiert diese Folge gegen einen bestimmten Grenzwert b (im Sinne von § 37), so würden wir das nach unseren bisherigen Festsetzungen so zu schreiben haben:

3) $$\lim_{n=\infty} f(a_n) = b\,.$$

Uns interessiert nun besonders der Fall, daß eine solche Grenzgleichung für *jede* gegen unendlich konvergierende Folge von Argumentwerten gilt, und daß überdies bei allen diesen Folgen derselbe Grenzwert b sich ergiebt. In diesem Falle sagen wir:

II. *„f(x) konvergiert für $x = \infty$ gegen b"* und schreiben das so:

4) $$\lim_{x=\infty} f(x) = b$$

oder auch kürzer so:

5) $$f(\infty) = b\,.$$

Bei Benutzung der Schreibweise (4) wird also das Zeichen $\lim\limits_{x=\infty}$ in einem anderen Sinne gebraucht als bisher: wenn die Gleichung (4) in dem hier definierten Sinne gilt, so gilt auch stets die Gleichung

6) $$\lim_{n=\infty} f(n) = b$$

in dem früher (§ 37) definierten Sinne des Zeichens $\lim\limits_{n=\infty}$, bei welchem nur auf ganzzahlige Werte von n geachtet wurde; aber die Gleichung (6) kann auch bestehen, ohne daß die allgemeinere Gleichung (4) besteht. Es würde zweckmäßig sein, den allgemeineren und den spezielleren Fall noch deutlicher durch die Schreibweise zu unterscheiden, als dies dadurch geschieht, daß man unter dem Zeichen lim im allgemeineren Fall den Buchstaben x als Zeichen einer unbeschränkt Veränderlichen, im speziellen Fall den Buchstaben n als Zeichen einer auf ganzzahlige Werte beschränkten gebraucht; indessen besteht in dieser Beziehung keine allgemein angenommene Verabredung.

Der Definition II stellt man noch die beiden folgenden ganz analogen an die Seite:

III. *Die Gleichung:*

7) $$\lim_{x=a} f(x) = \infty \text{ oder kürzer } f(a) = \infty$$

sagt aus: Zu jeder gegebenen (noch so großen) *Zahl N kann man eine andere ε so bestimmen, daß*

$$|f(a+h)| > N$$

ist, sobald

$$|h| < \varepsilon$$

ist.

IV. *Die Gleichung*

8) $$\lim_{x=\infty} f(x) = \infty \text{ oder kürzer } f(\infty) = \infty$$

sagt aus: Zu jeder gegebenen (noch so großen) *Zahl N kann man eine andere M so bestimmen, daß*

$$|f(x)| > N$$

ist, sobald:

$$|x| > M.$$

(Wenn von der Existenz eines bestimmten Grenzwertes $\lim f(x)$ für einen bestimmten Wert von x gesprochen wird, ist sorgfältig darauf zu achten, ob damit nur ein endlicher Grenzwert gemeint ist oder ob auch ein unendlich großer [im Sinne der Definitionen III und IV] zugelassen werden soll. *Im folgenden ist immer das erstere der Fall, wenn nicht das Gegenteil ausdrücklich gesagt wird.*)

Durch diese Definitionen ist der Sinn vollständig festgelegt, in dem das Wort „unendlich" gebraucht wird. Man beachte, daß es immer nur in einem Konditionalsatz (im Haupt- oder im Nebensatz, auch in beiden) vorkommt; in der Definition I ist das nur scheinbar nicht der Fall, indem auch sie eigentlich aussagt: *Wenn n* ins Unendliche wächst, wächst auch a_n ins Unendliche.

In ganz analogem Sinne wie das Wort „unendlich groß", wird auch das Wort „unendlich klein" gebraucht. Man definiert nämlich:

V. *Die Aussage: $f(x) - b$ wird mit $x - a$ zugleich unendlich klein* (oder auch: $f(x) - b$ verschwindet mit $x - a$) *bedeutet soviel als die Gleichung:*

9) $$\lim_{x=a} f(x) = b.$$

Mit Benutzung dieser Ausdrucksweise kann die Definition der Stetigkeit (§ 62, IV) auch so ausgesprochen werden:

VI. *$f(x)$ ist bei $x = a$ stetig, wenn $f(x) - f(a)$ mit $x - a$ zugleich unendlich klein wird.*

Wird $f(x)$ für $x = a$ (bezw. für $x = \infty$) unendlich klein, so wird $1/f(x)$ dort unendlich groß; und umgekehrt.

§ 64. Sätze über Stetigkeit.

Für unsere weiteren Untersuchungen bedürfen wir des Satzes:

I. *Summe, Differenz, Produkt und* (wenn der Nenner nicht Null ist) *Quotient zweier stetiger Funktionen sind selbst wieder stetige Funktionen.* Der Beweis dieses Satzes läßt sich einfach darstellen, wenn man einen Hülfssatz vorausnimmt, der eine gewisse Verwandtschaft mit § 39, I besitzt, nämlich:

II. *Sind $\varphi(x)$, $\psi(x)$ zwei für $x = a$ stetige Funktionen, so kann man zu jeder gegebenen positiven Größe ε eine andere δ so bestimmen, daß die beiden Ungleichungen*

1) $$|\varphi(x) - \varphi(a)| < \varepsilon, \qquad |\psi(x) - \psi(a)| < \varepsilon$$

zugleich bestehen, sobald

2) $$|x - a| < \delta$$

ist.

Man braucht dazu nämlich bei gegebenem ε nur die kleinere der beiden Zahlen δ zu nehmen, die man nehmen müßte, wenn man nur das Bestehen der einen oder der anderen jener Ungleichungen erzwingen wollte.

Dieser Hülfssatz überträgt sich wie jener sofort auf den Fall einer größeren Anzahl von Funktionen; dagegen nicht auf den Fall, daß man mit unendlich vielen zu thun hat.

Sei nun zunächst

3) $$f(x) = \varphi(x) \pm \psi(x)$$

und soll gezeigt werden, daß man zu jedem ε ein δ so bestimmen kann, daß

$$|f(a+h) - f(a)| < \varepsilon$$

wird für jedes $|h| < \delta$, so bestimmen wir, was wegen der vorausgesetzten Stetigkeit von $\varphi(x)$ und $\psi(x)$ möglich ist, zunächst δ so, daß

$$|\varphi(a+h) - \varphi(a)| < \varepsilon/2, \qquad |\psi(a+h) - \psi(a)| < \varepsilon/2,$$

sobald $|h| < \delta$ ist. Dann wird nach der Schlußbemerkung von § 10:

$$|f(a+h) - f(a)| < \varepsilon,$$

w. z. b. w.

Um den entsprechenden Satz für das Produkt zweier Funktionen zu beweisen, bedürfen wir noch eines zweiten Hülfssatzes, nämlich:

III. *Wenn $\varphi(x)$ bei $x = a$ stetig ist, so kann man stets eine positive Größe M von der Art angeben, daß*

$$|\,\varphi(a+h)\,| < M \tag{4}$$

ist, sobald $|\,h\,| < \delta$ ist. Wäre das nämlich nicht der Fall, so könnten nicht alle die Werte $\varphi(a+h)$ um weniger als ε von $\varphi(a)$ abweichen.

Ist dann eine Genauigkeitsgrenze ε gegeben, so bestimmen wir zunächst δ so, daß

$$|\,\varphi(a+h) - \varphi(a)\,| < \frac{\varepsilon}{2M}, \qquad |\,\psi(a+h) - \psi(a)\,| < \frac{\varepsilon}{2M},$$

sobald $|\,h\,| < \delta$ ist, und daß zugleich die Ungleichung (4) und die entsprechende Ungleichung für ψ erfüllt sind. Dann wird

$$|\,f(a+h) - f(a)\,| = |\,\varphi(a+h)[\psi(a+h) - \psi(a)]$$
$$+ \psi(a)[\varphi(a+h) - \varphi(a)]\,| < M \cdot \frac{\varepsilon}{2M} + M \cdot \frac{\varepsilon}{2M},$$

also $< \varepsilon$, was erreicht werden sollte.

Um endlich auch den Satz für einen Quotienten zu beweisen, schicken wir noch den Hülfssatz voraus:

IV. ***Wenn $\varphi(x)$ bei $x = a$ stetig und $\varphi(a)$ nicht Null ist, kann man eine Zahl δ von der Beschaffenheit angeben, daß $\varphi(a+h)$ absolut größer als eine angebbare positive Größe m** (z. B. $|\,\varphi(a)/2\,|$) **ist, sobald $|h| < \delta$ ist.***

Man braucht, um das zu beweisen, nur in der Definition der Stetigkeit für ε die Größe $\varphi(a) - m$ zu nehmen.

Wird dann δ so bestimmt, daß für alle $|\,h\,| < \delta$:

$$|\,\varphi(a+h) - \varphi(a)\,| < \frac{m^2\varepsilon}{2M},$$

$$|\,\psi(a+h) - \psi(a)\,| < \frac{m^2\varepsilon}{2M},$$

so wird für alle solchen h:

$$\left|\frac{\varphi(a+h)}{\psi(a+h)} - \frac{\varphi(a)}{\psi(a)}\right| = \frac{|\,\psi(a+h)[\varphi(a+h) - \varphi(a)] - \varphi(a+h)[\psi(a+h) - \psi(a)]}{|\,\psi(a)\,|\;|\,\psi(a+h)\,|}$$

$$< \frac{1}{m^2}\left[M \cdot \frac{m^2\varepsilon}{2M} + M \cdot \frac{m^2\varepsilon}{2M}\right],$$

also $< \varepsilon$, w. z. erreichen war.

Weiter sei noch der Satz erwähnt:

V. *Wenn eine für jeden Wert eines Intervalls stetige Funktion für alle rationalen Werte dieses Intervalls Null ist, so ist sie auch für alle irrationalen Werte desselben Null.*

Denn jede irrationale Zahl α des Intervalls kann durch eine Folge rationaler Zahlen a_n desselben approximiert werden. Aus den Gleichungen:

$$f(a_n) = 0\,, \qquad n = 0,\ 1,\ 2,\ \ldots$$

folgt aber nach § 61:

$$f(\alpha) = \lim_{n=\infty} f(a_n) = 0\,,$$

w. z. b. w.

Zur Erläuterung sei noch bemerkt: Unter „dem Intervall $(a \ldots b)$“ verstehen wir die Gesamtheit der Zahlen, die zugleich $\leqq b$ und $\geqq a$ sind. Dabei unterscheiden wir die beiden Ausdrücke „*in einem Intervall*“ und „*im Innern*“ oder „*innerhalb eines Intervalls*“; der erstere schließt die Grenzen ein, der letztere aus.

§ 65. Umkehrung einer stetigen und monotonen Funktion.

Für jede stetige Funktion gilt der Satz:

I. *Eine in allen Punkten eines Intervalls stetige Funktion, die in den beiden Endpunkten entgegengesetzte Vorzeichen hat, wird in diesem Intervall mindestens an einer Stelle Null.*

Wir wollen uns jedoch bei dem Beweise dieses Satzes auf den einfachen Fall beschränken, daß die Funktion in dem betrachteten Intervall *monoton* ist, d. h. mit wachsendem x entweder beständig zu- oder beständig abnimmt. Da wir den letzteren Fall durch Untersuchung von $-f(x)$ an Stelle von $f(x)$ auf den ersteren zurückführen können, so genügt die Verfolgung der Voraussetzungen:

1) $$a < b\,, \qquad f(a) < 0\,, \qquad f(b) > 0\,.$$

Wir teilen die rationalen Zahlen des Intervalls $(a \ldots b)$ so in zwei Klassen $c \mid C$, daß

2) $$f(c) < 0\,, \qquad f(C) > 0$$

ist. Unter den c kann keine größte sein; denn ist $f(c_1) = -b_1 < 0$, so kann man nach dem Hülfssatz IV von § 64 δ so klein annehmen, daß auch $f(c_1 + \delta) < 0$ ist; dann gehört aber $c_1 + \delta$ auch noch zu den c, gegen die Voraussetzung. Ebenso wird bewiesen, daß unter den C keine kleinste sein kann. Es kann ferner wegen der vorausgesetzten Monotonie nicht zwei verschiedene rationale Zahlen in dem Intervall geben, die weder zu den c, noch zu den C gehörten; denn für jede solche Zahl γ müßte $f(\gamma) = 0$ sein. Giebt es eine solche Zahl, so ist sie die gesuchte; giebt es keine, so hat die Zerlegung $c \mid C$ in Bezug auf das Intervall die in § 33 vorausgesetzten Eigenschaften, definiert also eine irrationale Zahl γ. Für diese muß dann $f(\gamma) = 0$ sein. Denn wäre es etwa negativ, so könnte man nach dem Hülfssatze δ so klein nehmen, daß auch $f(\gamma + \delta)$ noch negativ wäre, gegen die Voraussetzung, daß jede rationale Zahl, die größer als γ ist, zu den C gehörte. Damit ist der ausgesprochene Satz für eine *monotone* Funktion bewiesen.

Von da aus erkennt man leicht seine Gültigkeit auch für den etwas allgemeineren Fall, daß die Funktion in dem betrachteten Intervall nur „*abteilungsweise*“ *monoton* ist, d. h. daß das Intervall in eine endliche Anzahl von Teilintervallen zerlegt werden kann, in deren jedem sie monoton ist. Sie muß nämlich dann in mindestens einem dieser Teilintervalle ihr Vorzeichen wechseln, wenn sie nicht in dem ganzen Intervalle dasselbe Vorzeichen hat. Funktionen, denen diese Eigenschaft nicht zukommt, die also in einem endlichen Intervall unendlich oft vom Wachsen ins Abnehmen und umgekehrt übergehen (wie z. B. $\sin(1/x)$), ziehen wir nicht in den Bereich unserer Untersuchungen.

Übrigens zeigt der durchgeführte Beweis auch, wie die Zahl γ durch eine der in § 34 auseinandergesetzten Verfahrungsweisen mit jeder verlangten Genauigkeit berechnet werden kann, sobald man im stande ist, zu jedem Wert x des Intervalls den zugehörigen Funktionswert $f(x)$ mit jeder verlangten Genauigkeit zu berechnen.

Aus dem bewiesenen speziellen Satze ergiebt sich leicht der folgende allgemeinere:

II. *Ist $f(x)$ in allen Punkten des Intervalls $(a \ldots b)$ stetig und ist g ein zwischen $f(a)$ und $f(b)$ gelegener Wert, so giebt es in ihm mindestens einen Wert c, für den $f(c) = g$ ist.*

Denn dann erfüllt die Funktion $f(x)$ die Voraussetzungen des Satzes I.

Die Sätze, daß zu jedem Wert des Radikanden ein bestimmter Wert der Wurzel (bei gegebenem Wurzelexponenten) und zu jedem positiven Wert des Numerus ein bestimmter Wert des Logarithmus (bei gegebener Basis) gehören (§§ 46 und 52), sind spezielle Fälle des hier bewiesenen allgemeinen Satzes. In der That haben wir damals zum Beweise der speziellen Sätze keine anderen Hülfsmittel angewendet, als jetzt zum Beweise des allgemeinen; wenn wir auch damals den Begriff der Stetigkeit noch nicht formuliert hatten, so machten wir doch von der Ungleichung § 44, (12) und der Gleichung § 50, (7) Gebrauch, aus denen die *Stetigkeit der Potenz* gefolgert werden kann, wenn man sie das eine Mal als Funktion der Basis, das andere Mal als Funktion des Exponenten betrachtet.

Wenden wir den Satz II auf jeden zwischen $c = f(a)$ und $d = f(b)$ gelegenen Wert y an, so erhalten wir zu jedem dieser Werte y einen zugehörigen Wert x. Dadurch ist im Intervall $(c \ldots d)$ eine Funktion $y = \varphi(x)$ definiert; wir nennen diese Funktion die *Umkehrung* von $x = f(y)$. Dabei gilt der Satz:

III. *Wenn die Funktion $y = f(x)$ an jeder Stelle des Intervalls $(a \ldots b)$ stetig und in ihm monoton ist, so ist auch ihre Umkehrung $x = \varphi(y)$ an jeder Stelle des Intervalls $(c \ldots d)$ stetig.*

Sei nämlich x_0 irgend eine solche Stelle, y_0 der zugehörige Wert von y; sei ferner irgend eine Genauigkeitsgrenze ε gegeben und sei:

$$3) \qquad f(x_0 + \varepsilon) = y_0 + \delta_1, \qquad f(x_0 - \varepsilon) = y_0 - \delta_2;$$

dann gehört zu jedem Werte von x zwischen $x_0 - \varepsilon$ und $x_0 + \varepsilon$ wegen der vorausgesetzten Monotonie von $f(x)$ ein Wert von y, der zwischen $y_0 - \delta_2$ und $y_0 + \delta_1$ liegt, also auch umgekehrt nach Satz II zu jedem Wert von y zwischen $y_0 - \delta_2$ und $y_0 + \delta_1$ ein Wert von x zwischen $x_0 - \varepsilon$ und $x + \varepsilon$. Ist also δ die kleinere der beiden Größen δ_1 und δ_2, so hat man damit zu gegebenem ε ein δ so bestimmt, daß $|\varphi(y) - \varphi(y_0)| < \varepsilon$, sobald $|y - y_0| < \delta$; und die Behauptung, $x = \varphi(y)$ sei für $y = y_0$ stetig, besagt eben, daß eine solche Bestimmung von δ zu jedem gegebenen ε möglich sei.

Durch die Sätze dieses Paragraphen ist wieder in einem wichtigen Punkte der Anschluß der Analysis an die Geometrie erreicht; es ist nämlich der in § 62 analytisch definierte Begriff der Stetigkeit in Verbindung gebracht mit der Vorstellung, die man in der Geometrie mit den Worten „stetiger Kurvenbogen" verknüpft. Man sieht als selbstverständlich an, daß jeder solche Kurvenbogen mit jeder Geraden, die zwischen seinen Endpunkten hindurchgeht, mindestens einen Punkt gemein hat. Betrachtet man die Gesamtheit der Punkte, deren Koordinaten in Bezug auf irgend ein rechtwinkliges Koordinatensystem einer Gleichung der Form $y = f(x)$ genügen, so zeigen unsere Sätze, daß diese Gesamtheit die genannte Eigenschaft jedenfalls für jede zu einer der Koordinatenaxen parallele Gerade hat, *wenn $f(x)$ eine im Sinne von § 62 stetige Funktion von x ist.* Erst auf Grund dieses Satzes sind wir einigermaßen berechtigt, eine solche Gesamtheit von Punkten als eine Kurve anzusehen;

wobei noch dahingestellt bleiben muß, ob ein solches analytisch definiertes Gebilde denn unter allen Umständen auch die übrigen Eigenschaften besitzt, die wir gewohnheitsmäßig jeder Kurve zuschreiben.

§ 66. Grenzfunktionen und ihre Stetigkeit. Gleichmäßige Konvergenz.

Wir haben uns bisher beinahe ausschließlich mit rationalen Funktionen beschäftigt, d. h. mit solchen Abhängigkeitsgesetzen, die sich analytisch durch eine endliche Anzahl von rationalen Operationen darstellen ließen. Für kompliziertere Abhängigkeitsgesetze ist das nicht möglich (wie allerdings hier nicht bewiesen werden kann); wollen wir auch sie durch Formeln darstellen, so müssen wir den Kreis der Operationen, die wir zulassen wollen, erweitern. Es lassen sich aber alle Operationen, deren Einführung etwa erforderlich wird, auf eine einzige zurückführen, nämlich auf die Operation des *Grenzüberganges* in dem in § 37 *definierten Sinne.* (Von der in § 63 eingeführten erweiterten Bedeutung des Zeichens lim braucht hier zunächst nicht die Rede zu sein.)

Wir hatten in § 37 gesehen, daß durch jede konvergente Zahlenfolge a_0, a_1, a_2, ... ein bestimmter Grenzwert

1) $$\lim_{n=\infty} a_n = \alpha$$

definiert ist. Sind die einzelnen a_n Funktionen einer Veränderlichen x und konvergiert die Zahlenfolge für jeden einzelnen Wert von x oder doch wenigstens für jeden Wert von x, der einem bestimmten Intervalle angehört, so wird auch der Grenzwert wenigstens in diesem Intervalle eine Funktion von x, d. h. eine von x abhängige Größe sein. Wir nennen eine in dieser Weise definierte Funktion eine *Grenzfunktion* und schreiben:

2) $$y = F(x) = \lim_{n=\infty} f(x; n).$$

Dabei werden wir hauptsächlich den Fall ins Auge fassen, daß jedes einzelne $f(x; n)$ eine rationale Funktion von x ist; dagegen kann die Abhängigkeit von der ganzen Zahl n auch in irgend welcher anderen Weise ausgedrückt sein.

Die Frage ist nun, inwiefern wir aus den Eigenschaften der einzelnen $f(x; n)$ auf die Eigenschaften von $F(x)$ schließen können. Man hat früher wohl hier und da ausdrücklich oder stillschweigend angenommen, daß jede Eigenschaft, die sämtlichen $f(x; n)$ zukommt, auch dem $F(x)$ zukommen müsse, bis man durch Beispiele darauf aufmerksam wurde, daß das keineswegs der Fall zu sein braucht. Die Grenzfunktion kann viel komplizierterer Natur sein, als die Näherungsfunktionen; man kann Funktionen von äußerst verwickelten Eigenschaften durch rationale Funktionen approximieren. Nicht einmal die Eigenschaft der Stetigkeit überträgt sich von den Näherungsfunktionen auf die Grenzfunktion. So ist z. B. die rationale Funktion

$$3)\qquad \frac{x^n - 1}{x^n + 1}$$

nach § 61 für jeden ganzzahligen positiven Wert von n und für jeden positiven Wert von x eine stetige Funktion von x. Sie konvergiert auch für jeden solchen Wert von x mit wachsendem n gegen einen bestimmten Grenzwert; aber dieser Grenzwert ist:

$$\begin{aligned} +1 &\text{ für } x > 1\,, \\ 0 &\text{ für } x = 1\,, \\ -1 &\text{ für } x < 1\,. \end{aligned}$$

Die Richtigkeit der letzten Behauptung erkennt man, indem man aus der Ungleichung § 49, (6) folgert, daß $\lim x^n = 0$ ist für $x < 1$. Die Richtigkeit der ersten Behauptung ergiebt sich analog, wenn man vor dem Grenzübergang im Zähler und Nenner mit x^n dividiert. Endlich für $x = 1$ ist jeder Näherungswert gleich Null, also auch der Grenzwert (§ 38, I). Diese Funktion ist also bei $x = 1$ nicht stetig; vielmehr entspricht dort einer beliebig kleinen Änderung des Arguments eine Änderung der Funktion um eine ganze Einheit.

Es giebt aber einen wichtigen Fall, in dem man in der That von der Stetigkeit der Näherungsfunktionen auf die Stetigkeit der Grenzfunktion schließen kann. Um ihn kurz bezeichnen zu können, bedient man sich der Ausdrucksweise:

I. *Die Funktion $f(x; n)$ konvergiert im Intervalle $(a \ldots b)$ gleichmäßig gegen die Grenzfunktion $F(x)$, wenn man zu jeder gegebenen Genauigkeitsgrenze ε einen Wert des Index n so bestimmen kann, daß:*

$$4)\qquad |\, F(x) - f(x; n + p)\,| < \varepsilon$$

ist, für alle positiven p und für alle x des Intervalls.

Dann kann man nämlich den Satz aussprechen:

II. *Wenn $f(x; n)$ für jeden Wert x eines Intervalls $(a \ldots b)$ und für jeden ganzzahligen Wert von n eine stetige Funktion von x ist; wenn ferner $f(x; n)$ in diesem Intervall gleichmäßig gegen $F(x)$ konvergiert; dann ist auch $F(x)$ für jeden Wert x dieses Intervalls stetig.*

Wegen der vorausgesetzten Gleichmäßigkeit der Konvergenz kann man nämlich zu jeder Genauigkeitsgrenze ε das n so groß wählen, daß für alle Punktepaare x_1, x_2 des Intervalls gleichzeitig

5) $$|F(x_1) - f(x_1; n)| < \varepsilon/3, \qquad |F(x_2) - f(x_2; n)| < \varepsilon/3$$

wird. Hierauf kann man zu jedem x_1 des Intervalls δ so klein wählen, daß:

$$|f(x_2; n) - f(x_1; n)| < \varepsilon/3$$

wird, sobald $|x_2 - x_1| < \delta$ ist. Dann ist aber für alle Werte von x_2, die dieser letzteren Bedingung genügen:

6) $$|F(x_2) - F(x_1)| < \varepsilon$$

und darin, daß es möglich ist, zu jedem x_1 des Intervalls und zu jedem gegebenen ε das δ so zu bestimmen, liegt die Stetigkeit von $F(x)$.

Der Begriff der gleichmäßigen Annäherung an eine Grenzfunktion überträgt sich auf alle speziellen Formen des Grenzprozesses. Namentlich heißt *eine unendliche Reihe gleichmäßig konvergent*, wenn die Summe s_n ihrer n ersten Glieder mit wachsendem n gleichmäßig gegen die Reihensumme konvergiert. (Man beachte dabei, daß weder die absolute Konvergenz (§ 53) aus der gleichmäßigen, noch die gleichmäßige aus der absoluten folgt.)

Da die Summe einer endlichen Anzahl stetiger Funktionen nach § 64, I selbst wieder eine stetige Funktion ist und die Summe einer unendlichen Reihe als Grenzwert einer endlichen Summe definiert ist, so folgt noch:

III. *Die Summe einer gleichmäßig konvergenten Reihe stetiger Funktionen ist selbst eine stetige Funktion.*

§ 67. Gleichmäßige Konvergenz und Stetigkeit von Potenzreihen.

Unter einer Potenzreihe versteht man gewöhnlich eine Reihe, die nach Potenzen von x mit positiven, ganzzahligen, steigenden Exponenten fortschreitet, also eine Reihe der Form:

1) $$\sum_{n=0}^{\infty} a_n x^n = a_0 + a_1 x + a_2 x^2 + \ldots + a_n x^n + \ldots$$

Für die Untersuchung solcher Reihen ist fundamental das ABEL'sche *Lemma*:

I. *Seien v_1, v_2, ..., v_p irgend welche positive oder negative Zahlen; sei jede der Summen:*

$$\begin{aligned}
s_1 &= v_1\,, \\
s_2 &= v_1 + v_2\,, \\
s_3 &= v_1 + v_2 + v_3\,, \\
&\dots\dots \\
s_p &= v_1 + v_2 + v_3 + \dots + v_p
\end{aligned}$$

algebraisch kleiner als eine gewisse Zahl A und größer als eine gewisse andere Zahl a; seien endlich $e_0, e_1, \dots, e_p$ andere Zahlen, so beschaffen, daß jede der Differenzen:

$$e_1 - e_2,\ e_2 - e_3,\ \dots,\ e_{p-1} - e_p,\ e_p - 0$$

positiv ist; dann ist:

$$e_1 a < e_1 v_1 + e_2 v_2 + \dots + e_p v_p < e_1 A\,. \tag{2}$$

Es ist nämlich dann:

$$\begin{aligned}
e_1 v_1 &+ e_2 v_2 + \dots + e_p v_p \\
&= e_1 s_1 + e_2(s_2 - s_1) + e_3(s_3 - s_2) + \dots + e_{p-1}(s_{p-1} - s_{p-2}) + e_p(s_p - s_{p-1}) \\
&= s_1(e_1 - e_2) + s_2(e_2 - e_3) + \dots + s_{p-1}(e_{p-1} - e_p) + s_p e_p \\
&< A(e_1 - e_2) + A(e_2 - e_3) + \dots + A(e_{p-1} - e_p) + A e_p\,,
\end{aligned}$$

also kleiner als $A e_1$; und ebenso wird gezeigt, daß diese Summe größer als $a e_1$ ist; w. z. b. w.

Es sei nun eine beliebige Potenzreihe der Form (1) vorgelegt, und es sei bekannt, daß diese Reihe für einen gewissen Wert $x = c$ konvergiere. Dann wird zu jeder gegebenen Genauigkeitsgrenze ε nach § 53 der Index n so bestimmt werden können, daß jede der Summen

$$\begin{aligned}
&a_{n+1} c^{n+1}\,, \\
&a_{n+1} c^{n+1} + a_{n+2} c^{n+2}\,, \\
&a_{n+1} c^{n+1} + a_{n+2} c^{n+2} + a_{n+3} c^{n+3}\,, \\
&\dots\dots\dots \\
&a_{n+1} c^{n+1} + a_{n+2} c^{n+2} + \dots + a_{n+p} c^{n+p}
\end{aligned}$$

absolut kleiner als ε ist, also zwischen $-\varepsilon$ und $+\varepsilon$ liegt. Ist dann x irgend ein Wert von demselben Vorzeichen wie c, aber dem absoluten Betrage nach kleiner, so erfüllen die Zahlen:

$$\frac{x^{n+1}}{c^{n+1}},\ \frac{x^{n+2}}{c^{n+2}},\ \dots,\ \frac{x^{n+p}}{c^{n+p}}$$

die in dem Abel'schen Lemma von den Zahlen $e_1, e_2, \dots, e_p$ geforderten Bedingungen; also folgt aus ihm:

$$-\frac{x^{n+1}}{c^{n+1}}\varepsilon < a_{n+1}x^{n+1} + \ldots + a_{n+p}x^{n+p} < \frac{x^{n+1}}{c^{n+1}}\varepsilon$$

oder:

$$3) \qquad |a_{n+1}x^{n+1} + \ldots + a_{n+p}x^{n+p}| < \varepsilon.$$

Wenn also diese Ungleichung für $x = c$ erfüllt ist, ist sie bei demselben Wert von n im ganzen Intervall $(0 \ldots c)$ erfüllt. Daraus folgt:

II. *Wenn eine Potenzreihe für irgend einen Wert $x = c$ konvergiert, konvergiert sie gleichmäßig in dem ganzen Intervall von 0 bis c und stellt also eine in diesem Intervalle stetige Funktion von x dar.*

Wollen wir auch Werte von x in Betracht ziehen, die nicht mit c gleichbezeichnet sind, so können wir das mit Hülfe der folgenden Bemerkung: Zur Konvergenz der Reihe für $x = c$ ist eine notwendige (wenn auch nicht hinreichende) Bedingung, daß für $x = c$ alle Glieder der Reihe dem absoluten Betrage nach eine gewisse endliche Größe M nicht überschreiten. Für irgend einen andern Wert von x sind dann die Glieder der Reihe absolut genommen nicht größer als die der geometrischen Reihe

$$\sum_{n=0}^{\infty} M\left(\frac{x}{c}\right)^n;$$

da diese Reihe für $|x| < |c|$ konvergiert, so folgt:

III. *Wenn eine Potenzreihe für irgend einen Wert $x = c$ konvergiert, so konvergiert sie auch für jeden andern Wert von x, dessen absoluter Betrag kleiner als der von c ist.*

Die *Gleichmäßigkeit* der Konvergenz geht aus *diesem* Schlusse nicht hervor; ist aber mit seiner Hülfe gezeigt, daß die Reihe für irgend einen Wert $-d$ konvergiert, der das entgegengesetzte Vorzeichen wie c hat, so folgt wieder nach dem ersten Satz, daß sie in dem ganzen Intervall zwischen 0 und d gleichmäßig konvergiert. Da endlich eine Reihe, die in jedem der beiden bei 0 aneinandergrenzenden Intervalle $(d \ldots 0)$ und $(0 \ldots c)$ gleichmäßig konvergiert, auch in dem ganzen Intervall $(d \ldots c)$ gleichmäßig konvergiert (vgl. § 39, I), so ergiebt sich:

IV. *Wenn eine Potenzreihe für irgend eine Zahl $x = c$ konvergiert, so konvergiert sie gleichmäßig in jedem Intervall $(-d \ldots +c)$, unter d eine beliebige mit c gleichbezeichnete und absolut kleinere Zahl verstanden, und stellt also eine in diesem Intervall stetige Funktion vor.*

Für den Wert $x = -c$ gilt der Schluß nicht; in der That braucht für ihn die Konvergenz nicht stattzufinden.

Wir können nun die positiven rationalen Zahlen so in zwei Klassen teilen, daß wir zu den c alle diejenigen rechnen, für die eine vorgelegte Potenzreihe konvergiert, zu den C alle diejenigen, für die sie divergiert. Dann ist nach Satz II jedes c kleiner als jedes C. Hier kann nun sowohl der Fall eintreten, daß unter den c eine größte, als der Fall, daß unter den C eine kleinste ist; in beiden Fällen nennen wir sie γ. Tritt keiner von diesen beiden Fällen ein, so hat der Schnitt $c \mid C$ die in § 34 vorausgesetzten Eigenschaften und definiert also eine irrationale Zahl γ. In allen Fällen konvergiert die Reihe für alle Werte von x, die absolut kleiner als γ sind, und divergiert für alle, die absolut größer als γ sind. Dabei ist abgesehen von den beiden extremen Fällen, daß die Reihe für alle Werte von x konvergiert, und daß sie nur für $x = 0$ konvergiert, wo sie sich auf ihr erstes Glied reduziert. Wir können also den Satz aussprechen:

Eine Potenzreihe, die nicht für alle Werte von x konvergiert und auch nicht nur für $x = 0$, besitzt stets ein bestimmtes Konvergenzintervall $-\gamma \ldots +\gamma$) von der Eigenschaft, daß die Reihe innerhalb dieses Intervalls (d. h. für $|x| < \gamma$) *konvergiert, außerhalb desselben* (d. h. für $|x| > \gamma$) *divergiert.*

Über das Verhalten der Reihe an den Grenzpunkten des Intervalls, für $x = \gamma$ und $x = -\gamma$, sagt der Satz nichts aus: die Reihe kann an beiden konvergieren, an beiden divergieren oder am einen konvergieren, am andern divergieren. In der That werden uns (z. B. in § 69) von allen drei Möglichkeiten wirklich Beispiele begegnen.

ZEHNTER ABSCHNITT.

Entwicklung der elementaren Funktionen in Potenzreihen.

§ 68. Eindeutige Bestimmtheit der Potenzreihenentwicklung.

Die ausgezeichneten Eigenschaften, die den Ergebnissen der beiden letzten Paragraphen zufolge den Potenzreihen zukommen, machen sie zu einem besonders wichtigen Hülfsmittel für alle Untersuchungen, die über die Betrachtung der rationalen Funktionen hinausgehen. Wir stellen uns daher die Aufgabe, die bereits in den Elementen der Mathematik eingeführten Funktionen — also neben den Potenzen mit beliebigen Exponenten die Logarithmen und die trigonometrischen Funktionen — in derartige Reihen zu entwickeln.

Dabei entsteht zunächst die Frage, ob eine solche Entwicklung denn für eine beliebige Funktion, d. h. für ein beliebiges Abhängigkeitsgesetz *möglich* sei. Man sieht leicht ein, daß das nicht der Fall ist: schon die Ergebnisse des letzten Paragraphen zeigen, daß dazu die Stetigkeit der Funktion eine notwendige Bedingung ist; aber das reicht noch keineswegs aus. Weitere Bedingungen erhalten wir durch die folgende Überlegung. Sei

1) $$f(x) \equiv a_0 + a_1 x + a_2 x^2 + \ldots + a_n x^n + \ldots;$$

dann ist einerseits $f(0) = a_0$; andererseits, eben wegen der Stetigkeit einer durch eine Potenzreihe dargestellten Funktion in ihrem Konvergenzgebiet, auch

2) $$\lim_{x=0} f(x) = a_0.$$

Für alle von Null verschiedenen Werte des Konvergenzgebietes der Reihe (1) ergiebt sich dann weiter durch Division mit x:

3) $$\frac{f(x) - a_0}{x} \equiv a_1 + a_2 x + \ldots + a_n x^{n-1} + \ldots$$

Die rechte Seite dieser Gleichung ist wieder eine Potenzreihe, sie hat also für $x = 0$ ebenfalls einen bestimmten Grenzwert und zwar a_1; daher muß auch die linke Seite mit abnehmendem x gegen einen bestimmten Grenzwert konvergieren, und es muß

4) $$\lim_{x=0} \frac{f(x) - a_0}{x} = a_1$$

sein. So kann man fortfahren; man findet:

I. *Soll eine Funktion nach Potenzen von x mit positiven ganzzahligen Exponenten entwickelbar sein, so ist dazu jedenfalls erforderlich, daß die Grenzwerte*

5) $$\begin{cases} \lim\limits_{x=0} f(x) & = a_0, \\ \lim\limits_{x=0} \dfrac{f(x) - a_0}{x} & = a_1, \\ \lim\limits_{x=0} \dfrac{f(x) - a_0 - a_1 x}{x^2} & = a_2, \\ \lim\limits_{x=0} \dfrac{f(x) - a_0 - a_1 x - a_2 x^2}{x^3} & = a_3, \\ \ldots\ldots\ldots\ldots \end{cases}$$

existieren.

Übrigens ist auch diese Bedingung für die Entwickelbarkeit keine hinreichende, sondern nur eine notwendige. Wir werden auch die Gleichungen (5) nicht zur Bestimmung der Koeffizienten in der Entwicklung einer vorgelegten Funktion verwenden, da die direkte Bestimmung der in ihnen auftretenden Grenzwerte gewöhnlich schwierig ist. Dagegen werden wir aus diesen Gleichungen noch einen wichtigen Schluß ziehen. Sie zeigen nämlich, daß die Werte dieser Koeffizienten allein durch die Werte der vorgelegten Funktion bestimmt sind; m. a. W.:

II. *Wenn eine Funktion sich überhaupt in eine Potenzreihe der hier betrachteten Art entwickeln läßt, so ist eine solche Entwicklung immer nur auf eine Art möglich.*

Finden wir also für eine und dieselbe Funktion auf zwei verschiedenen Wegen zwei anscheinend verschiedene Entwicklungen, so können wir stets schließen, daß entsprechende Koeffizienten beider Entwicklungen übereinstimmen müssen.

§ 69. Die Konvergenz der Binomialreihe.

Zur Berechnung des Wertes einer Potenz mit gebrochenem oder gar irrationalem Exponenten haben wir bis jetzt kein anderes Mittel kennen gelernt, als daß wir sie durch eine Wurzel darstellen und dann diese Wurzel nach der Vorschrift von § 47 in immer engere Grenzen einschließen; ist der Exponent irrational, so ist noch ein zweiter Grenzübergang erforderlich (§ 50). Wir würden eine weit bequemere Methode bekommen, wenn wir das Binomialtheorem:

$$1) \quad (1+x)^m = 1 + mx + \frac{m(m-1)}{1\cdot 2}x^2 + \frac{m(m-1)(m-2)}{1\cdot 2\cdot 3}x^3 + \ldots,$$

dessen Gültigkeit in § 44 zwar für beliebige Basen, aber nur für positive ganzzahlige Exponenten dargethan ist, auch für andere Exponenten in Anspruch nehmen dürften. Newton hat zuerst ausgesprochen, daß das in der That der Fall sei. Wollen wir untersuchen, inwiefern das richtig ist, so müssen wir zuerst die Vorfrage aufwerfen, ob denn die Gleichung (1) für andere als positive ganzzahlige Exponenten überhaupt einen bestimmten Sinn hat. Ist m positiv ganz, so bricht die rechte Seite von selbst ab, indem schließlich ein Faktor $m - m = 0$ auftritt. Ist aber m nicht positiv ganz, so tritt ein solches Abbrechen nicht ein, die Reihe auf der rechten Seite von (1) ist dann eine unendliche Reihe. Eine solche Reihe hat jedenfalls für uns einen bestimmten Sinn nur dann, wenn sie konvergiert. Wir müssen also vor allem nach der Konvergenz der Reihe (1) fragen.

Auf diese Frage geben uns die Konvergenzkriterien der §§ 56, 57 Aufschluß. Der Quotient zweier aufeinanderfolgender Glieder der Reihe ist nämlich:

2) $$\frac{a_{n+1}}{a_n} = \frac{m-n}{n+1}\,x = -\frac{1-\frac{m}{n}}{1+\frac{1}{n}}\,x,$$

also ist:

3) $$\lim_{n=\infty}\frac{a_{n+1}}{a_n} = -x.$$

Daraus folgt zunächst nach dem CAUCHY'schen Kriterium (§ 56, I), daß die Reihe für $|x| < 1$ jedenfalls konvergiert, für $|x| > 1$ jedenfalls divergiert. Die beiden Fälle $x = 1$ und $x = -1$ lassen sich mit Hülfe des CAUCHY'schen Kriteriums nicht erledigen, sondern bedürfen einer näheren Untersuchung:

Für $x = -1$ wird der Quotient zweier aufeinanderfolgender Glieder, wenn n groß genug geworden ist, positiv, die Glieder haben also schließlich alle gleiches Zeichen. Dabei ist:

4) $$n\left(1-\frac{a_{n+1}}{a_n}\right) = n\left(1+\frac{m-n}{n+1}\right) = \frac{n}{n+1}(m+1).$$

Dies konvergiert für wachsende n gegen $m+1$; daraus folgt nach dem RAABE'schen Kriterium (§ 56, II), daß die Reihe in diesem Falle für $m > 0$ konvergiert, für $m < 0$ divergiert.

Für $x = +1$ haben die Glieder schließlich abwechselnde Zeichen, stimmen aber dem absoluten Betrag nach mit den Gliedern der Reihe für $x = -1$ überein. Daraus ergiebt sich schon, daß auch für $x = 1$, $m > 0$ die Reihe unbedingt konvergiert. Ferner ist in diesem Falle der Quotient zweier aufeinanderfolgender Glieder absolut genommen gleich

5) $$\frac{n-m}{n+1},$$

also kleiner als 1, wenn m zwischen 0 und -1 liegt, größer als 1, wenn m algebraisch kleiner als -1 ist. Im letzteren Fall wachsen also die Glieder der Reihe, sie muß divergieren. Im ersteren Fall dagegen nehmen sie beständig ab; und zwar sinken sie dabei unter jede Grenze. Denn es ist:

6) $$\frac{n-m}{n+1} = 1 - \frac{m+1}{n+1},$$

also wenn die n. V. in diesem Fall positive Zahl $m + 1 = \mu$ gesetzt wird, nach § 45, (9):

$$|a_1| = m$$

$$|a_2| = m\left(1 - \frac{\mu}{2}\right) < m\left(1 + \frac{\mu}{2}\right)^{-1}$$

$$|a_3| = |a_2|\left(1 - \frac{\mu}{3}\right) < m\left(1 + \frac{\mu}{2}\right)^{-1}\left(1 + \frac{\mu}{3}\right)^{-1} < m\left(1 + \frac{\mu}{2} + \frac{\mu}{3}\right)^{-1}$$

$$\cdots\cdots\cdots\cdots\cdots\cdots\cdots$$

$$7)\qquad |a_n| < m\left(1 + \frac{\mu}{2} + \frac{\mu}{3} + \ldots + \frac{\mu}{n}\right)^{-1}.$$

Da die Summe $\frac{1}{2} + \frac{1}{3} + \frac{1}{4} + + + \ldots + \frac{1}{n}$ nach § 55 mit wachsendem n über alle Grenzen wächst, so folgt:

$$8)\qquad \lim_{n=\infty} a_n = 0.$$

Die Reihe konvergiert also (§ 57) in diesem Falle auch noch für $0 > m > -1$, wenn auch nur bedingt. Endlich für $x = +1$, $m = -1$ wird die Reihe einfach:

$$1 - 1 + 1 - 1 + - + \ldots,$$

divergiert also.

Fassen wir alles zusammen, so sehen wir:

Die Binomialreihe konvergiert, wenn der Exponent keine positive ganze Zahl ist, in folgenden drei Fällen und nur in diesen:

1) *Wenn* $|x| < 1$ *ist;*

2) *wenn* $x = -1$ *und* m *positiv ist;*

3) *wenn* $x = +1$ *und* m *algebraisch größer als* -1 *ist.*

Aus § 67 folgt bereits, daß die Konvergenz in Bezug auf x *gleichmäßig* ist, d. h. daß man für alle Werte von x, für welche die Reihe bei gegebenem m überhaupt konvergiert, mit einer und derselben Gliederzahl auskommt, wenn man die Reihensumme mit vorgeschriebener Genauigkeit berechnen will. Daraus folgt zunächst noch nicht, daß das gleiche auch in Bezug auf m gilt; und in der That bedarf man zur Erreichung einer und derselben Genauigkeit einer sehr großen Gliederzahl, wenn man m sehr groß nimmt, und diese erforderliche Gliederzahl wächst mit wachsendem m über alle Grenzen. Doch reicht diejenige Gliederzahl, die für irgend eine positive Zahl $x = X$ und einen negativen Exponenten $m = -M$ ausreicht, auch aus für jede Kombination zweier Werte x, m, die absolut genommen bezw. kleiner als X und M sind. Denn im letzteren Falle ist jedes einzelne Glied der Reihe wenigstens von einer bestimmten Ordnungszahl an absolut kleiner als das entsprechende Glied im ersten Falle; und wenn alle Glieder positiv sind, folgt daraus, daß das gleiche auch für den Rest der Reihe gilt. Wenn wir also auch nicht behaupten können, daß die Reihe für alle Werte von m gleichmäßig konvergiert, so reicht das Bewiesene doch aus, um ihre Stetigkeit für jeden Wert von m zu behaupten, für den sie unbedingt konvergiert; denn wir können jedesmal M noch größer nehmen, als den gerade betrachteten Wert von m.

§ 70. Wert der Binomialreihe.

Um nun zu untersuchen, welches die Summe der Binomialreihe ist in denjenigen Fällen, in denen sie konvergiert, bezeichnen wir diese Summe, die ja von x und von m abhängen wird, vorläufig mit $f(x, m)$. Für positive ganzzahlige Werte von m und n gilt dann jedenfalls die Gleichung:

$$1) \qquad f(x, m) \cdot f(x, n) = f(x, m+n).$$

Denn unter dieser Voraussetzung brechen die Reihen ab, und es ist:

$$2) \qquad f(x, m) = (1+x)^m, \quad f(x, n) = (1+x)^n, \quad f(x, m+n) = (1+x)^{m+n}.$$

Die beiden Seiten der Gleichung sind in diesem Falle rationale ganze Funktionen von x; entwickelt man beide Seiten nach Potenzen von x und vergleicht die Koeffizienten von x^r, so findet man auf Grund von § 24, daß die Gleichung:

$$3) \qquad \binom{m}{0}\binom{n}{r} + \binom{m}{1}\binom{n}{r-1} + \binom{m}{2}\binom{n}{r-2} + \dots + \binom{m}{r}\binom{n}{0} = \binom{m+n}{r}$$

für alle positiven ganzzahligen Werte von m, n und r bestehen muß. Die beiden Seiten dieser Gleichung sind aber für jedes gegebene Wertepaar n, r rationale ganze Funktionen von m; soll sie für alle ganzzahligen Werte von m bestehen, so müssen, wieder nach § 24, die Koeffizienten gleichhoher Potenzen von m zu beiden Seiten einander gleich sein. Diese Koeffizienten ihrerseits sind bei gegebenem r ganze rationale Funktionen von n; sollen sie für jeden positiven ganzzahligen Wert von n einander gleich sein, so müssen in ihnen wieder die Koeffizienten gleichhoher Potenzen von n übereinstimmen. Daraus ergiebt sich dann weiter, daß die Gleichung (3), bei jedem ganzzahligen Wert von r, nicht nur für positive ganzzahlige Werte von m und n, sondern überhaupt für beliebige Werte dieser Größen richtig ist. (Für andere als ganzzahlige Werte von r hat sie wenigstens für uns keine Bedeutung.) Daraus folgt endlich, daß auch die

Gleichung (1) für alle diejenigen Werte von x, m, n gilt, für welche die Reihen unbedingt konvergieren. Denn für alle solchen Werte dürfen wir nach § 60 die beiden Reihen auf der linken Seite der Gleichung ausmultiplizieren und die Glieder mit gleichen Potenzen von x in je ein Glied zusammenfassen; dann erhalten wir aber wegen der Gleichung (3) gerade die rechts stehende Reihe.

Nachdem so die Allgemeingültigkeit der Gleichung (1) nachgewiesen ist, setzen wir in ihr zunächst m gleich einer positiven ganzen Zahl, $n = -m$; dann ergiebt sie:

$$f(x, m) \cdot f(x, -m) = 1;$$

also:

$$f(x, -m) = \frac{1}{f(x, m)} = (1+x)^{-m}.$$

Die Gleichung (2) gilt also auch für negative ganzzahlige Exponenten.

Ferner setzen wir in (1) $n = m$, dann erhalten wir:

$$f(x, 2m) = \left(f(x, m)\right)^2.$$

Hierauf setzen wir $n = 2m$, dann erhalten wir mit Rücksicht auf das eben abgeleitete Resultat:

$$f(x, 3m) = f(x, m) \cdot f(x, 2m) = \left(f(x, m)\right)^3.$$

So fortfahrend erhalten wir

$$f(x, qm) = \left(f(x, m)\right)^q$$

für jede positive ganze Zahl q; und wenn wir hier $m = p/q$ setzen:

$$f(x, p) = \left(f\left(x, \frac{p}{q}\right)\right)^q,$$

und daraus durch Wurzelziehen:

$$f\left(x, \frac{p}{q}\right) = (1+x)^{\frac{p}{q}}.$$

Hier kann aber, auch wenn q eine gerade Zahl ist, nur ein Wert der Wurzel der richtige sein; denn die linke Seite hat in allen Fällen, in denen die Reihe überhaupt konvergiert, einen einzigen bestimmten Wert. Die folgende Überlegung zeigt, daß in jedem Fall der positive Wert der Wurzel zu nehmen ist: Innerhalb des ganzen Konvergenzintervalls $(-1 \ldots +1)$ sind sowohl die Reihensumme als der positive Wert der Wurzel stetige Funktionen von x, die erstere nach § 69, der letztere nach § 65. Ein stetiger Übergang von einem positiven Wurzelwert zu einem negativen könnte nach § 65, I nur durch Null hindurch stattfinden; die Wurzel wird aber im Innern des Konvergenzintervalls nirgends Null. Also muß entweder innerhalb des ganzen Intervalls das positive Vorzeichen der Wurzel gelten, oder innerhalb des ganzen Intervalls das negative; und da für $x = 0$ die Reihe sich auf $+1$ reduziert, so folgt:

Die Gleichung (2) gilt für gebrochene Exponenten in dem Sinne, daß die Reihensumme stets dem positiven Wert der rechten Seite gleich ist.

Endlich folgt aus dem Schlußsatz von § 69, daß wir in Bezug auf den Exponenten zur Grenze übergehen dürfen, daß also *die Gleichung (2) auch für irrationale Exponenten gilt.*

Alles das ist zunächst für diejenigen Fälle bewiesen, in denen die Reihe *unbedingt* konvergiert, da wir die Multiplikationsregel für unendliche Reihen, auf die der Beweis sich stützt, nur für diese Fälle bewiesen hatten. Wir können aber die für $x = +1$ auftretenden Fälle bedingter Konvergenz mit hereinziehen, indem wir uns darauf stützen, daß die Reihe, als Funktion von x betrachtet, einschließlich dieses Wertes gleichmäßig konvergiert (§ 67). Also können wir den allgemeinen Satz aussprechen:

Wenn die Binomialreihe konvergiert, ist ihre Summe gleich dem positiven Wert der Potenz $(1 + x)^m$.

Ihrer häufigen Verwendung wegen seien für einige Werte von m die ersten Glieder der Reihe mit ausgerechneten Koeffizienten angegeben:

4) $$\frac{1}{1+x} = 1 - x + x^2 - x^3 + - + \dots \text{ (vgl. auch § 54, 3);}$$

5) $$\frac{1}{(1+x)^2} = 1 - 2x + 3x^2 - 4x^3 + - + \dots \text{ (vgl. auch § 60, 5);}$$

6) $$\sqrt{1+x} = 1 + \frac{1}{2}x - \frac{1}{8}x^2 + \frac{1}{16}x^3 - + - \dots;$$

7) $$\frac{1}{\sqrt{1+x}} = 1 - \frac{1}{2}x + \frac{3}{8}x^2 - \frac{5}{16}x^3 + - + \dots$$

§ 71. Die Exponentialreihe.

Betrachtet man in einer Potenz die Basis als konstant, den Exponenten als veränderlich, so nennt man sie zum Unterschied eine *Exponentialfunktion.* Insbesondere kommt dieser Name derjenigen Potenz mit veränderlichem Exponenten zu, deren Basis die in § 51 eingeführte Zahl e ist. Wir hatten diese Zahl damals durch die Gleichung § 51, (4) definiert, in der das n beim Grenzübergang (positive oder negative) ganzzahlige Werte zu durchlaufen hatte. Inzwischen haben wir in § 62 noch eine andere Bedeutung des Zeichens lim kennen gelernt; es ist für unsere folgende Untersuchung von Wichtigkeit festzustellen, daß jene Definitionsgleichung auch dann gilt, wenn wir das Zeichen lim in dieser Bedeutung nehmen, m. a. W. daß der Wert der Potenz $(1 + 1/n)^n$ auch dann von e beliebig wenig abweicht, wenn für n ein sehr großer nicht ganzzahliger Wert genommen wird. Zu diesem Zweck stellen wir zunächst, indem wir unter ν einen positiven echten Bruch verstehen, die beiden Ungleichungen auf:

$$\left(1 + \frac{1}{n+\nu}\right)^{n+\nu} > \left(1 + \frac{1}{n+1}\right)^n, \text{ d. i.}$$

1) $$> \left(1 + \frac{1}{n+1}\right)^{n+1} \left(1 + \frac{1}{n+1}\right)^{-1}$$

und:

$$\left(1 + \frac{1}{n+\nu}\right)^{n+\nu} < \left(1 + \frac{1}{n}\right)^{n+1}, \text{ d. i.}$$

2) $$< \left(1 + \frac{1}{n}\right)^n \cdot \left(1 + \frac{1}{n}\right).$$

Da die rechten Seiten dieser Ungleichungen, wenn n durch ganzzahlige Werte ins Unendliche wächst, gegen e konvergieren, so folgt aus § 39, IV, daß für jeden echten Bruch die Grenzgleichung gilt:

3) $$\lim_{n=\infty} \left(1 + \frac{1}{n+\nu}\right)^{n+\nu} = e,$$

in der das Zeichen $\lim\limits_{n=\infty}$ noch in der § 37 definierten Bedeutung zu nehmen ist. Damit ist schon ein Teil dessen erreicht, was wir beweisen wollten; aber noch nicht alles. Denn mit dem Bestehen der Grenzgleichung (3) für alle echt gebrochenen Werte von ν würde es noch verträglich sein, wenn man für verschiedene Werte von ν verschieden große Werte von n brauchte, um eine Annäherung an e von vorgeschriebener Genauigkeit zu erreichen, und wenn der dazu erforderliche Wert von n bei Annäherung von ν an irgend einen Grenzwert jede Grenze übersteigen würde. Man beseitigt diese Schwierigkeit durch die folgende Überlegung: man kann zunächst n so groß wählen, daß die Faktoren $\left(1 + \frac{1}{n+1}\right)^{-1}$ und $1 + \frac{1}{n}$ um weniger als $\frac{\varepsilon}{3}$ von 1 verschieden sind; wählt man es dann noch so groß, daß die Verhältnisse von $\left(1 + \frac{1}{n+1}\right)^{n+1}$ und $1 + \frac{1}{n}$ zu e um weniger als $\frac{\varepsilon}{3}$ von 1 verschieden sind, so ist auch das Verhältnis von $\left(1 + \frac{1}{n+\nu}\right)^{n+\nu}$ zu e um weniger als ε von 1 verschieden, für *alle* echt gebrochenen Werte von ν. Daraus und aus dem Umstand, daß die $\left(1+\frac{1}{n}\right)^n$ für positive Werte von n eine steigende, für negative eine fallende Reihe bilden, folgt dann, daß man zu jeder gegebenen Genauigkeitsgrenze ε eine Zahl N so bestimmen kann, daß $\left(1+\frac{1}{z}\right)^z$ um weniger als ε von e abweicht, sobald $z > N$ ist. Das hatten wir aber in § 63, II durch die Grenzgleichung ausgedrückt

$$\lim_{z=\infty}\left(1+\frac{1}{z}\right)^z = e \tag{4}$$

(mit der dort definierten Bedeutung des Zeichens lim).

Entsprechende Überlegungen lassen sich an die Gleichung (7) von § 51 anknüpfen; sie führen zu dem Resultate, daß die Gleichung (4) auch dann gilt, wenn man z durch negative Werte ins Unendliche gehen läßt.

Setzen wir dann $z = nx$, so erhalten wir:

$$\left(1+\frac{x}{n}\right)^n = \left(1+\frac{1}{z}\right)^{zx} = \left[\left(1+\frac{1}{z}\right)^z\right]^x, \tag{5}$$

also, wenn wir gemäß § 50, (11) zur Grenze übergehen, die folgende Darstellung der Exponentialfunktion als Grenze einer rationalen ganzen Funktion:

$$\lim_{n=\infty}\left(1+\frac{x}{n}\right)^n = e^x. \tag{6}$$

Von dieser Darstellung aus können wir nun auch zur Entwicklung der Exponentialfunktion in eine Potenzreihe gelangen, wenn wir erst die rationale ganze Funktion, deren Grenze sie ist, nach Potenzen von x ordnen und dann an dieser entwickelten Form den Grenzübergang ausführen. Wir erhalten zunächst:

$$\left\{\begin{aligned}\left(1+\frac{x}{n}\right)^n &= 1 + n\frac{x}{n} + \frac{n(n-1)}{1\cdot 2}\cdot\left(\frac{x}{n}\right)^2 + \frac{n(n-1)(n-2)}{1\cdot 2\cdot 3}\cdot\left(\frac{x}{n}\right)^3 + \dots \\ &= 1 + x + \frac{1\cdot\left(1-\frac{1}{n}\right)}{1\cdot 2}x^2 + \frac{1\cdot\left(1-\frac{1}{n}\right)\left(1-\frac{2}{n}\right)}{1\cdot 2\cdot 3}x^3 + \dots\end{aligned}\right. \tag{7}$$

und zwar konvergiert diese Reihe, solange

$$|x| < n \tag{8}$$

ist. Da wir aber n nachher doch über alle Grenzen wachsen lassen wollen, so können wir es von Anfang an so groß nehmen, daß es alle gerade betrachteten Werte von x übertrifft, sodaß wir uns um die in der Bedingung (8) liegende Einschränkung nicht weiter zu kümmern brauchen.

Um nun zu zeigen, daß wir in (7) den Grenzübergang an den einzelnen Gliedern der Reihe ausführen dürfen, wählen wir zunächst irgend eine positive Zahl N und einen positiven echten Bruch ξ. Für alle Werte von x und $1/n$, die den beiden Bedingungen:

9) $$|x| < \xi N, \qquad \frac{1}{n} < \frac{1}{N}$$

genügen, ist dann das allgemeine Glied der Reihe (7) absolut kleiner als:

$$\frac{1\cdot\left(1+\frac{1}{N}\right)\left(1+\frac{2}{N}\right)\cdots\left(1+\frac{p-1}{N}\right)}{1\cdot 2\cdot 3 \quad \cdots \quad p}\,\xi^p N^p,$$

d. h. kleiner als das allgemeine Glied der binomischen Entwicklung von

10) $$(1-\xi)^{-N}.$$

Da diese Entwicklung konvergiert, so folgt, daß auch die Reihe (7) für alle den Bedingungen (9) genügenden Werte von x und n gleichmäßig konvergiert und daß folglich (§ 66) die Grenze der Reihensumme gleich der Summe der Grenzwerte der einzelnen Glieder ist. Auf diese Weise erhält man für alle Werte von x, die absolut kleiner als N sind, die Entwicklung:

11) $$e^x = 1 + x + \frac{x^2}{1\cdot 2} + \frac{x^3}{1\cdot 2\cdot 3} + \cdots + \frac{x^p}{p!} + \cdots$$

und da dabei für N eine beliebig große Zahl gewählt werden konnte, so folgt, daß diese Entwicklung für *alle* Werte von x gilt.

Aus dieser Ableitung der Reihe würde man auch entnehmen können, mit wie vielen Gliedern der Reihe man sicher sein kann, eine verlangte Genauigkeit zu erreichen. Man kann diese Frage aber auch durch eine direkte Untersuchung der fertigen Reihe selbst beantworten und findet dabei, daß man im allgemeinen schon mit einer geringeren Anzahl von Gliedern ausreicht, als es das eben angedeutete Verfahren ergeben würde. Bricht man nämlich die Reihe mit dem Gliede $x^p/p!$ ab (wo $p \geqq |x$ genommen sei), so ist der Rest absolut nicht größer als

$$\frac{|x|^{p+1}}{(p+1)!}\left\{1 + \frac{|x|}{p+2} + \frac{|x|^2}{(p+2)(p+3)} + \cdots\right\}$$
$$< \frac{|x|^{p+1}}{(p+1)!}\left\{1 + \frac{|x|}{p+1} + \left(\frac{|x|}{p+1}\right)^2 + \cdots\right\}$$

also kleiner als

12) $$\frac{|x|^{p+1}}{p!\,(p+1-|x|)}.$$

Die Reihe konvergiert demnach für Werte von x von mäßigem absoluten Betrage (etwa bis $|x| = 2$) sehr gut; für größere Werte von x wird man die Gleichung § 44, (3) zu Hülfe nehmen, um den Exponenten auf einen echten Bruch zu reduzieren. Insbesondere giebt sie (für $x = 1$) auch ein Mittel, um die Zahl e selbst rasch mit großer Genauigkeit zu berechnen. Man erhält nämlich:

$$\begin{aligned}
1 &= 1\\
1 &= 1\\
1/(2!) &= 0{,}5\\
1/(3!) &= 0{,}16667\\
1/(4!) &= 0{,}04167\\
1/(5!) &= 0{,}00833\\
1/(6!) &= 0{,}00139\\
1/(7!) &= 0{,}00020\\
1/(8!) &= \underline{0{,}00002}\\
& 2{,}71828
\end{aligned}$$

also auf 4 Dezimalstellen genau:

13) $$e = 2{,}7183.$$

Man kann übrigens auch umgekehrt von der als irgendwie gefunden vorausgesetzten Reihe (11) ausgehen und, nachdem ihre Konvergenz wie eben geschehen dargethan ist, die Übereinstimmung ihrer Summe mit e^x nachweisen. Zu diesem Zwecke bezeichne man die vorläufig noch unbekannte Reihensumme, die ja nach § 68 eine stetige Funktion von x sein wird, mit $f(x)$, irgend einen zweiten Wert des Arguments mit y und bilde das Produkt: $f(x) \cdot f(y)$. Da die Reihen unbedingt konvergieren, darf man nach § 60 ausmultiplizieren; man erhält:

$$\begin{aligned}
f(x)\, f(y) &= 1\\
&+ x + y\\
&+ \frac{x^2}{2} + x y + \frac{y^2}{2}\\
&+ \frac{x^3}{6} + \frac{x^2 y}{2} + \frac{x y^2}{2} + \frac{y^3}{6}\\
&+ \dots\\
&+ \frac{x^p}{p!} + \frac{x^{p-1}}{(p-1)!}\,\frac{y}{1} + \frac{x^{p-2}}{(p-2)!}\,\frac{y^2}{2!} + \dots + \frac{y^p}{p!}\\
&+ \dots\\
&= 1 + (x + y) + \frac{1}{2}(x + y)^2 + \frac{1}{6}(x + y)^3 + \dots\\
&+ \frac{1}{p!}(x + y)^p + \dots
\end{aligned}$$

14) $$= f(x + y).$$

Damit ist die Frage auf die andere zurückgeführt: was giebt es für stetige Funktionen einer Veränderlichen, denen die durch die Funktionalgleichung (14) ausgedrückte Eigenschaft zukommt? Um diese Frage zu beantworten, setzen wir in (14) zunächst $y = x$; dann erhalten wir:

$$f(2x) = (f(x))^2 .$$

Hierauf setzen wir $y = 2x$ und berücksichtigen das eben gefundene Resultat; das giebt:

$$f(3x) = f(x) f(2x) = (f(x))^3 .$$

So fortfahrend erhalten wir zunächst für jede positive ganze Zahl m die Gleichung:

15) $$f(mx) = (f(x))^m$$

und speziell für $x = 1$:

16) $$f(m) = (f(1))^m .$$

Setzen wir weiter in (14) $x =$ einer positiven ganzen Zahl m, $y = -m$, so erhalten wir

$$f(m) \cdot f(-m) = f(0) = 1 ,$$

also:

17) $$f(-m) = (f(1))^{-m} ,$$

m. a. W. die Gleichung (16) gilt auch für negative ganze Zahlen. Setzen wir ferner x gleich einem rationalen Bruch m/n und ziehen dann beiderseits die n^{te} Wurzel, so erhalten wir:

18) $$f\left(\frac{m}{n}\right) = \sqrt[n]{f(m)} = (f(1))^{m/n} ;$$

m. a. W. die Gleichung (16) gilt[1] auch für gebrochene Werte von m. Daß sie endlich auch für irrationale Werte von m gilt, ergiebt sich wegen der Stetigkeit beider Seiten durch Grenzübergang, wie bei der Binomialreihe. Dabei ist:

19) $$f(1) = 1 + \frac{1}{1} + \frac{1}{2!} + \frac{1}{3!} + \cdots$$

eine ganz bestimmte Zahl; bezeichnen wir sie mit e und schreiben wir in (16) für m wieder x, so erhalten wir:

$$f(x) = e^x ,$$

w. z. b. w.

---

[1] Wegen der Vorzeichen gilt hier eine entsprechende Überlegung wie in § 70.

Ist a irgend eine andere Basis, so hat man

$$a^{x} = e^{x \log_e a};$$

man erhält also:

$$a^x = 1 + x \log a + \frac{(x \log a)^2}{2!} + \frac{(x \log a)^3}{3!} + \dots \tag{20}$$

In der größeren Einfachheit der Entwicklung (11) gegenüber von (20) liegt der Grund für die Bevorzugung von e als Basis.

§ 72. Die logarithmische Reihe.

Die Umkehrung (§ 65) der Funktion $e^x = y$, also den Logarithmus von y für die Basis e, nennt man den *natürlichen Logarithmus* von y. Wo in der Analysis von Logarithmen ohne Angabe der Basis die Rede ist, sind meist (in diesem Buche immer) natürliche Logarithmen zu verstehen.

Der natürliche Logarithmus einer Größe kann nicht nach Potenzen dieser Größe entwickelt werden. Denn aus der Ungleichung § 52, (8) ergiebt sich, daß er für ein sehr großes Argument selbst unendlich wird (in dem § 63 definierten Sinne); und da zu reziproken Argumentwerten entgegengesetzt gleiche Werte des Logarithmus gehören, so folgt, daß er auch für unendlich kleine Argumentwerte (negativ) unendlich wird. Er erfüllt also schon die erste der Bedingungen nicht, die wir in § 68 als für die Entwickelbarkeit einer Funktion in eine Potenzreihe notwendig erkannt haben. Dagegen können wir den Logarithmus von $1 + x$ auf folgendem Wege in eine Reihe nach Potenzen von x entwickeln:

Entwickeln wir in der binomischen Reihe (§ 70) die Koeffizienten der einzelnen Potenzen von x nach Potenzen von m, so erhalten wir eine Doppelreihe, deren Glieder dem absoluten Betrage nach mit den Gliedern der entsprechenden Entwicklung von $(1 - |x|)^{-|m|}$ übereinstimmen. Da diese letzteren alle positiv sind, und da die aus ihnen gebildete Reihe für $|x| < 1$ und für alle m konvergiert, so folgt aus § 59, daß wir die erhaltene Doppelreihe auch nach Vertikalreihen summieren, oder, was hier dasselbe ist, nach Potenzen von m umordnen dürfen. Dabei interessieren uns hier nur diejenigen Glieder, die die nullte oder die erste Potenz von x zum Faktor haben; deren Gesetz können wir aber leicht angeben. Es ist nämlich:

$$\binom{m}{n} = \frac{m(m-1)\dots(m-n+1)}{1 \cdot 2 \quad \dots \quad n} = (-1)^{n+1}\frac{m}{n} + (m^2), \tag{1}$$

wenn durch (m^2) angedeutet wird, daß die nicht hingeschriebenen

Entwicklungsglieder alle mindestens die zweite Potenz von m zum Faktor haben; infolgedessen erhalten wir:

$$2)\qquad (1+x)^m = 1 + m\left(x - \frac{x^2}{2} + \frac{x^3}{3} - + - \ldots\right) + (m^2).$$

Ersetzen wir andererseits in der Gleichung § 71, (20) a durch $1+x$, x durch m, so erhalten wir:

$$3)\qquad (1+x)^m = 1 + m\log(1+x) + (m^2).$$

Da wir aber aus § 68 wissen, daß eine Funktion nur auf eine Weise in eine Reihe nach Potenzen von m entwickelt werden kann, so erhalten wir durch Vergleichung der Koeffizienten der ersten Potenz von m die Gleichung:

$$4)\qquad \log(1+x) = x - \frac{x^2}{2} + \frac{x^3}{3} - \frac{x^4}{4} + - + \ldots$$

(Die Vergleichung der absoluten Glieder giebt nur die Identität $1 = 1$; die Vergleichung der Koeffizienten der höheren Potenzen würde Reihenentwicklungen der Potenzen des Logarithmus geben, die sich bisher nicht als fruchtbar erwiesen haben.)

Die Gleichung (4) gilt ihrer Ableitung zufolge für $|x| < 1$; denn verschiedene unserer Schlüsse beruhten auf dieser Voraussetzung. Nun kann es in ähnlichen Fällen sehr wohl vorkommen, daß eine Reihe weiter konvergiert, als aus der gerade benutzten Art, sie abzuleiten, hervorgeht. Im vorliegenden Falle dagegen zeigt das CAUCHY'sche Kriterium, daß die Reihe für $|x| > 1$ sicher nicht konvergieren kann. Was die Grenzpunkte $+1$ und -1 des Konvergenzintervalls betrifft, so ist bereits in § 55 gezeigt, daß die Reihe für $x = +1$ divergiert, und in § 57, daß sie für $x = -1$ noch konvergiert. Aus § 67 und aus der Stetigkeit des Logarithmus folgt dann, daß auch noch die Gleichung gilt:

$$\log 2 = 1 - \frac{1}{2} + \frac{1}{3} - \frac{1}{4} + - + \ldots,$$

wenn nämlich die Reihenglieder in der angegebenen Reihenfolge summiert werden.

§ 73. Berechnung der Logarithmen.

Die im vorigen Paragraphen gefundene Reihe ist, wenn x nicht sehr klein ist, zur numerischen Berechnung der Logarithmen wenig geeignet, da man zur Erreichung auch nur einer mäßigen Genauigkeit bei ihr eine große Anzahl Glieder benutzen müßte. Man kann aber aus ihr rascher konvergierende Reihen ableiten. Ersetzt man in ihr zunächst x durch $-x$, so erhält man:

$$1)\qquad \log(1-x) = -x - \frac{x^2}{2} - \frac{x^3}{3} - - - \ldots$$

und wenn man beide Reihen verbindet:

$$2)\qquad \log\frac{1+x}{1-x} = 2\left[x + \frac{x^3}{3} + \frac{x^5}{5} + + + \ldots\right].$$

Setzt man hier:

$$3)\qquad \frac{1+x}{1-x} = y, \qquad x = \frac{y-1}{y+1} = 1 - \frac{2}{y+1},$$

so erhält man:

$$4)\qquad \log y = 2\left[\frac{y-1}{y+1} + \frac{1}{3}\left(\frac{y-1}{y+1}\right)^3 + \frac{1}{5}\left(\frac{y-1}{y+1}\right)^5 + + + \ldots\right];$$

und zwar gilt diese Entwicklung für jeden positiven Wert von y, da für jeden solchen Wert das zugehörige x absolut kleiner als 1 ausfällt. Sie konvergiert um so besser, je näher y an 1 liegt. Man verwendet sie daher zweckmäßigerweise in folgender Art: Man berechnet zunächst mit ihrer Hülfe log 2. Dazu ist erforderlich, daß man den Fehler abschätzt, den man begeht, wenn man die Reihe bei einem bestimmten Gliede abbricht. Die Summe der Glieder, die auf $\frac{2}{2n-1}\cdot\left(\frac{1}{3}\right)^{2n-1}$ noch folgen, ist

$$5)\qquad < \frac{2}{2n+1}\cdot\left(\frac{1}{3}\right)^{2n+1}\left[1 + \left(\frac{1}{3}\right)^2 + \left(\frac{1}{3}\right)^4 + \ldots\right], \text{ also } < \frac{1}{4(2n+1)\cdot 3^{2n-1}},$$

also z. B. für $n = 3$ kleiner als 0,000015, für $n = 4$ kleiner als 0,000002. Man reicht demnach mit einer verhältnismäßig sehr geringen Gliederzahl aus.

Hat man so log 2 berechnet, so wird man, um log 3 zu berechnen, nicht direkt in (4) $y = 3$ einführen, sondern erst

$$\log 3 = \log 2 + \log \tfrac{3}{2}$$

setzen und nun die Reihe für $y = \frac{3}{2}$, also $x = \frac{1}{5}$ benutzen. Dann braucht log 4 nicht besonders berechnet zu werden, da es ja gleich $2\log 2$ ist, ebensowenig $\log 6 = \log 2 + \log 3$; log 5 ist $\log 4 + \log\frac{5}{4}$, man hat also die Reihe für $y = \frac{5}{4}$, d. i. $x = \frac{1}{9}$ zu benutzen; u. s. w. Man sieht, daß man nur die Logarithmen der Primzahlen zu berechnen braucht, und daß man, je weiter man fortschreitet, auf immer rascher konvergierende Reihen geführt wird. Natürlich wird es dabei erforderlich sein, die ersten Glieder der Tabelle mit größerer Genauigkeit zu berechnen, da sich die Fehler sonst im weiteren

Verlaufe der Rechnung häufen könnten. Auch wird man in angemessenen Intervallen einen Logarithmus, den man aus vorher schon berechneten entnommen hat, außerdem auch noch durch die Reihe berechnen, um einen gewissen Schutz gegen Rechenfehler zu haben.

Für die wirkliche Berechnung von Logarithmentafeln besitzt man noch verschiedene Kunstgriffe, die die Rechnung erleichtern; von diesen sei hier nur die Verwendung der Interpolation (§ 25) erwähnt.

Hat man so die natürlichen Logarithmen berechnet, so erhält man die dekadischen, die in den gewöhnlichen Logarithmentafeln verzeichnet sind, nach § 52, (4) durch Multiplikation mit

6) $$\underset{10}{\log} e = \frac{1}{\underset{e}{\log} 10} = 0{,}434\ldots$$

§ 74. Die trigonometrischen Funktionen.

In den §§ 70 und 71 sind uns bereits Beispiele dafür begegnet, daß es unter Umständen möglich ist, aus einer *Funktionalgleichung* zusammen mit gewissen *Stetigkeitsbedingungen* und gewissen speziellen Angaben über einzelne Funktionswerte eine Funktion vollständig zu bestimmen und einen analytischen Ausdruck für sie abzuleiten. Auf diesem Wege können wir nun auch zu einer analytischen Definition derjenigen Funktionen gelangen, die in der Trigonometrie (bezw. Goniometrie) durch geometrische Überlegungen definiert werden. Wir müssen zu diesem Zwecke nur einige von den Eigenschaften, die in der Goniometrie von jenen Funktionen bewiesen werden, an die Spitze stellen; dabei haben wir noch eine gewisse Willkür in der Auswahl, indem jene Eigenschaften sich zum Teil gegenseitig bedingen. Wir wollen etwa die beiden folgenden Eigenschaften benutzen:

1) $$\sin(90^0 - \alpha) = \cos\alpha$$

und:

2) $$\sin(\alpha + \beta) = \sin\alpha\cos\beta + \cos\alpha\sin\beta\,.$$

Ferner ist es geometrisch evident, daß Sinus und Cosinus sich stetig mit dem Winkel ändern; wir werden also auch bei der analytischen Definition die Eigenschaft der Stetigkeit von unseren Funktionen fordern. Endlich werden wir auch noch verlangen, daß für den speziellen Wert 0 des Arguments die Gleichungen bestehen:

3) $$\sin 0 = 0\,, \qquad \cos 0 = 1\,.$$

Durch diese Bedingungen allein sind aber die gesuchten Funktionen noch nicht vollständig bestimmt; man sieht das schon daraus, daß alle diese Gleichungen ungeändert bestehen bleiben, wenn man $m\alpha$ und $m\beta$ an die Stelle von α und β setzt, wo m eine beliebige Zahl bedeuten kann. Der Übergang von α zu $m\alpha$ bedeutet eine Veränderung der Maßeinheit, mit der die Winkel gemessen werden; unsere bisherigen Gleichungen sind von der Wahl dieser Maßeinheit noch ganz unabhängig. Wollen wir unsere Funktionen analytisch vollständig bestimmen, so müssen wir über diese Maßeinheit noch verfügen; und nun erweist es sich als zweckmäßig, eine andere Verfügung hierüber zu treffen, als in der elementaren Goniometrie gewöhnlich geschieht, ganz ebenso, wie wir die Basis der Logarithmen anders gewählt haben, als in den Elementen, was auch auf eine Veränderung des Maßstabes der Logarithmen hinauskommt. In den Elementen wird als Winkeleinheit der rechte Winkel, bezw. sein 90. Teil, der Grad, gewählt; für die Analysis empfiehlt sich als Winkeleinheit derjenige Winkel, der als Centriwinkel in einem Kreise vom Radius 1 zu einem Bogen von der Länge 1 gehört, also ein Winkel von $(180/\pi)^0 = 57^0 18'$. Der rechte Winkel besitzt in diesem Maßsystem die Maßzahl $\pi/2 = 1{,}5708$, ein Winkel von einem Grad die Maßzahl $\pi/180 = 0{,}01745$ u. s. w. In den Logarithmentafeln findet sich gewöhnlich ein Hülfstäfelchen zur Erleichterung der für den Übergang von einem Maßsystem auf das andere erforderlichen Rechnungen. Die Gleichung (1) lautet in dem neuen Maßsystem:

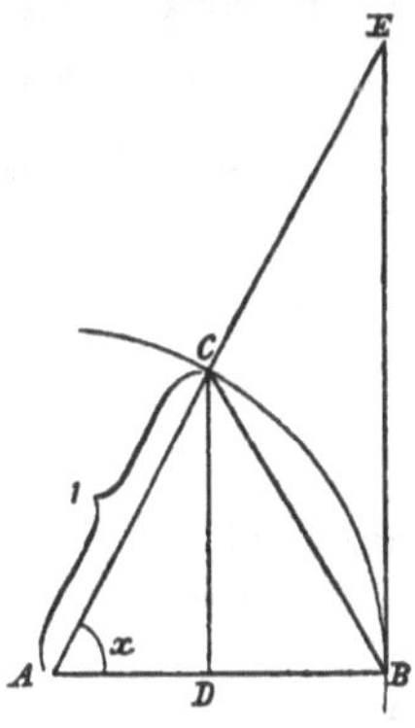

4) $$\sin\left(\frac{\pi}{2} - \alpha\right) = \cos\alpha;$$

die übrigen Gleichungen bleiben formal unverändert.

Die zur Vervollständigung der analytischen Definition der trigonometrischen Funktionen noch erforderliche Relation nimmt in dem neuen Maßsystem eine besonders einfache Gestalt an. Wir erhalten sie, indem wir der nebenstehenden Figur die Ungleichung entnehmen:

$$\text{Dreieck } ABC < \text{Sektor } ABC < \text{Dreieck } ABE$$

oder nach Multiplikation mit 2:

$$\sin x < x < \operatorname{tg} x,$$

oder endlich:

5) $$1 > \frac{\sin x}{x} > \cos x.$$

Daraus folgt nämlich auf Grund der vorausgesetzten Stetigkeit und des Satzes § 39, IV, daß

6) $$\lim_{x=0} \frac{\sin x}{x} = 1$$

ist. Wir stellen uns nun die Aufgabe, alle stetigen Funktionen einer Variabeln x zu finden, die den Gleichungen (1 [bezw. 4]), (2), (3) und (6) genügen. Finden wir, daß es nur ein Paar solcher Funktionen giebt, so können wir sicher sein, daß sie mit den trigonometrischen Funktionen desjenigen Winkels übereinstimmen, dessen Maßzahl in dem neuen System gleich x ist.

Um die Lösung dieser Aufgabe vorzubereiten, leiten wir aus den aufgestellten Gleichungen zunächst eine Reihe weiterer ab. Aus (1) und (2) erhalten wir:

7) $$\cos(x-y) = \cos x \cos y + \sin x \sin y,$$

also speziell für $y = x$:

8) $$1 = \cos^2 x + \sin^2 x.$$

Ersetzen wir ferner in (7) x durch $x + y$ und berücksichtigen dann (2) und (8), so erhalten wir:

$$\begin{aligned}\cos x &= \cos(x+y)\cos y + \sin(x+y)\sin y \\ &= \cos(x+y)\cos y + \sin x \sin y \cos y + \cos x \sin^2 y,\end{aligned}$$

also:

$$\cos(x+y)\cos y = \cos x \cos^2 y - \sin x \sin y \cos y,$$

und da $\cos y$ nicht Null ist:

9) $$\cos(x+y) = \cos x \cos y - \sin x \sin y.$$

Aus (9) und (4) folgt dann noch

10) $$\sin(x-y) = \sin x \cos y - \cos x \sin y.$$

Setzen wir nun in (2) und (9) speziell $y = x$, so erhalten wir:

11) $$\begin{aligned}\sin 2x &= 2 \sin x \cos x, \\ \cos 2x &= \cos^2 x - \sin^2 x.\end{aligned}$$

Setzen wir weiter $y = 2x$ und berücksichtigen die eben erhaltenen Gleichungen, so folgt:

12) $$\begin{aligned}\sin 3x &= 3 \sin x \cos x - \sin^3 x, \\ \cos 3x &= \cos^3 x - 3 \sin x \cos x;\end{aligned}$$

so weiterschließend erhält man:

13) $$\begin{aligned}\sin 4x &= 4 \sin^3 x \cos x - 4 \sin x \cos^3 x, \\ \cos 4x &= \cos^4 x - 6 \cos^2 x \sin^2 x + \sin^4 x\end{aligned}$$

und kommt zur Vermutung, es werde für jede ganze Zahl m sein:

$$
14)\left\{\begin{aligned}
\cos m x &= \cos^m x - \binom{m}{2}\cos^{m-2}x\sin^2 x + \binom{m}{4}\cos^{m-4}x\sin^4 x - + - \ldots\\
\sin m x &= m\cos^{m-1}x\sin x - \binom{m}{3}\cos^{m-3}x\sin^3 x + \binom{m}{5}\cos^{m-5}x\sin^5 - \\
&\qquad + - \ldots
\end{aligned}\right.
$$

Die Richtigkeit dieser Vermutung kann man dann leicht durch den Schluß von m auf $m+1$, unter Zuhülfenahme der Relation § 8, (5), bestätigen.

§ 75. Potenzreihenentwicklung für Cosinus und Sinus.

Setzen wir in den Gleichungen § 74, (14) $x = z/m$, so gehen sie über in:

$$
1)\left\{\begin{aligned}
\frac{\cos z}{\cos^m \frac{z}{m}} &= 1 - \binom{m}{2}\operatorname{tg}^2\frac{z}{m} + \binom{m}{4}\operatorname{tg}^4\frac{z}{m} - + - \ldots,\\
\frac{\sin z}{\sin^m \frac{z}{m}} &= m\operatorname{tg}\frac{z}{m} - \binom{m}{3}\operatorname{tg}^4\frac{z}{m} + - + \ldots
\end{aligned}\right.
$$

Wählen wir wie in § 71 irgend eine positive Zahl M und einen positiven echten Bruch ξ, so ist das allgemeine Glied jeder der beiden Reihen kleiner als je ein entsprechendes Glied der Reihe § 71, (10), und zwar für alle Werte von $\operatorname{tg}(z/m)$ und $1/m$, die den beiden Ungleichungen genügen:

$$
2)\qquad \left|\operatorname{tg}\frac{z}{m}\right| \leqq \xi, \qquad \left|\frac{1}{m}\right| \leqq \frac{1}{M}.
$$

Daraus folgt dann, daß die auf der rechten Seite der Gleichungen (1) für andere als positive ganzzahlige Werte von m auftretenden unendlichen Reihen für alle solchen Werte gleichmäßig konvergieren, daß wir also den Grenzübergang zu $m = \infty$ an den einzelnen Gliedern vollziehen dürfen. Dazu ist nicht erforderlich, daß wir den Wert der Reihensummen für andere als ganzzahlige Werte von m kennen. Um ihn auf der linken Seite der Gleichungen auszuführen, beziehen wir uns wieder auf die schon in § 51, (6) aufgestellte Grenzgleichung. Setzen wir in ihr

$$
\frac{1}{n} = \sin\frac{z}{m}, \quad \text{also } 1 - \frac{1}{n^2} = \cos^2\frac{z}{m},
$$

so ergiebt sich (vgl. auch § 50, (11):

$$
3)\qquad \lim_{m=\infty}\left(\cos^m\frac{z}{m}\right) = \lim_{n=\infty}\left[\left(\left(1-\frac{1}{n^2}\right)^{\frac{n}{2}}\cdot\right)^{\frac{\sin(z/m)}{z/m}\cdot z}\right] = 1.
$$

Ferner folgt aus § 74, (6):

4) $$\lim_{x=0} \frac{\operatorname{tg} x}{x} = 1$$

und also:

5) $$\lim_{m=\infty} \left(m \operatorname{tg} \frac{z}{m}\right) = z\,.$$

Damit erhalten wir aus den Gleichungen (1) die folgenden *Entwicklungen der trigonometrischen Funktionen Cosinus und Sinus in Potenzreihen:*

6) $$\begin{aligned} \cos z &= 1 - \frac{z^2}{1\cdot 2} + \frac{z^4}{4!} - + - \ldots \\ \sin z &= z - \frac{z^3}{3!} + \frac{z^5}{5!} - + - \ldots \end{aligned}$$

Diese Reihen gelten ihrer Ableitung zufolge für alle diejenigen z, für welche $|\operatorname{tg} z/m| < \xi$ ist; da wir aber nachher doch m über alle Grenzen wachsen lassen, so können wir es gleich von Anfang an so groß nehmen, daß diese Bedingung für den gerade betrachteten Wert von z erfüllt ist. Also gelten die Gleichungen (6) für alle Werte von z. In der That ist mit Hülfe des CAUCHY'schen Kriteriums leicht zu sehen, daß diese Reihen für alle Werte von z konvergieren.

§ 76. Die Periodizität der trigonometrischen Funktionen.

Nachdem wir uns einmal auf den rein analytischen Standpunkt gestellt haben, bietet die Frage ein gewisses Interesse, wie wir die weiteren aus der Goniometrie bekannten Eigenschaften der trigonometrischen Funktionen aus ihrer analytischen Definition, bezw. aus den Reihendarstellungen § 75, (6) ableiten können.

Zunächst ergiebt sich aus den Reihen, wenn wir sie in der Form schreiben:

1) $$\begin{aligned} \cos z &= 1 - \frac{z^2}{2} + \frac{z^4}{4!}\left(1 - \frac{z^2}{5\cdot 6}\right) + \frac{z^8}{8!}\left(1 - \frac{z^2}{9\cdot 10}\right) + \cdots \\ \sin z &= z\left(1 - \frac{z^2}{2\cdot 3}\right) + \frac{z^5}{5!}\left(1 - \frac{z^2}{6\cdot 7}\right) + \frac{z^9}{9!}\left(1 - \frac{z^2}{10\cdot 11}\right) + \cdots, \end{aligned}$$

daß für hinlänglich kleine Werte von z beide Funktionen jedenfalls positiv sind: der Cosinus jedenfalls bis $z = \sqrt{2}$, der Sinus sogar mindestens bis $z = \sqrt{6}$. Ferner ergiebt sich aus den Additionstheoremen (§ 74, 2 und 9):

2) $$\begin{aligned} \cos(z+h) - \cos z &= -2 \sin\left(z + \frac{h}{2}\right) \sin\frac{h}{2} \\ \sin(z+h) - \sin z &= 2 \sin\left(z + \frac{h}{2}\right) \cos\frac{h}{2}\,; \end{aligned}$$

solange also der Sinus positiv ist, nimmt der Cosinus ab. Für $z = 2$ ist er schon negativ, wie die folgende Form der Reihe zeigt:

3) $$\cos z = 1 - \frac{z^2}{2}\left(1 - \frac{z^2}{3\cdot 4}\right) - \frac{z^6}{6!}\left(1 - \frac{z^2}{7\cdot 8}\right) - - - \ldots$$

Nach § 65, I muß also zwischen 0 und 2 ein (und nur ein) Wert von z liegen, für den $\cos z = 0$ ist; wir könnten diesen Wert, wenn nach keinem andern Verfahren, jedenfalls nach dem dort gelehrten berechnen, da die Cosinusreihe bis $z = 2$, wenn auch nicht sehr schnell, doch noch für diesen Zweck hinreichend gut konvergiert. Für diesen Wert von z wird man zweckmäßigerweise ein besonderes Zeichen einführen; bedienen wir uns des allgemein gebräuchlichen, so können wir sagen:

I. *Bei analytischer Behandlung der trigonometrischen Funktionen auf Grund der Definitionsgleichungen von § 74 ist die Zahl π dadurch definiert, daß $\pi/2$ die kleinste positive Wurzel der Gleichung*

4) $$\cos z = 0$$

ist.

Aus der Gleichung § 74, (8) folgt dann, daß

5) $$\sin \pi/2 = 1$$

sein muß; es muß nämlich bei der Wurzelausziehung das positive Zeichen genommen werden, da, wie wir schon gesehen haben, $\sin z$ bis $z = \sqrt{6}$ positiv ist und schon eine rohe Näherungsrechnung ergiebt, daß $\pi/2$ unter dieser Grenze liegt. Damit geben die Additionstheoreme (§ 74, 2 und 9):

6) $$\sin(z + \pi/2) = \cos z, \qquad \cos(z + \pi/2) = -\sin z,$$

also:

7) $$\begin{aligned}\cos(z + \pi) &= -\sin(z + \pi/2) = -\cos z,\\ \sin(z + \pi) &= \cos(z + \pi/2) = -\sin z\end{aligned}$$

und endlich

8) $$\begin{aligned}\cos(z + 2\pi) &= -\cos(z + \pi) = \cos z,\\ \sin(z + 2\pi) &= -\sin(z + \pi) = \sin z.\end{aligned}$$

Man definiert nun:

II. *Eine Funktion von z heißt periodisch mit der Periode a, wenn für alle Werte, die ihr Argument z annehmen kann, die Gleichung gilt:*

9) $$f(z + a) = f(z).$$

Damit können wir die Gleichungen (8) folgendermaßen aussprechen:

III. *Cosinus und Sinus sind periodische Funktionen mit der Periode 2π.*

Aus einer Gleichung der Form (9) ergeben sich unendlich viele andere von derselben Form. Setzt man nämlich in ihr $z + a$ für z, so folgt:

$$f(z + 2a) = f(z + a) = f(z)$$

und daraus weiter:

$$f(z + 3a) = f(z),$$
$$f(z + 4a) = f(z),$$
$$\cdot \quad \cdot \quad \cdot \quad \cdot \quad \cdot \quad \cdot$$

Setzt man ferner $z - a$ für z, so folgt:

$$f(z - a) = f(z),$$
$$f(z - 2a) = f(z),$$
$$\cdot \quad \cdot \quad \cdot$$

Es ist also allgemein:

10) $$f(z + ka) = f(z)$$

für jede positive oder negative ganze Zahl k. M. a. W.:

IV. *Ist a eine Periode des Arguments*[1] *einer Funktion* $f(z)$, *so sind gleichzeitig mit ihr auch alle Zahlen* ka *Perioden des Arguments dieser Funktion, wobei k jede positive oder ganze Zahl bedeuten kann.*

Die Existenz einer Periode einer Funktion zieht also von selbst die von unendlich vielen anderen nach sich; man bedarf daher eines Terminus zur Unterscheidung solcher Perioden, welche in dieser Weise aus anderen abgeleitet werden können, von solchen, für welche das nicht der Fall ist. Demgemäß definiert man:

V. *Eine Periode einer periodischen Funktion heißt primitiv, wenn kein aliquoter Teil von ihr schon Periode ist.*

Nun ist der Cosinus im Intervall von 0 bis $\pi/2$ jedenfalls positiv, ebenso der Sinus; dagegen zeigen die Gleichungen (6) und (7): im Intervall von $\pi/2$ bis π ist der Cosinus negativ, der Sinus positiv; im Intervall von π bis $3\pi/2$ Cosinus und Sinus beide negativ; endlich im Intervall von $3\pi/2$ bis 2π der Sinus negativ, der Cosinus wieder positiv. Man sieht also:

Die in der Goniometrie übliche Festsetzung der Vorzeichen der trigonometrischen Funktionen ist keineswegs willkürlich, sondern eine notwendige Folge der Forderung, daß die Additionstheoreme für beliebige Argumente gültig bleiben sollen.

---

[1] Statt dieser korrekten, aber etwas umständlichen Ausdrucksweise bedient man sich häufig der abgekürzten „Periode der Funktion"; wir wollen das im folgenden auch thun.

Hat man sich so über die Vorzeichen der beiden Funktionen orientiert, so geben die Gleichungen (2) auch Aufschluß über ihre Wachstumsverhältnisse. Sie zeigen nämlich:

Der Cosinus nimmt im ersten und zweiten Quadranten ab, im dritten und vierten zu; dagegen der Sinus nimmt im ersten und vierten Quadranten zu, im zweiten und dritten ab.

Es giebt also innerhalb des ganzen Intervalls von 0 bis 2π nicht zwei Werte des Arguments, für welche Sinus und Cosinus gleichzeitig übereinstimmen. Andererseits folgt aus den Gleichungen (6), daß jede Periode einer dieser beiden Funktionen gleichzeitig eine Periode der andern sein muß. Daraus ergiebt sich:

VI. *2π ist primitive Periode des Cosinus und ebenso des Sinus.*

§ 77. Division durch eine Potenzreihe.

Wenn wir aus den bis jetzt gefundenen Reihenentwicklungen einfacher Funktionen solche für Funktionen ableiten wollen, die sich aus jenen zusammensetzen, so bedürfen wir dazu erst einer Ergänzung der Sätze von § 60. Dort war die Addition, die Subtraktion und die Multiplikation zweier unendlicher Reihen gelehrt; für die Division zweier Reihen dagegen giebt es kein ebenso einfaches und allgemein anwendbares Verfahren. Wohl aber können wir ein solches Verfahren für die Division einer *Potenzreihe* durch eine andere angeben, allerdings nur unter einer nachher zu erwähnenden einschränkenden Voraussetzung. Wir bedürfen zu diesem Zwecke des folgenden Hülfssatzes:

I. *Wenn eine Potenzreihe nicht bloß für $x = 0$ konvergiert, kann man stets eine Grenze r von der Art finden, daß das erste von Null verschiedene Glied der Reihe die Summe aller folgenden überwiegt, solange*

1) $$|x| < r$$

ist.

Ist nämlich etwa, um gleich den allgemeinen Fall ins Auge zu fassen, a_m der erste von Null verschiedene Koeffizient in der Reihe, so kann man sie auf die Form bringen:

2) $$f(x) = a_m x^m \left(1 + x\varphi(x)\right),$$

wo

$$\varphi(x) = \frac{a_{m+1}}{a_m} + \frac{a_{m+2}}{a_m} x + \frac{a_{m+3}}{a_m} x^2 + \dots$$

eine Potenzreihe ist, die für dieselben Werte von x konvergiert, wie die vorgelegte. Konvergiert sie aber für irgend einen von Null verschiedenen Wert, so konvergiert sie nach § 67 für jeden absolut kleineren Wert unbedingt. Konvergiert sie für irgend einen (positiven) Wert $x = R$ unbedingt, so ist ihre Summe für diesen und für alle absolut kleineren Werte von x absolut kleiner als die durch die Gleichung

3) $$\left|\frac{a_{m+1}}{a_m}\right| + \left|\frac{a_{m+2}}{a_m}\right| R + \left|\frac{a_{m+2}}{a_m}\right| R^2 + \ldots = M$$

definierte Zahl M. Ist dann r kleiner als jede der beiden Zahlen R und M^{-1}, so ist für $|x| < r$:

$$|x\varphi(x)| < rM < 1,$$

also:

4) $$|f(x) - a_m x^m| < |a_m x^m|,$$

w. z. b. w. Ausdrücklich sei hinzugefügt: Durch diese Schlüsse ist nicht nur die Existenz einer solchen Zahl r bewiesen, sondern auch die Möglichkeit gegeben, eine solche zu berechnen, sobald man im stande ist anzugeben, wie viele Glieder der Reihe (3) ausreichen, um M mit verlangter Genauigkeit zu berechnen.

Die so gefundene Zahl r braucht keineswegs die äußerste Grenze zu sein, bis zu welcher der Satz gilt; aber diese äußerste Grenze brauchen wir häufig gar nicht zu kennen.

Für unseren nächsten Zweck reicht der Hülfssatz I aus; wir wollen aber an ihn gleich einen anderen anschließen, der sich aus ihm ergiebt und der an und für sich von Interesse ist, nämlich:

II. *Ist r wie im Hülfssatz I bestimmt, so hat die Gleichung:*

$$f(x) = 0$$

im Intervall $(-r \ldots r)$ überhaupt keine Wurzel, wenn $a_0 \neq 0$ ist; und keine andere Wurzel als $x = 0$, wenn $a_0 = 0$ ist.

Denn da in diesem Intervall $x\varphi(x)$ absolut kleiner als 1 ist, kann es nicht gleich -1 werden; und ein Produkt kann nicht Null werden, wenn nicht einer seiner Faktoren Null wird.

Es sei nun $a_0 \neq 0$ und $f(x) = a_0\big(1 + x\varphi(x)\big)$. Entwickelt man dann den Faktor $\big(1 + \varphi(x)\big)^{-1}$ in die binomische Reihe:

$$1 - x\varphi + x^2\varphi^2 - x^3\varphi^3 + - + \cdot \ldots$$

so wird diese Reihe für alle $|x| < r$ konvergieren, da nach I für alle solchen Werte $|x\varphi(x)| < 1$ ist. Die Potenzen von φ kann man nach § 60 ausmultiplizieren und nach Potenzen von z umordnen; und zwar bleiben die entstehenden Reihen auch dann noch konvergent, wenn man alle einzelnen Glieder durch ihre absoluten

Beträge ersetzt. Infolgedessen kann man nach § 59 schließlich die ganze so entstehende Doppelreihe nach Potenzen von x umordnen; multipliziert man dann noch mit a_0^{-1}, so erhält man die Potenzentwicklung von $1/f(x)$. Also gilt der Satz:

III. *Ist in der Entwicklung der Funktion $f(x)$ nach Potenzen von x das absolute Glied von Null verschieden, so kann man auch den reziproken Wert von $f(x)$ in eine nach Potenzen von x mit positiven ganzzahligen Exponenten fortschreitende Reihe entwickeln, die jedenfalls bis zu der in I bestimmten Grenze r konvergiert.*

Einfache Beispiele, wie $f(x) = e^x$ oder $f(x) = \frac{1}{1+x}$ zeigen übrigens, daß die erhaltene Reihe in speziellen Fällen auch noch über diese Grenze hin, ja sogar über das Konvergenzintervall der Reihe für $f(x)$ selbst hinaus konvergieren kann.

Wie man eine solche Rechnung zweckmäßig anordnet, wird am besten aus einem Beispiel zu ersehen sein. Nehmen wir $f(x) = \cos x$, so ist nach § 75, (6) $a_0 = 1$, also wenn wir die Rechnung bis zu Gliedern mit x^8 einschließlich durchführen:

$$\begin{aligned}
\frac{1}{\cos x} &= 1 + \frac{x^2}{2} - \frac{x^4}{24} + \frac{x^6}{720} - \frac{x^8}{40320} + \cdots \\
&\qquad + \left(\frac{x^2}{2} - \frac{x^4}{24} + \frac{x^6}{720} - \cdots\right)^2 \\
&\qquad + \left(\frac{x^2}{2} - \frac{x^4}{24} + \cdots\right)^3 \\
&\qquad + \left(\frac{x^2}{2} - \cdots\right)^4 + \cdots
\end{aligned}$$

$$= 1 + \begin{array}{r|r|r|r|}
\frac{1}{2} & -\frac{1}{24} & +\frac{1}{720} & -\frac{1}{40320} \\
+\frac{1}{4} & -\frac{1}{24} & +\frac{1}{576}+\frac{1}{720} & \\
 & +\frac{1}{8} & -\frac{1}{32} & \\
 & & +\frac{1}{16} &
\end{array}
\begin{array}{l} \\ \end{array}
\quad (x^2,\ x^4,\ x^6,\ x^8) + \cdots$$

$$= 1 + \frac{x^2}{2} + \frac{5\,x^4}{24} + \frac{61\,x^6}{720} + \frac{277\,x^8}{8064} + \cdots$$

Ausdrücklich sei davor gewarnt, in solchen und ähnlichen Fällen einen Teil der Rechnung weiter zu führen, als einen andern; das kann nur zu Irrtümern Veranlassung geben. Dagegen empfiehlt es sich, ein Glied mehr zu berechnen, als man eigentlich braucht, da erfahrungsgemäß gerade das letzte noch berechnete Glied Versehen besonders ausgesetzt ist.

Die *Division einer Potenzreihe durch eine andere* ergiebt sich aus dem behandelten speziellen Falle unmittelbar: Man entwickelt zuerst den reziproken Wert des Nenners und multipliziert dann mit dem Zähler nach der Vorschrift von § 60 aus.

Beginnt die Entwicklung von $f(x)$ mit einer höheren Potenz von x als der nullten, so muß man diese Potenz zuerst als Faktor herausziehen. Man erhält dann $1/f(x)$ entwickelt in eine Reihe, die zwar auch wie die bisher betrachteten nach Potenzen von x mit ganzzahligen steigenden Exponenten fortschreitet, die aber abweichend von ihnen auch eine endliche Anzahl von Gliedern mit negativen Exponenten enthält.

§ 78. Entwicklung zusammengesetzter Funktionen. Die Methode der unbestimmten Koeffizienten.

Mit Hülfe der in den letzten Paragraphen abgeleiteten Sätze können wir jede Funktion, die aus den besprochenen sich zusammensetzen läßt, nach Potenzen des Arguments entwickeln. Soll z. B. $\log(x) + \sqrt{1 + x^2})$ entwickelt werden, so wird man zunächst die Quadratwurzel auf Grund des binomischen Satzes in die Reihe entwickeln (vgl. § 70, 6):

1) $$\sqrt{1 + x^2} = 1 + \tfrac{1}{2} x^2 - \tfrac{1}{8} x^4 + \tfrac{1}{16} x^6 - \dots,$$

dann das Argument des Logarithmus, nämlich $x + \sqrt{1 + x^2}$, gleich $1 + y$ setzen, wo

$$y = x + \tfrac{1}{2} x^2 - \tfrac{1}{8} x^4 - \tfrac{1}{16} x^6 + \dots$$

ist, hierauf für $\log(1 + y)$ die Reihe ansetzen:

2) $$\log(1 + y) = y - \tfrac{1}{2} y^2 + \tfrac{1}{3} y^3 - \tfrac{1}{4} y^4 + \tfrac{1}{5} y^5 - \tfrac{1}{6} y^6 + - \dots,$$

die einzelnen Potenzen von y auf Grund von § 60 nach Potenzen von x entwickeln:

3) $$\left\{\begin{aligned} y^2 &= x^2 + x^3 + \tfrac{1}{4} x^4 - \tfrac{1}{4} x^5 - \tfrac{1}{8} x^6 + \dots \\ y^3 &= x^3 + \tfrac{3}{2} x^4 + \tfrac{3}{4} x^5 - \tfrac{1}{4} x^6 + \dots \\ y^4 &= x^4 + 2 x^5 + \tfrac{3}{2} x^6 + \dots \\ y^5 &= x^5 + \tfrac{5}{2} x^6 + \dots \\ y^6 &= x^6 + \dots, \end{aligned}\right.$$

endlich alle diese Entwicklungen in (2) einsetzen und auf Grund von § 58 nach Potenzen von x umordnen:

4) $$\log(x + \sqrt{1 + x^2}) = x - \tfrac{1}{6} x^3 + \tfrac{3}{40} x^5 + (x^7).$$

Wie weit eine so gefundene Reihe konvergiert, kann auf Grund der früheren Resultate konstatiert werden, indem man die Konvergenz der einzelnen Teilentwicklungen Schritt für Schritt verfolgt. Im vorliegenden Falle konvergiert die Entwicklung (1) für $|x| < 1$, die Entwicklungen (3) ebenfalls, da wir hier mit ganzzahligen Exponenten zu thun haben, die Entwicklung (2) für $|y| < 1$. Wir müssen also noch untersuchen, wie x beschaffen sein muß, damit $|y| < 1$ ausfällt. Dazu führt folgende Überlegung:

$x + \sqrt{1 + x^2}$ wird gleich 2 für $x = \frac{3}{4}$, gleich 0 für keinen Wert von x. Da es mit x zunimmt, liegt für $x < \frac{3}{4}$ sein Wert zwischen 0 und 2, also der von y zwischen -1 und $+1$. Die Reihe (4) konvergiert also jedenfalls, wenn x die beiden Bedingungen $|x| < 1$ und $x < \frac{3}{4}$ erfüllt, d. h. für

$$-1 < x < \frac{3}{4}.$$

Ausdrücklich sei übrigens betont, daß man auf diesem Wege zwar jedenfalls hinreichende, aber keineswegs immer notwendige Bedingungen für die Konvergenz erhält: die gefundene Reihe kann auch noch über die abgeleitete Konvergenzgrenze hinaus konvergieren. Für das eben betrachtete Beispiel ist das in der That der Fall; aus § 67, III folgt nämlich, daß sie innerhalb des weiteren Intervalls

$$-1 < x < 1$$

konvergiert.

Auch darüber, wie viele Glieder der gefundenen Reihe man braucht, um einer vorgeschriebenen Genauigkeit sicher zu sein, kann man durch ein solches schrittweises Vorgehen Aufschluß erhalten; doch wird das schon in so einfachen Fällen wie der eben besprochene sehr umständlich. Man begnügt sich daher namentlich in der angewandten Mathematik sehr häufig damit, daß man sagt: wenn der letzte berechnete Koeffizient so klein ist, daß das betr. Glied für die in Betracht kommenden Werte von x vernachlässigt werden kann, dürfe man annehmen, daß auch von der Summe aller noch folgenden Glieder das gleiche gelte. Diese Annahme stützt sich auf keinen mathematischen Satz; ihre Berechtigung ist im einzelnen Falle durch naturwissenschaftliche Erwägungen zu stützen, eventuell ist sie als ein Notbehelf anzusehen, der eine erste Orientierung in einem sonst unzugänglichen Gebiete gestatten soll.

Übrigens kann man, wenn die Möglichkeit einer solchen Entwicklung feststeht, sich zu ihrer Durchführung auch der sogenannten „*Methode der unbestimmten Koeffizienten*“ bedienen, die auf dem Satze von § 68 beruht, nach dem eine solche Entwicklung, wenn überhaupt, nur auf eine Weise möglich ist. Es wird am besten sein, das Verfahren gleich an einem Beispiel zu erläutern, etwa an der schon in § 77 behandelten Entwicklung von $\sec x = 1/\cos x$. Wir setzen die gesuchte Entwicklung zunächst mit unbestimmten Koeffizienten an, z. B.

$$\sec x = A + Bx^2 + Cx^4 + Dx^6 + \dots$$

(Man sieht mit Hülfe der Identität $\sec(-x) = \sec x$ leicht ein, daß nur Potenzen mit geraden Exponenten auftreten können; übrigens würde die Rechnung selbst das ergeben müssen, wenn man es nicht sogleich bemerkt hätte.) Diese Entwicklung führen wir in irgend eine Identität ein, in der außer der zu entwickelnden Funktion nur solche Funktionen vorkommen, deren Entwicklung wir bereits kennen: hier z. B. in die Identität:

$$\sec x \cdot \cos x \equiv 1 .$$

Das giebt:

$$(A + Bx^2 + Cx^4 + Dx^6 + \dots)\left(1 - \frac{x^2}{2} + \frac{x^4}{24} - \frac{x^6}{720} + \dots\right) \equiv 1 ,$$

oder wenn wir nach § 60 ausmultiplizieren:

$$A + (B - \tfrac{1}{2}A)x^2 + (C - \tfrac{1}{2}B + \tfrac{1}{24}A)x^4 + (D - \tfrac{1}{2}C + \tfrac{1}{24}B - \tfrac{1}{720}A)x^6 + \dots \equiv 1.$$

Diese Gleichung kann nach § 68 nur dann identisch bestehen, wenn die Koeffizienten gleich hoher Potenzen von x beiderseits übereinstimmen, wenn also die folgenden Gleichungen bestehen:

$$\begin{aligned} A &= 1 ,\\ B - \tfrac{1}{2}A &= 0 ,\\ C - \tfrac{1}{2}B + \tfrac{1}{24}A &= 0 ,\\ D - \tfrac{1}{2}C + \tfrac{1}{24}B - \tfrac{1}{720}A &= 0 ,\\ \dots\dots\dots \end{aligned}$$

Von diesen Gleichungen enthält die erste nur die eine Unbekannte A, die zweite außerdem nur B, die dritte außer diesen beiden nur noch C u. s. w.; man kann sie also der Reihe nach auflösen und findet so:

$$A = 1 , \quad B = \tfrac{1}{2} , \quad C = \tfrac{1}{4} - \tfrac{1}{24} = \tfrac{5}{24} , \quad D = \tfrac{5}{48} - \tfrac{1}{48} + \tfrac{1}{720} = \tfrac{61}{720} ,$$

übereinstimmend mit den in § 77 auf anderem Wege gefundenen Werten dieser Koeffizienten.

Dieses Verfahren ist für die wirkliche Aufstellung einer solchen Entwicklung häufig das bequemste, namentlich wenn man nur einige wenige Entwicklungsglieder zu kennen wünscht. Es giebt aber keinen Aufschluß über das Konvergenzintervall der gesuchten Entwicklung; überhaupt *beweist* es, wie noch einmal betont sei, *die Entwickelbarkeit nicht, sondern setzt sie voraus.*

§ 79. Reihenumkehrung.

Ist y als Funktion von x durch eine Potenzreihe darstellbar, so kann man auch x nach Potenzen von y entwickeln, wenn noch zwei nachher anzugebende Voraussetzungen erfüllt sind. Zum Beweis bedürfen wir des Hülfssatzes:

I. *Wenn eine Reihe*

1) $$a_0 + a_1 x + a_2 x^2 + a_3 x^3 + \dots$$

nicht bloß für $x = 0$ *konvergiert, so kann man stets zwei positive Zahlen,* M, α *von der Art finden, daß für alle Werte des Index* n:

2) $$| a_n | < \alpha^{-n} M$$

ist.

Sei nämlich α ein Wert, für den die Reihe konvergiert. Dazu ist notwendig (wenn auch nicht hinreichend), daß

$$\lim_{n=\infty} (a_n \alpha^n) = 0 .$$

Man kann also zu jedem ε eine Zahl n so bestimmen, daß:

$$| a_{n+p} \alpha^{n+p} | < \varepsilon$$

wird für jedes positive p. Dann ist nur noch nötig, M so zu wählen, daß es größer ist, als jede der Zahlen

$$a_0, \quad a_1 \alpha, \quad a_2 \alpha^2, \quad \dots, \quad a_n \alpha^n, \quad \varepsilon;$$

so ist die Ungleichung (2) für jedes n erfüllt.

Man kann den Hülfssatz auch so aussprechen: es giebt eine gebrochene lineare Funktion

3) $$Y = M + M \frac{x}{\alpha} + M \frac{x^2}{\alpha^2} + \dots = \frac{M\alpha}{\alpha - x}$$

von der Beschaffenheit, daß jeder Koeffizient ihrer (für $| x | < \alpha$ konvergenten) Entwicklung nach Potenzen von x absolut größer ist, als der entsprechende Koeffizient der vorgelegten Reihe (1). Eine solche Funktion nennt man eine *Majorante* der gegebenen Funktion; man schreibt wohl:

4) $$y \ll Y \text{ (arg. } x).$$

Es sei nun eine Entwicklung der Form (1) gegeben, *in der das von x freie Glied fehlt und der Koeffizient der ersten Potenz von x von Null verschieden ist.* Wir können dann diesen letzteren Koeffizienten auf 1 reduzieren, indem wir entweder für x oder für y eine neue Veränderliche einführen; wir dürfen also unbeschadet der Allgemeinheit annehmen, er sei von Anfang an gleich 1. Ferner wird es für die weiteren Schlüsse bequem sein, wenn wir alle höheren Potenzen von x auf die andere Seite bringen und die Gleichung schreiben:

5) $$x = Y + b_2 x^2 + b_3 x^3 + b_4 x^4 + b_5 x^5 + \dots,$$

wo die Koeffizienten b aus den a sich in leicht anzugebender Weise zusammensetzen. Wenn wir nun schon wüßten, daß die Aufgabe der Umkehrung einer solchen Reihe, d. d. der Entwicklung von x in eine Potenzreihe nach y, lösbar ist, so könnten wir die Methode der unbestimmten Koeffizienten anwenden (§ 78): wir könnten versuchsweise x durch die Reihe darstellen:

6) $$x = y + c_2 y^2 + c_3 y^3 + c_4 y^4 + c_5 y^5 + \dots,$$

aus ihr auf Grund von § 60 ableiten:

7) $$\begin{cases} x^2 = & y^2 + 2c_2 y^3 + (c_2^2 + 2c_3) y^4 + (2c_2 c_3 + 2c_4) y^5 + \dots \\ x^3 = & y^3 + 3c_2 y^4 + (3c_2^2 + 3c_3) y^5 + \dots \\ x^4 = & y^4 + 4c_3 y^5 + \dots \\ x^5 = & y^5 + \dots \\ \dots & \dots \dots \dots \dots \dots \dots , \end{cases}$$

diese Ausdrücke in (5) einsetzen und die Koeffizienten gleich hoher Potenzen von y beiderseits vergleichen; wir würden so das Gleichungssystem erhalten:

8) $$\begin{cases} 1 = 1 \\ c_2 = b_2 \\ c_3 = b_2 \cdot 2c_2 + b_3 \\ c_4 = b_2 \cdot (c_2^2 + 2c_3) + b_3 \cdot 3c_3 + b_4 \\ c_5 = b_2 \cdot (2c_2 c_3 + 2c_4) + b_3 \cdot (3c_2^2 + 3c_3) + b_4 \cdot 4c_2 + b_5 \\ \dots \dots \dots \dots \dots \dots \dots \end{cases}$$

und könnten aus diesem System die Werte der unbekannten Koeffizienten c successive berechnen. Aber wie schon in § 78 bemerkt, beweist dieses Verfahren die Entwickelbarkeit nicht, sondern setzt sie voraus; es sind dadurch nur zwei — allerdings an und für sich schon wichtige — Resultate bewiesen, nämlich:

II. *Wenn es überhaupt möglich ist, der Gleichung (1) durch eine Reihe für x zu genügen, die nach Potenzen von y mit positiven ganzzahligen Exponenten fortschreitet und kein von y freies Glied enthält, so ist es nur durch eine bestimmte solche Reihe möglich.*

Und darüber hinaus noch:

III. *Wenn die Reihe (6) absolut konvergiert, so löst sie die Aufgabe.*

Es bleibt uns also nur noch die Untersuchung der Konvergenzfrage zu erledigen; und dazu verhilft uns eben der Hülfssatz I. Bestimmen wir nämlich wie in diesem die Größen α und M so, daß für alle Werte $n = 2, 3, \ldots$ die Ungleichheit besteht:

$$|b_n| < \alpha^{-n} M$$

und bilden mit ihnen die Reihe

9) $$x = Y + B_2 x^2 + B_3 x^3 + B_4 x^4 + \ldots,$$

wo B_n für $\alpha^{-n} M$ gesetzt ist, so können wir die Umkehrung dieser Reihe auf Grund von früheren Sätzen erledigen. Denn es ist dann

10) $$x = Y + M \frac{x^2}{\alpha(\alpha - x)},$$

m. a. W. x ist Wurzel der quadratischen Gleichung:

11) $$(M + \alpha)x^2 - \alpha(\alpha + Y)x + \alpha^2 Y = 0.$$

Die Auflösung dieser Gleichung giebt zwei Werte für x:

$$x = -\frac{\alpha(\alpha + Y)}{2(M + \alpha)} \pm \frac{\alpha}{2(M + \alpha)} \sqrt{-4Y(M + \alpha) + (\alpha + Y)^2}$$

$$= -\frac{\alpha(\alpha + Y)}{2(M + \alpha)} \pm \frac{\alpha^2}{2(M + \alpha)} \sqrt{1 - 2Y\frac{(2M + \alpha)}{\alpha^2} + \frac{Y^2}{\alpha^2}}.$$

Die hier vorkommende Wurzelgröße kann nach den Methoden von § 78 in eine Reihe entwickelt werden, indem man zuerst nach Potenzen von $\frac{2Y(2M + \alpha) - Y^2}{\alpha^2}$ entwickelt und diese Potenzen dann wieder nach Potenzen von y. Die resultierende Entwicklung wird jedenfalls konvergieren, sobald die zu ihrer Ableitung benutzten Entwicklungen konvergieren, d. h. sobald die Bedingung erfüllt ist:

12) $$2|Y|(2M + \alpha) + |Y|^2 < \alpha^2.$$

Wir erhalten also auf diesem Wege *zwei* Entwicklungen von Y nach Potenzen von x; aber nur eine, nämlich nur diejenige, die entsteht, wenn wir die Quadratwurzel mit dem negativen Zeichen nehmen, gehört zu den hier betrachteten, indem nur sie kein von Y freies Glied enthält.

Andererseits müssen wir eben diese Entwicklung auch erhalten, wenn wir den Satz II auf die Reihe (9) anwenden. Wir erhalten dann zur Bestimmung der Koeffizienten C der Entwicklung

13) $$x = Y + C_2 Y^2 + C_3 Y^3 + \dots$$

das zu (8) ganz analoge Gleichungssystem

14) $$\begin{cases} C_2 = B_2, \\ C_3 = B_2 \cdot 2\,C_3 + B_3, \\ C_4 = B_2 \cdot (C_2^2 + 2\,C_3) + B_3 \cdot C_3 + B_4. \end{cases}$$

Da nun n. V. $|\,b\,| < B$ ist, so folgt aus diesen Gleichungen der Reihe nach:

$$|\,c_2\,| = |\,b_2\,| < B_2 = |\,C_2\,|,$$
$$|\,c_3\,| = |\,b_2 \cdot 2\,c_2 + b_3\,| < B_2 \cdot 2\,C_2 + B_3 = C_3$$

allgemein (durch den Schluß von n auf $n+1$):

15) $$|\,c_n\,| < C_n.$$

Daraus geht hervor, daß die Reihe (6) mindestens für alle diejenigen Werte von y konvergiert, für welche die Reihe (12) absolut konvergiert, d. h. für alle diejenigen Werte, die der Ungleichung (12) genügen.

Auch in diesem Fall zeigen übrigens einfache Beispiele, daß die gefundene Bedingung für die Konvergenz nur eine hinreichende, keine notwendige ist.

Noch sei bemerkt, daß die gefundenen, durch die Reihe (6) gelieferten Werte von x, wie schon das Beispiel (9) zeigt, nicht die einzigen zu sein brauchen, die der gegebenen Gleichung (5) genügen; aber es sind die einzigen, die sich durch eine Reihe der angenommenen Form darstellen lassen.

Als Beispiel sei etwa die bereits in § 78 entwickelte Funktion:

16) $$y = \log(x + \sqrt{1 + x^2})$$

behandelt. Lösen wir die Gleichung (16) nach x auf, so erhalten wir:

17) $$x + \sqrt{1 + x^2} = e^y, \quad -x + \sqrt{1 + x^2} = e^{-y}, \quad x = \tfrac{1}{2}(e^y - e^{-y});$$

wir müssen also die Entwicklung § 78. (4) auch bekommen, wenn wir die Entwicklung

$$x = y + \frac{y^3}{3!} + \frac{y^5}{5!} + (y^7)$$

nach den eben abgeleiteten Vorschriften umkehren. Die Rechnung vereinfacht sich durch die Bemerkung, daß auch in der umgekehrten Reihe nur Potenzen mit ungeraden Exponenten auftreten können. Man erhält:

$$\begin{aligned} y &= x + b_3 x^3 + b_5 x^5 + (x^7), \\ y^3 &= x^3 + 3 b_3 x^5 + (x^7), \\ y^5 &= x^5 + (x^7), \\ y^7 &= (x^7), \end{aligned}$$

also:

$$0 = b_3 + \tfrac{1}{6},$$

$$0 = b_5 + \frac{3 b_3}{6} + \frac{1}{120},$$

woraus $b_3 = -\frac{1}{6}$, $b_5 = \frac{1}{12} - \frac{1}{120} = \frac{9}{120} = \frac{3}{40}$, übereinstimmend mit den § 78, (4) erhaltenen Werten.

§ 80. Anwendung auf Gleichungsauflösung.

Die Methode des vorigen Paragraphen kann, wenn die Bedingungen zu ihrer Anwendung erfüllt sind, zur Auflösung einer Gleichung $f(x) = y$ benutzt werden, deren linke Seite sich nach Potenzen von x entwickeln läßt. Auf diese Form kann nicht nur jede algebraische Gleichung mit einer Unbekannten gebracht werden — und zwar noch auf unendlich viele Arten, da man für die Größe y, nach deren Potenzen man entwickeln will, irgend eine in der Gleichung vorkommende Größe wählen kann — sondern auch viele transcendente Gleichungen. Enthält die Gleichung nur numerische Koeffizienten, so wird man einen von diesen, etwa das Absolutglied, zunächst durch einen Buchstaben ersetzen und nach dessen Potenzen entwickeln, schließlich in die gefundene Entwicklung an Stelle von y den gegebenen Wert wieder eintragen. Freilich setzt dieses Verfahren voraus, daß die gefundene Reihe für diesen Wert noch konvergiert; und für seine praktische Anwendung wird darüber hinaus noch erforderlich sein, daß sie *gut* konvergiert, d. h. daß man die gewünschte Genauigkeit mit einer mäßigen Gliederzahl erreicht. Sind diese Bedingungen nicht erfüllt, so muß man die Anwendung der Reihenentwicklung erst vorbereiten.

Wir wollen uns auf den Fall beschränken, daß man ein Intervall kennt, in dem notwendig eine Wurzel der Gleichung liegen muß. Für algebraische Gleichungen wird in der Algebra gezeigt, wie man ein solches Intervall finden kann, bezw. für jede Wurzel eines, wenn die Gleichung mehrere Wurzeln hat. In den Anwendungen der Mathematik ist man meistens aus naturwissenschaftlichen Überlegungen heraus im stande, ein solches Intervall anzugeben. Hat man erst eines, so kann man es nach dem in § 34 gelehrten allgemeinen Verfahren zur Berechnung einer Irrationalzahl schrittweise einengen, bis die gewünschte Genauigkeit erreicht ist. In den meisten Fällen kommt man rascher zum Ziele, wenn man bei jedem Schritt das Intervall nach dem Verhältnis der Fehler teilt, ausgehend von der Voraussetzung, daß der gesuchte Wurzelwert derjenigen Grenze des Intervalls näher liegen werde, die den kleineren Fehler giebt. Sind also x_1 und x_2 zwei Werte von x, die Werte $f(x_1)$ und $f(x_2)$ von entgegengesetztem Vorzeichen liefern, so berechnet man einen neuen Näherungswert x_3 aus der Proportion:

1) $$(x_1 - x_3):(x_3 - x_2) = f(x_1):\big(-f(x)\big),$$

setzt also:

2) $$x_3 = \frac{x_2 f(x_1) - x_1 f(x_2)}{f(x_1) - f(x_2)},$$

oder bequemer:

$$x_3 = x_1 + \frac{(x_2 - x_1) f(x_1)}{f(x_1) - f(x_2)},$$

bezw.

$$x_3 = x_2 + \frac{(x_2 - x_1) f(x_2)}{f(x_1) - f(x_2)}$$

(*Regel des doppelten falschen Ansatzes*; bei Anwendung derselben in der Form (2) ist zu beachten, daß die Funktionswerte $f(x_1)$ und $f(x_2)$ mit ihren Vorzeichen zu nehmen sind). Ist z. B. $f(x) \equiv x^2 - 2$, $x_1 = 1$, $x_2 = 2$, also $f(x_1) = -1$, $f(x_2) = +2$, so hat man:

$$x_3 = \frac{2 \cdot (-1) - 1 \cdot 2}{-1-2} = \frac{4}{3}.$$

Hat man dann nach der einen oder der andern dieser Verfahrungsweisen einen Wert ξ gefunden, der der gesuchten Wurzel schon sehr nahe liegt, so wird man

3) $$x = \xi + h$$

in die Gleichung einsetzen und nach Potenzen von h ordnen. Das Absolutglied der so geordneten Gleichung ist derjenige Wert von $f(\xi + h)$, den man erhält, wenn man $h = 0$ nimmt oder was dasselbe ist, derjenige Wert von $f(x)$, den man erhält, wenn man $x = \xi$ setzt; nach der Voraussetzung, daß ξ bereits ein Näherungswert für die Wurzel ist, wird man annehmen dürfen, dieser Wert $f(\xi)$ sei so klein, daß die Entwicklung von h nach Potenzen dieses Absolutgliedes für ihn noch konvergiert. Für die Praxis des Rechnens empfiehlt es sich, diese Entwicklung nicht so weit zu treiben, als die gewünschte Genauigkeit erfordern würde, sondern lieber nur die beiden ersten Glieder dieser Entwicklung zur Berechnung eines Näherungswertes für h zu benutzen und mit dem so gefundenen neuen Näherungswert von x das Verfahren zu wiederholen. Dabei braucht man nur die Koeffizienten von h^0 und von h^1 in der Entwicklung, für die man leicht allgemeine Ausdrücke angeben kann. Denn setzt man in

$$f(x) = a + bx + cx^2 + dx^3 + \ldots$$

$x + h$ für x und ordnet nach Potenzen von h:

4) $$\begin{aligned} f(x+h) &= a + b(x+h) + c(x+h)^2 + d(x+h)^3 + \ldots \\ &= a + bx^2 + cx^2 + dx^3 + \ldots + h(b + 2cx + 3dx^2 + \ldots) + (h^2), \end{aligned}$$

so sieht man:

I. *Der Koeffizient von h^0 in der Entwicklung von $f(x+h)$ nach Potenzen von h ist mit $f(x)$ identisch, der Koeffizient $f'(x)$ von h^1 geht aus $f(x)$ dadurch hervor, daß man jeden Exponenten um eine Einheit erniedrigt und dafür jeden Koeffizienten mit dem ursprünglichen Exponenten multipliziert.*

Die Auflösung der Gleichung $f(\xi + h) = 0$ nach h wird dann in erster Annäherung gegeben durch die Formel von Newton:

5) $$h = -\frac{f(\xi)}{f'(\xi)}.$$

Soll die Gleichung $x^2 = 2$ nach dieser Methode aufgelöst werden, so wird man etwa, wie oben geschehen, von den beiden ersten Näherungswerten $x_1 = 1$ und $x_2 = 2$ ausgehend zunächst einen dritten durch doppelten falschen Ansatz berechnen:

$$x_3 = 1{,}3\,.$$

Von da an kann man das Newton'sche Verfahren anwenden; die Rechnung verläuft folgendermaßen:

$x_3 = 1{,}3\,, \quad f(x_3) = -\,0{,}3\,, \quad f'(x_3) = 2{,}6\,, \quad h_3 = 0{,}1$

$x_4 = 1{,}4\,, \quad f(x_4) = -\,0{,}04\,, \quad f'(x_4) = 2{,}8\,, \quad h_4 = 0{,}014$

$x_5 = 1{,}414\,, \quad f(x_5) = -\,0{,}000603\,, \quad f'(x_5) = 2{,}83\,, \quad h_5 = 0{,}000213$

$x_6 = 1{,}414213\,, \quad f(x_6) = -\,0{,}00000159\,,$

dagegen $f(1{,}414214) = +\,0{,}00000124$. Die beiden letzten Näherungswerte geben noch übereinstimmend $x_7 = 1{,}41421357$, wo aber die letzte Stelle auf eine Einheit unsicher ist, nicht weil die Methode diese Stelle hier noch nicht liefern würde, sondern weil $f(x_6)$ nur auf 8 Stellen genau berechnet wurde. Dabei genügt es bei den ersten Schritten, $f(x)$ und $f'(x)$ nur auf wenige Stellen genau zu berechnen, da die folgenden bei diesen Schritten doch noch nicht richtig herauskommen; weiterhin aber muß namentlich die Berechnung von $f(x)$ sehr genau geführt werden, da bei ihr eine kleine Zahl sich als Differenz von großen ergiebt. Dagegen ändert sich $f'(x)$ wie hier in den meisten Fällen bei den späteren Schritten überhaupt nicht mehr merklich. Die Division von f durch f' braucht zuerst nur auf eine, höchstens zwei geltende Stellen ausgeführt zu werden; weiterhin erhält man, wie eine eingehendere Untersuchung zeigt, bei jedem Schritte eine geltende Stelle weniger neu hinzu, als man vorher schon hatte.

§ 81. Die Ableitung einer Potenzreihe.

Schon in § 80 hatten wir Veranlassung, in eine nach Potenzen von x fortschreitende Reihenentwicklung $x + h$ für x einzusetzen und nach Potenzen von h umzuordnen. Wir hatten dort hauptsächlich rationale ganze Funktionen im Auge, bei denen über die Zulässigkeit einer solchen Umordnung kein Zweifel bestehen kann. Für unendliche Potenzreihen müssen wir die Sache noch etwas näher untersuchen. Sei also

$$1)\qquad f(x) = a_0 + a_1 x + a_2 x^2 + a_3 x^3 + \dots$$

eine solche Reihe, die, wenn nicht für alle x, doch wenigstens innerhalb eines bestimmten Intervalls $(-c \dots c)$ konvergiere. Seien x_1 und $x_1 + h$ zwei Werte von x, so beschaffen, daß $|\,x\,|$ und $|\,x_1\,| + |\,h\,|$ beide dem Innern dieses Intervalls angehören. Dann wird auch die Reihe:

$$2)\quad f(x_1 + h) = a_0 + a_1 (x_1 + h)^2 + a_2 (x + h)^2 + a_3 (x_1 + h)^3 + \dots$$

konvergieren; und diese Konvergenz wird nicht gestört werden, wenn wir die Klammern auflösen und dann jedes einzelne Glied durch seinen absoluten Betrag ersetzen. Infolgedessen können wir auf Grund des Satzes von § 59 nach Potenzen von h umordnen und schreiben:

$$3)\quad \begin{cases} f(x_1 + h) = a_0 + a_1 x_1 + a_2 x_1^2 + a_3 x_1^3 + \dots \\ \qquad + h(a_1 + 2a_2 x_1 + 3a_3 x_1^2 + \dots) \\ \qquad + h^2(a_2 + 3a_2 x + \dots \\ \qquad + h^3(a_3 + \dots) \\ \qquad + \dots \end{cases}$$

Damit haben wir den Satz gewonnen:

I. *Wenn die Reihe* (1) *innerhalb eines Intervalls* $(-c \dots c)$ *konvergiert, so konvergieren auch die aus ihr gebildeten Reihen:*

$$4)\quad \begin{cases} f'(x) = a_1 + 2a_2 x + 3a_3 x^2 + 4a_4 x^3 + \dots \\ f''(x) = \quad 2a_2 + 2\cdot 3 a_3 x + 3\cdot 4 a_4 x^2 + \dots \\ f'''(x) = \quad 2\cdot 3 a_3 + 2\cdot 3\cdot 4 a_4 x + \dots \\ \dots\dots \end{cases}$$

innerhalb desselben Intervalls; und die mit diesen gebildete Reihe:

$$5)\quad f(x+h) = f(x) + hf'(x) + \tfrac{1}{2}h^2 f''(x) + \frac{1}{3!}h^3 f'''(x) + \dots$$

konvergiert jedenfalls für alle diejenigen Werte von h, *die absolut kleiner sind als die kleinere der beiden Zahlen* $|c - x|$ *und* $|-c - x|$.

Die Reihen (4) heißen die aus (1) *abgeleiteten Reihen*, die durch sie dargestellten Funktionen kurz die *Ableitungen* von $f(x)$. Die erste von ihnen entsteht, wie schon in § 80 bemerkt, aus $f(x)$ dadurch, daß man den Exponenten um eine Einheit erniedrigt und den Koeffizienten jedes Gliedes mit dem ursprünglichen Exponenten multipliziert; jetzt sehen wir, daß jede der folgenden nach demselben Gesetze aus der unmittelbar vorhergehenden entsteht. Wenden wir die zweite Gleichung (5) von § 68 auf die nach Potenzen von h fortschreitende Reihe (5) an, so gewinnen wir die Gleichung:

$$6)\quad \lim_{h=0} \frac{f(x+h) - f(x)}{h} = f'(x),$$

also den Satz:

II. *Ist x_0 irgend ein Wert im Innern des Konvergenzintervalls einer Potenzreihe $f(x)$, so existiert der Grenzwert:*

$$7)\qquad \lim_{h=0} \frac{f(x_0+h)-f(x_0)}{h}$$

und ist gleich dem Wert, den die erste Ableitung $f'(x)$ von $f(x)$ für $x = x_0$ annimmt.

In dem Quotienten (7) ist der Nenner die Differenz zweier Argumentwerte $x_0 + h$ und x_0, der Zähler die Differenz der zugehörigen Funktionswerte. Man nennt ihn deshalb den *Differenzenquotienten der Funktion $f(x)$, seinen Grenzwert ihren Differentialquotienten.* Die Untersuchung der Gesetze, die dieser letztere befolgt, und die Verfolgung seiner mannigfaltigen Anwendungen auf analytische und geometrische Probleme bildet den Gegenstand der Differentialrechnung.

ELFTER ABSCHNITT.

Unendliche Produkte und Partialbruchreihen.

§ 82. Konvergenz unendlicher Produkte.

Wie wir in § 53 jeden Grenzprozeß in die Form einer „unendlichen Reihe“ gebracht haben, so können wir auch jedem Grenzwert, abgesehen von unwesentlichen Ausnahmen, die Form eines „*unendlichen Produkts*“ geben, indem wir für den Quotienten zweier aufeinanderfolgender Näherungswerte ein besonderes Zeichen einführen. Wir bezeichnen das Produkt

$$u_0 u_1 u_2 \ldots u_n$$

durch:

$$1)\qquad U_n = \prod_{k=0}^{n} u_k .$$

Wenn dann

$$\lim_{n=\infty} U_n = U$$

existiert, so würde man sagen können: das unendliche Produkt

$$\prod_{k=0}^{\infty} U_k$$

konvergiert und U ist sein Wert. Es erweist sich jedoch als zweckmäßig, hier einen Fall noch auszuschließen. Für diejenigen unendlichen Produkte nämlich, für die $U = 0$ ist, gelten verschiedene Sätze nicht, die für alle anderen gelten, für die U existiert; um nun jene nicht jedesmal besonders ausnehmen zu müssen, schließt man sie ein für allemal aus, indem man definiert:

I. *Das unendliche Produkt:*

2) $$\prod_{k=0}^{\infty} u_k$$

heißt konvergent, wenn der Grenzwert

3) $$\lim_{n=\infty} \left(\prod_{k=0}^{n} u_k\right) = U$$

existiert und von Null verschieden ist.

Wenn diese Bedingung erfüllt ist, existiert nach § 52 und § 62 auch der Grenzwert

4) $$\lim_{n=\infty} \left(\log \prod_{k=0}^{n} u_k\right) = \lim_{n=\infty} \left(\sum_{k=0}^{n} (\log u_k)\right);$$

und ist gleich $\log U$; m. a. W. die unendliche Reihe

5) $$\sum_{k=0}^{\infty} \log u_k$$

konvergiert gegen $\log U$. Umgekehrt, wenn die Reihe (5) konvergiert und ihre Summe gleich z ist, existiert auch der Grenzwert

$$\lim_{n=\infty} (e^{\log U_n}) = \lim_{n=\infty} U_n$$

und ist gleich e^z, also für alle endlichen Werte von z von Null verschieden. Wir können daher sagen:

II. *Das Produkt* (2) *konvergiert und divergiert gleichzeitig mit der Reihe* (5).

Setzen wir nun allgemein:

6) $$u_k = 1 + a_k,$$

so erhalten wir aus der Ungleichung (7) von § 52:

7) $$\log u_k < \frac{a}{a-1} \mid a_k \mid.$$

Wenn also die Reihe

8) $$\sum a_k$$

absolut konvergiert, so konvergiert nach § 53 auch die Reihe (5) und folglich auch das Produkt (2); sodaß wir den Satz gewonnen haben:

III. *Wenn die unendliche Reihe Σa_k absolut konvergiert, so konvergiert auch das unendliche Produkt*

9) $$\prod (1 + a_k).$$

Umgekehrt kann aus der Ungleichung (8) von § 52 abgeleitet werden:

IV. *Wenn das unendliche Produkt*

10) $$\prod (1 - |a_k|)$$

konvergiert, konvergiert auch die Reihe

11) $$\sum a_k.$$

Aus diesen beiden Sätzen und aus den Sätzen über die Umordnung der Glieder einer Reihe (§ 58, I) ergiebt sich noch:

V. *Die Glieder eines unendlichen Produkts $\Pi(1 + a_k)$ dürfen beliebig umgeordnet werden, wenn auch das Produkt $\Pi(1 + |a_k|)$ konvergiert.*

§ 83. Unendliche Produkte für Cosinus und Sinus.

Setzen wir $\operatorname{tg} x = u$ und dividieren in der zweiten Gleichung § 74, (14) beiderseits mit $\cos^m x$, so erhalten wir für $\sin m x / \cos^m x$, wenn m eine ungerade Zahl ist, eine rationale ganze Funktion m^{ten} Grades von u. Die Nullpunkte dieser Funktion können wir sofort angeben. $\sin m x$ wird nämlich gleich 0, wenn $m x$ gleich einem ganzzahligen Vielfachen von π wird; also für $u = \operatorname{tg}(k \pi / m)$, wo k irgend eine ganze Zahl bedeuten kann. Das scheint für die genannte Funktion unendlich viele Nullpunkte zu geben, im Widerspruch mit dem Satz von § 24; aber in der That sind die so gefundenen Nullstellen nicht wirklich alle voneinander verschieden, wie sich aus den Gleichungen § 76, (8) und

$$1) \qquad \sin(\pi - x) = \sin x$$

ergiebt. In dem hier betrachteten Falle eines ungeraden m sind die folgenden voneinander verschieden:

$$0, \qquad \pm \operatorname{tg}\frac{\pi}{m}, \qquad \pm \operatorname{tg}\frac{2\pi}{m}, \qquad \pm \operatorname{tg}\frac{m-1}{2}\frac{\pi}{m},$$

und jeder andere Wert $\operatorname{tg}(k\pi/m)$, k ganzzahlig, stimmt mit einem von diesen überein. Es besteht also nach § 24 eine Gleichung von der Form:

$$2) \quad \frac{\sin mx}{\cos^m x} = Cu\left(u^2 - \operatorname{tg}^2\frac{\pi}{m}\right)\left(u^2 - \operatorname{tg}^2\frac{2\pi}{m}\right)\cdots\left(u^2 - \operatorname{tg}^2\frac{m-1}{2}\frac{\pi}{m}\right),$$

in der C einen konstanten Faktor bedeutet. Um ihn zu bestimmen, könnten wir, da die Gleichung ihrer Ableitung nach für alle Werte von x besteht, dem x irgend einen speziellen Wert beilegen; wir erhalten ein einfacheres Resultat, wenn wir beiderseits mit u dividieren und dann zur Grenze $u = 0$, oder, was dasselbe ist, $x = 0$ übergehen. Wir erhalten links, wegen § 75, (5):

$$\lim_{x=0}\frac{\operatorname{tg} mx}{\operatorname{tg} x} = m\lim_{x=0}\frac{\operatorname{tg} mx}{mx}\cdot\lim_{x=0}\frac{x}{\operatorname{tg} x} = m,$$

rechts:

$$C\left(-\operatorname{tg}^2\frac{\pi}{m}\right)\left(-\operatorname{tg}^2\frac{2\pi}{m}\right)\cdots\left(-\operatorname{tg}^2\frac{m-1}{2}\frac{\pi}{m}\right).$$

Setzt man den hieraus sich ergebenden Wert von C in die Gleichung (2) ein, so nimmt sie die Form an:

$$\frac{\sin mx}{\cos^m x} = mu\left(1 - \frac{u^2}{\operatorname{tg}^2\frac{\pi}{m}}\right)\left(1 - \frac{u^2}{\operatorname{tg}^2\frac{2\pi}{m}}\right)\cdots\left(1 - \frac{u^2}{\operatorname{tg}^2\frac{m-1}{2}\frac{\pi}{m}}\right)$$

oder, wenn wir $x = z/m$ setzen:

$$3) \quad \frac{\sin z}{\cos^m\frac{z}{m}} = m\operatorname{tg}\frac{z}{m}\prod_{k=1}^{\frac{m-1}{2}}\left(1 - \frac{\operatorname{tg}^2\frac{z}{m}}{\operatorname{tg}^2\frac{k\pi}{m}}\right).$$

Lassen wir hier m über alle Grenzen wachsen, so konvergiert $\cos^m z/m$ gegen 1 (§ 75, 3), $m\operatorname{tg} z/m$ gegen z, $m\operatorname{tg} k\pi/m$ gegen

$k\pi$ (§ 74, 6); daher liegt die Vermutung nahe, daß die Formel gelten werde:

$$4)\qquad \sin z = m \prod_{k=1}^{\infty}\left(1 - \frac{z^2}{k^2\pi^2}\right).$$

Doch bedarf diese Frage noch genauerer Untersuchung; denn unter den Werten von k sind auch solche $\left(\text{z. B. } \frac{m-1}{2}\right)$, die mit m zugleich über alle Grenzen wachsen. Für solche Werte aber dürfen wir nicht ohne weiteres $m\,\mathrm{tg}(k\pi/m)$ durch $k\pi$ ersetzen; ein solche Ersetzung wird vielmehr im einzelnen Glied des Produktes geradezu ein falsches Resultat geben und nur dann gestattet sein, wenn diese sehr weit entfernten Glieder überhaupt einen sehr geringen Einfluß auf den Wert des unendlichen Produkts haben. Um zu untersuchen, ob das wirklich der Fall ist — genauer gesagt, um zu untersuchen, ob der entstehende Fehler dadurch unter jede vorgeschriebene Genauigkeitsgrenze herabgedrückt werden kann, daß man m hinlänglich groß nimmt — verfahren wir folgendermaßen:

Zunächst entnehmen wir aus § 55, daß die Reihe Σk^{-2} absolut konvergiert; das berechtigt uns nach § 82, III zu dem Schlusse, daß auch das Produkt auf der rechten Seite von (4) für alle Werte von z unbedingt konvergiert. Wir bezeichnen seinen Wert mit A, den des endlichen Produkts auf der rechten Seite der Gleichung (3) mit A_m. Ferner bezeichnen wir mit L irgend eine Zahl (die beliebig groß genommen werden kann) und mit D den Wert des konvergenten unendlichen Produkts:

$$5)\qquad D = \prod_{k=1}^{\infty}\left(1 + \frac{L^2}{k^2\pi^2}\right).$$

Für alle Werte von z, die absolut kleiner als L sind, sind die Glieder der Reihe $\Sigma(z^2/k^2)$ absolut kleiner, als die Glieder der Reihe $\Sigma(L^2/k^2)$; daraus folgt, daß die erstere Reihe und also auch das Produkt (4) für alle solchen Werte von z gleichmäßig konvergiert. Wir können daher eine Zahl n so bestimmen, daß für alle positiven Werte von p und für alle solchen Werte von z die Ungleichung besteht:

$$6)\qquad \left| \prod_{k=n}^{n+p}\left(1 - \frac{z^2}{k^2\pi^2}\right) - 1 \right| < \eta.$$

Ferner ist nach § 75, (5):

$$\lim_{m=\infty}\left(m\,\mathrm{tg}\frac{z}{m}\right) = z,$$

also können wir, wenn K irgend eine positive Zahl bedeutet, die kleiner als L ist, M so bestimmen, daß

7) $$m \operatorname{tg} \frac{z}{m} < L$$

ist für jedes $m > M$ und für jedes $|z| < K$. Andererseits ist für $k < m$:

8) $$m^2 \operatorname{tg}^2 \frac{k\pi}{m} > k^2 \pi^2,$$

also ist für alle solchen Werte von m und z (wenn $n < m$ ist):

9) $$\prod_{k=n}^{m} \left(1 - \frac{m^2 \operatorname{tg}^2 \frac{z}{m}}{m^2 \operatorname{tg}^2 \frac{k\pi}{m}}\right) - 1 < \prod_{k=n}^{m} \left(1 + \frac{L^2}{k^2 \pi^2}\right) - 1 < \eta.$$

Wir setzen nun:

10) $$A = A' A'', \qquad A_m = A'_m A''_m,$$

indem wir mit A', bezw. A'_m das Produkt der ersten Faktoren, mit A'', bezw. A''_m das Produkt aller übrigen verstehen; schreiben wir dann noch:

11) $$A'' = 1 + \eta_\infty, \qquad A''_m = 1 + \eta_m,$$

so ist nach (6) und (9):

12) $$|\eta_\infty| \leqq \eta, \qquad |\eta_m| < \eta,$$

also:

$$|A - A_m| = |A' + A' \eta_\infty - A'_m - A'_m \eta_m| < |A' - A'_m| + \eta |A'| + \eta |A'_m|$$

oder, da A und A'_m jedenfalls absolut kleiner als D sind:

13) $$|A - A_m| < A' - A'_m + 2 \eta D.$$

Nun ist bei gegebenem n

$$\lim_{m=\infty} A'_m = A',$$

also kann man m so groß wählen, daß

$$|A' - A'_m| < \eta$$

wird. Dann wird schließlich

14) $$|A - A_m| < \eta(1 + 2D)$$

und da hier η beliebig klein gewählt werden kann, so folgt, daß die Gleichung

15) $$\lim_{m=\infty} A_m = A$$

für alle Werte von z besteht, die absolut kleiner als K sind. Da wir aber L und also auch K beliebig groß nehmen konnten, so gilt die Gleichung (15) und also auch die Gleichung (4) für *alle* Werte von z; w. z. b. w.

Auf demselben Wege findet man:

16) $$\cos z = \prod_{k=1}^{\infty}\left(1 - \frac{4z^2}{(2k-1)^2\pi^2}\right).$$

Durch die Formeln (4) und (16) sind die Funktionen $\cos z$ und $\sin z$, deren jede für unendlich viele Werte des Arguments Null wird, dargestellt als Produkte von Faktoren, deren jeder nur an zwei von diesen Werten Null wird. Man kann natürlich jeden dieser Faktoren noch einmal in zwei Faktoren zerlegen, deren jeder nur einmal Null wird — z. B.

$$1 - \frac{z^2}{k^2\pi^2} = \left(1 + \frac{z}{k\pi}\right)\left(1 - \frac{z}{k\pi}\right),$$

muß aber dabei beachten, daß Produkte wie

$$\prod_{k=1}^{\infty}\left(1 + \frac{z}{k\pi}\right)$$

nicht konvergent sind.

§ 84. Zerlegung der Funktionen Tangens und Cotangens in Partialbrüche.

Wir nehmen noch von beiden Seiten der Gleichung (4) von § 83 die Logarithmen; dabei beschränken wir z auf das Innere des Intervalls $(0 \ldots \pi)$, damit wir nicht mit Logarithmen negativer Faktoren zu thun bekommen. Wir erhalten

1) $$\log \sin z = \log z + \sum_{k=1}^{\infty} \log\left(1 - \frac{z^2}{k^2\pi^2}\right).$$

Schreiben wir dieselbe Gleichung für das Argument $z + h$ an und subtrahieren, so erhalten wir weiter:

$$2) \qquad \log \frac{\sin(z+h)}{\sin z} = \log\left(1 + \frac{h}{z}\right) + \sum_{k=1}^{\infty} \log\left(1 - \frac{2zh + h^2}{k^2\pi^2 - z^2}\right).$$

In dieser Gleichung entwickeln wir beide Seiten nach Potenzen von h (vgl. § 81). Links erhalten wir zunächst

$$3) \qquad \frac{\sin(z+h)}{\sin z} = \cos h + \sin h \cot z = 1 + h \cot z + (h^2);$$

dabei bedeutet hier und weiterhin (h^2) irgend eine (nicht notwendig jedesmal dieselbe) nach Potenzen von h fortschreitende Reihe, die für alle in Betracht kommenden Werte von h und z absolut konvergiert und keine Glieder mit h^0 oder h^1 enthält. Daraus ergiebt sich weiter durch Anwendung der logarithmischen Reihe von § 72 und des allgemeinen Verfahrens von § 78:

$$4) \qquad \log \frac{\sin(z+h)}{\sin z} = h \cot z + (h^2).$$

Rechts bekommen wir zunächst:

$$5) \qquad \log\left(1 + \frac{h}{z}\right) = \frac{h}{z} + (h^2),$$

$$6) \qquad \log\left(1 - \frac{2zh + h^2}{k^2\pi^2 - z^2}\right) = -\frac{2zh + h^2}{k^2\pi^2 - z^2} + ((2zh + h^2)^2),$$

und zwar konvergiert die erste Reihe unbedingt unter der Voraussetzung $|z| > |h|$, die zweite unter der Voraussetzung

$$7) \qquad |2zh + h^2| < |k^2\pi^2 - z^2|.$$

Um alle diese Bedingungen gleichzeitig befriedigen zu können, nehmen wir an, z sei von jedem positiven oder negativen ganzzahligen Vielfachen von π (auch von 0) um mehr als eine gewisse Größe δ entfernt; dann ist:

$$|k^2\pi^2 - z^2| > \delta(2|k|\pi - \delta) > |k|\pi\delta,$$

die Ungleichung (7) ist also sicher erfüllt, wenn

$$8) \qquad h < \left|\frac{k\pi\delta}{4z}\right| \text{ und zugleich } < 1$$

genommen wird. Unter dieser Voraussetzung ist:

$$|2zh| + h^2 < k\pi\delta,$$

jede der Reihen (6) bleibt also konvergent, nicht nur, wenn wir jedes Glied durch seinen absoluten Betrag ersetzen, sondern auch wenn wir erst die Potenzen von $(2zh + h^2)$ entwickeln und dann jedes Glied der so entstehenden Entwicklung durch seinen absoluten Betrag ersetzen. Infolgedessen dürfen wir auf Grund von § 59 (immer unter der Voraussetzung (8)) in (6) nach Potenzen von h umordnen und schreiben:

$$9) \qquad \log\left(1 - \frac{2zh + h^2}{k^2\pi^2 - z^2}\right) = \frac{2zh}{k^2\pi^2 - z^2} + (h^2).$$

Da jede der Reihen (5) und (9) unbedingt konvergiert und auch die Summe, die entsteht, wenn man in ihnen alle Glieder durch ihre absoluten Beträge ersetzt und sie dann alle addiert, so dürfen wir, ebenfalls auf Grund von § 59, nach Vertikalreihen statt nach Horizontalreihen summieren, was hier soviel bedeutet, als daß wir nach Potenzen von h umordnen; dann erhalten wir:

$$10) \qquad \frac{h}{z} + \sum_{k=1}^{\infty} \frac{2zh}{k^2\pi^2 - z^2} + (h^2),$$

also wenn wir in den beiden Entwicklungen (4) und (10) die Glieder mit h vergleichen:

$$11) \qquad \cot z = \frac{1}{z} + \sum_{k=1}^{\infty} \frac{2z}{k^2\pi^2 - z^2}.$$

Diese Gleichung ist durch die hier benutzte Methode der Herleitung zunächst nur für Werte von z zwischen 0 und π bewiesen, da nur unter dieser Bedingung alle Faktoren, von denen wir Logarithmen zu nehmen hatten, positiv waren. Wir können sie aber auch für jedes andere Intervall von der Form $(k\pi - \pi,\ k\pi)$ beweisen, wenn wir nur zu Anfang jedesmal die störenden Faktoren im Vorzeichen ändern und ein etwa nötig werdendes Minuszeichen beiderseits hinzufügen. In der Gleichung (2) können wir dann, wie wir gesehen haben, h immer so klein nehmen, daß das Argument des Logarithmus sicher positiv ist; vorausgesetzt nur, daß z nicht etwa genau gleich einem ganzzahligen Vielfachen von π ist. Für alle andern Werte von z gilt also die Gleichung (11). Aber auch für die ausgeschlossenen Werte kann man ihr eine Bedeutung zuschreiben. Sie sagt nämlich zunächst aus, daß für diese Werte die beiden Seiten unendlich groß werden (in dem § 63 definierten Sinne dieses Wortes); sie giebt aber darüber hinaus auch noch über die „Art" dieses Unendlichwerdens Aufschluß. Z. B. für $z = 0$ wird $\cot z$

„ebenso unendlich wie $1/z$“; d. h. die Differenz zwischen diesen beiden Funktionen bleibt endlich und nähert sich einer bestimmten Grenze — nämlich der Null — wenn sich z der Null unbegrenzt nähert.

In derselben Weise erhält man aus der Gleichung (16) von § 83 für jeden Wert von z, der nicht genau gleich einem ungeraden Vielfachen von $\pi/2$ ist, die Entwicklung:

$$12) \qquad \operatorname{tg} z = \sum_{k=1}^{\infty} \frac{8z}{(2k-1)^2\pi^2 - 4z^2}\,.$$

Die Formeln (11) und (12) stellen die beiden Funktionen Cotangens und Tangens, deren jede an unendlich vielen Stellen unendlich groß wird, dar als Summen von Funktionen — Partialbrüchen — deren jede nur an zwei Stellen unendlich groß wird. Wir könnten jeden solchen Bruch noch in zwei weitere zerlegen, deren jeder nur an einer Stelle unendlich groß wird, z. B.:

$$13) \qquad \frac{2z}{k^2\pi^2 - z^2} = \frac{1}{k\pi - z} - \frac{1}{k\pi + z}\,,$$

müßten aber dann beachten, daß Reihen wie

$$14) \qquad \sum \frac{1}{k\pi - z}$$

nicht unbedingt konvergiern.

Damit können wir das Ziel unserer Untersuchungen insofern als erreicht ansehen, als wir für diejenigen nicht rationalen Funktionen, die herkömmlicherweise schon die elementare Mathematik in den Kreis ihrer Betrachtung zieht — also Potenz mit beliebigem Exponenten, Exponentialfunktion, Logarithmus, trigonometrische Funktionen — analytische Ausdrücke gefunden haben, die nicht nur zur Untersuchung der Eigenschaften dieser Funktionen, sondern auch zu numerischer Berechnung ihrer Werte durchaus geeignet sind. Die Frage freilich ist damit nicht beantwortet, ob die Beschränkung auf die genannten Funktionen nur dem Herkommen entspricht, oder ob sie sich dadurch rechtfertigen läßt, daß ihnen, gegenüber andern etwa denkbaren Abhängigkeitsgesetzen, besonders einfache Eigenschaften zukommen. In der That würde die Frage nach der Stellung dieser herkömmlicherweise als elementar bezeichneten Funktionen innerhalb des Gesamtgebietes aller denkbaren Abhängigkeitsgesetze nur beantwortet werden können, wenn wir auf die Untersuchung der Eigenschaften allgemeinerer Funktionsklassen eingehen wollten; das können wir hier aber schon darum nicht, weil eine solche Untersuchung besser erst nach einer neuen Erweiterung des Zahlengebietes durch die sogenannten imaginären oder komplexen Zahlen geführt wird.

Register.

Berichtigungen zur Algebraischen Analysis.

S. V Z. 4 v. u. lies: das erstere ohne das letztere.
S. 19 Z. 8 v. o. — ist zu streichen.
S. 20 Z. 4 v. o. statt $>$ ist dreimal $<$ zu setzen.
S. 45 Z. 8 v. u. § 22 statt § 21.
S. 64 Glchg. (14) rechts f_3 statt f_1.
S. 79 Z. 7 v. u. lies: Dann liegt zwischen $\alpha - \varepsilon$ und α noch ein a.
Z. 6 v. u. lies: Ferner liegt zwischen α und $\alpha + \varepsilon$ noch ein A.
Z. 5 v. u. statt $>$ lies $<$.
S. 92 Z. 14, 15 sind die Nummern der Formeln vertauscht.
S. 95 Auch Formel (13) setzt $1 + \delta > 0$ voraus.
Z. 5 v. u. a^m statt a^{m+n}.
S. 96 Z. 6 v. o. statt $(1/a^m)^n$ lies $1/(1/a^m)^n$.
Auch die Gleichungen (5)—(8) haben $1 + \delta > 0$ zur Voraussetzung.
In der Ungleichung (6) lies $<$ statt $>$.
S. 97 Z. 1 v. u lies $(A_1 - h)^m > (1 - \varepsilon) A_1^m$.
S. 103 Formel (8) lies $1 + \mu\varepsilon$ statt $1 - \mu\varepsilon$.
Formel (9) lies $-\mu$ statt μ.
Z. 9 v. u. ließ β statt b.
Z. 3 v. u. nach „lassen" schalte ein: „und alle Zahlen, die kleiner sind, als irgend eine von diesen".
Z. 2 v. u. nach „lassen" schalte ein: „und alle Zahlen, die größer sind, als irgend eine von diesen."
S. 104 Z. 10 lies: und ist b_0 irgend ein b, so können wir zuerst q so wählen, daß: (3) $\frac{a-1}{q} < \varepsilon a^{-b_0}$ und hierauf ein $b > b_0$ und ein B.
Z. 16 v. u. streiche „also wegen (1)".
S. 105 Z. 1 v. o. lies: von der β und die sämtlichen Näherungswerte b_n übertroffen werden.
S. 109 Z. 13 v. u. statt b_1 lies b_0, statt a_1 lies a_0.
S. 113 Z. 3 v. u. statt $<$ lies $>$.
S. 119 Z. 11 v. o. lies absolut größer.
Z. 10 v. u. lies der absolute Wert des Quotienten.
S. 120 Z. 6 v. o. lies absolut $\geqq 1$.
Z. 8 v. o. lies absolut kleiner.

S. 120 Z. 18 v. o. lies § 49, (7) statt § 44, (12):

$$c_{n+1} < \left(1 - \frac{1}{n+1}\right)^{\gamma} c_n$$

$$c_{n+2} < \left(1 - \frac{1}{n+2}\right)^{\gamma} c_{n+1} < \left(\frac{n}{n+2}\right)^{\gamma} c_n$$

$$c_{n+3} < \left(\frac{n}{n+3}\right)^{\gamma} c_n,$$

$$\cdot \quad \cdot \quad \cdot \quad \cdot \quad \cdot \quad \cdot$$

also $$c_{n+1} + c_{n+2} + \ldots < n^{\gamma} c_n \left\{\frac{1}{(n+1)^{\gamma}} + \frac{1}{(n+2)^{\gamma}} + \frac{1}{(n+3)^{\gamma}} + \ldots\right\}$$

S. 122 Z. 3 v. u. lies § 39 statt § 40.

S. 124 Z. 16 v. o. füge hinzu: Da jedes s_n zwischen einem σ_ν und einem $\sigma_{\nu+1}$ liegt, folgt auch $\lim_{n=\infty} s_n = a$.

S. 137 Z. 10 v. u. lies $f(x) - g$.

S. 142 Z. 7 v. o. streiche e_0.

S. 148 Z. 1 v. u. „wenigstens von einer bestimmten Ordnungszahl an“ kann wegbleiben.

S. 149 Z. 6 v. o. lies: „der so beschaffen ist, daß sie auch noch konvergent bleibt, wenn man ihn durch $-m$ ersetzt.“

S. 152 Z. 4 v. u. lies $\left(1 + \frac{1}{n}\right)^n$ statt $\left(1 + \frac{1}{n}\right)$.

S. 152 Z. 5 und 3 v. u. lies $\varepsilon/4$.

S. 153 Z. 12 v. o. lies $z = n/x$.

S. 154 Z. 15 v. o. Der hier zitierte Satz von § 66 überträgt sich ohne Schwierigkeit auf den allgemeineren Fall des Grenzübergangs, um den es sich hier handelt.

S. 163 Z. 11 v. o. statt sin lies cos.

Z. 17 v. o. statt ξ lies ξM.

S. 168 Z. 4 v. o. statt kleiner lies nicht größer.

Z. 7 v. u. fehlt der Faktor x bei $\varphi(x)$.

Z. 3 v. u. lies x statt z.

S. 170 Z. 17 v. o. streiche die Klammer nach dem ersten x.

S. 172 Z. 9 v. unten lies C statt $\overline{C}$.

S. 174 Glchg. (5) lies y statt Y.

S. 175 Z. 4 v. u. lies Y statt y.

S. 176 Z. 3 v. o. lies positiven statt negativen.

S. 178 Glchg. (1) lies x_2 statt x.

S. 181 Z. 8 v. o. lies a_3 statt a_2.

S. 184 Z. 12 v. o. lies $+$ statt $-$.

Z. 13 v. u. füge hinzu: Man nennt ein solches Produkt unbedingt konvergent.

S. 185 Z. 14 v. o. lies § 75, (4).

S. 187 Glchg. (9) lies über den beiden Produktzeichen $\frac{m-1}{2}$ statt m.

Z. 11 v. o. lies unter statt mit.

Glchg. (13) lies rechts $|A' - A'_m|$.

S. 189 Z. 5 v. u. Um diese Ungleichung zu beweisen, beachte man, daß $|k^2\pi^2 - z^2|$ mit der Annäherung von z an $k\pi$ oder $-k\pi$ abnimmt, also für jedes hier in Betracht kommende z größer ist als für $z = |k|\pi - \delta$.

FSC
www.fsc.org
MIX
Papier | Fördert gute Waldnutzung
FSC® C083411

Zeitfracht Medien GmbH
Ferdinand-Jühlke-Straße 7
99095 Erfurt, Deutschland
produktsicherheit@kolibri360.de